调制滤波器组技术及其在数字接收机中的应用

张文旭 赵忠凯 郭立民 著

电子工业出版社
Publishing House of Electronics Industry
北京·BEIJING

内容简介

本书旨在研究调制滤波器组技术，探索调制滤波器组优化设计方法在数字接收机中的应用。将数字滤波器组重构技术、频率响应屏蔽技术、快速滤波器组技术等进行有机融合，针对电子侦察、通信领域的数字接收机应用进行具体的系统设计，为数字接收机性能提升提供新思路和解决方案。本书分为7章：第1章对数字接收机进行概述；第2～4章围绕调制滤波器组理论和优化设计方法进行介绍；第5～7章介绍调制滤波器组技术在电子侦察、通信、阵列信号处理领域的应用。

本书兼顾调制滤波器组理论和数字接收机应用，适合高等院校电子信息、通信工程相关专业高年级本科生及研究生使用，也可供相关研究人员、工程技术人员参考使用。

未经许可，不得以任何方式复制或抄袭本书之部分或全部内容。
版权所有，侵权必究。

图书在版编目（CIP）数据

调制滤波器组技术及其在数字接收机中的应用 / 张文旭, 赵忠凯, 郭立民著. -- 北京 : 电子工业出版社, 2025. 4. -- ISBN 978-7-121-50078-7

Ⅰ．TN713

中国国家版本馆CIP数据核字第2025SG9946号

责任编辑：李　敏（limin@phei.com.cn）
印　　刷：三河市鑫金马印装有限公司
装　　订：三河市鑫金马印装有限公司
出版发行：电子工业出版社
　　　　　北京市海淀区万寿路173信箱　邮编：100036
开　　本：720×1000　1/16　印张：16.5　字数：317千字
版　　次：2025年4月第1版
印　　次：2025年4月第1次印刷
定　　价：99.90元

凡所购买电子工业出版社图书有缺损问题，请向购买书店调换。若书店售缺，请与本社发行部联系，联系及邮购电话：（010）88254888，88258888。
质量投诉请发邮件至zlts@phei.com.cn，盗版侵权举报请发邮件至dbqq@phei.com.cn。
本书咨询联系方式：（010）88254753（limin@phei.com.cn）。

前 言

随着数字化、信息化时代的到来，数字接收机作为新一代信息技术中必不可缺的重要设备，被广泛应用于雷达、通信、电子战等领域，是国防军事、先进高效航空器高端装备等国家重大战略需求领域的关键核心技术。本书围绕新一代信息技术在先进高效航空器高端装备中的应用需求，以国防军事和国家重大战略需求为目标导向，探索研究调制滤波器组理论在工程应用中的关键科学问题，阐释调制滤波器组理论和数字接收机应用之间的关联性和规律性，解决工程应用中的"卡脖子"问题，为雷达、通信、电子战等领域数字接收机的性能提升提供新的思路。本书在阐述雷达、通信、电子战等领域数字接收机应用需求的基础上，提出具有统一化表征的低复杂度动态可重构滤波器组结构模型，揭示了调制滤波器组优化设计的约束条件和规律性，为雷达、通信、电子战等领域数字接收机应用提供了新技术途径。本书以工程应用为目标导向，旨在揭示基础理论和工程应用背后规律性的学术思想；内容上以基础理论和生产实践应用为主，为调制滤波器组技术在电子侦察、通信等领域数字接收机中的应用和工程实现提供有益参考。

全书共 7 章。第 1 章为数字接收机概述，从数字接收机典型应用出发，介绍了数字接收机的基本架构，并引出调制滤波器组技术在数字接收机中的应用。第 2 章主要介绍了数字滤波器组理论与设计方法，包括调制滤波器组、多相滤波器组、信号完美重构滤波器组、快速滤波器组等。第 3 章主要介绍了基于频率响应屏蔽的滤波器设计方法，对内插、一阶、二阶频率响应屏蔽滤波器设计方法进行了详细阐述，并给出了几种窄过渡带频率响应屏蔽滤波器的应用。第 4 章主要对调制滤波器组结构的低复杂度设计进行了详细阐述，包括 CEM-FRM、MMF-FRM、CFM-FRM 及蜂群优化无乘法器设计方法。第 5 章对调制滤波器组技术在电子侦察接收机中的应用进行阐述，分析了电子侦察接收机应用需求和技术指标，给出了调制滤波器组 FPGA 实现的实例及测试方法。第 6 章主要介绍了调制滤波器组在通信接收机中的应用，以多载波通信、星载信道化器设计与应用为例，分析了调制滤波器组结构设计特点及应用需求。第 7 章阐述了多通道数字信道化技术在阵列信号处理中的应用，分析了现代阵列信号处理应用需求和处理器架构，给出了调制滤波器组设计与 FPGA 实现的实例，为数字接收机性能提升提供了新的思路。

本书适合高等院校电子信息、通信工程类专业高年级本科生及研究生使用，也可供相关研究人员、工程技术人员参考使用。

本书第 3 章、第 4 章、第 5 章、第 7 章由张文旭编写，第 1 章、第 2 章由赵忠凯编写，第 6 章由郭立民编写。许多研究生对本书的撰写做出了有益贡献，感谢崔鑫磊博士、赵小琪博士、吴振南博士、骆康博士、陈亚静硕士、史方明硕士、赵文童硕士、袁兵华硕士、何俊希硕士、张春光硕士、姚雨双硕士、张铭昊硕士等为本书算法提供的程序仿真和实验工作。

本书的研究工作得到了国家自然科学基金（No.61301200、No.62471154）、黑龙江省自然科学基金（No. LH2020F020、No. LH2024F033）、山东省自然科学基金（No. ZR2024MF114）、黑龙江省博士后科研启动金（No. LBH-Q16052）、黑龙江省优秀青年教师基本研究支持计划（No. YQJH2023279）、航空科学基金（No.202200200P6002）及中央高校基本科研业务费专项基金（No.3072024GH0801、No.3072024XX0809）的资助，在此表示感谢。感谢中国航空工业集团电磁频谱协同探测与智能认知联合技术中心、哈尔滨工程大学现代船舶通信与信息技术工业和信息化部重点实验室、哈尔滨工程大学雷达与电子战（REW）团队的支持。

本书在编写过程中参阅的国内外文献和书籍均列于各章参考文献中，在此向相关作者表示衷心的感谢！感谢电子工业出版社为本书的出版提供的大力支持。

限于作者的知识水平和时间，书中难免有不妥和疏漏之处，恳请读者批评指正。

张文旭
2024 年 12 月

目 录

第 1 章　数字接收机概述 …………………………………………… 1
 1.1　引言 ……………………………………………………………… 1
 1.2　数字接收机的发展与应用 ……………………………………… 1
  1.2.1　数字接收机在通信领域的应用 …………………………… 2
  1.2.2　数字接收机在电子战领域的应用 ………………………… 3
 1.3　数字接收机的基本构架 ………………………………………… 5
  1.3.1　射频直接采样结构的数字接收机 ………………………… 5
  1.3.2　中频采样结构的数字接收机 ……………………………… 7
  1.3.3　零中频采样结构的数字接收机 …………………………… 8
  1.3.4　窄带数字接收机与宽带数字接收机 ……………………… 9
 1.4　数字接收机的核心处理器 ……………………………………… 10
  1.4.1　高速模数转换器 …………………………………………… 10
  1.4.2　ASIC 处理器 ……………………………………………… 11
  1.4.3　FPGA 处理器 ……………………………………………… 12
 1.5　调制滤波器组技术 ……………………………………………… 13
  1.5.1　数字正交变换 ……………………………………………… 13
  1.5.2　多相滤波器组 ……………………………………………… 14
  1.5.3　重构滤波器组 ……………………………………………… 16
  1.5.4　快速滤波器组 ……………………………………………… 17
  1.5.5　频率响应屏蔽方法 ………………………………………… 18
 1.6　本章小结 ………………………………………………………… 20
 本章参考文献 ………………………………………………………… 20

第 2 章　数字滤波器组理论与设计方法 ··············· 24
2.1　引言 ··············· 24
2.2　数字滤波器组基本理论 ··············· 25
2.2.1　信号采样理论 ··············· 25
2.2.2　信号的抽取与插值 ··············· 27
2.2.3　采样率变换性质 ··············· 29
2.2.4　滤波器组多相分解 ··············· 30
2.3　调制滤波器组技术 ··············· 32
2.3.1　调制滤波器组频带划分方式 ··············· 32
2.3.2　滤波器组与信道化 ··············· 34
2.3.3　临界抽取与非临界抽取 ··············· 35
2.3.4　调制滤波器组混叠与盲区 ··············· 36
2.4　调制滤波器组结构种类及设计方法 ··············· 37
2.4.1　实信号调制滤波器组结构设计 ··············· 38
2.4.2　复信号调制滤波器组结构设计 ··············· 42
2.4.3　实信号无混叠无盲区滤波器组结构设计 ··············· 45
2.4.4　调制滤波器组结构应用与仿真分析 ··············· 47
2.5　基于多相滤波器组的信号完美重构技术 ··············· 49
2.5.1　信号完美重构理论 ··············· 50
2.5.2　信号精确重构条件 ··············· 50
2.5.3　基于多相结构的信号完美重构滤波器组 ··············· 52
2.5.4　信号完美重构滤波器组结构仿真分析 ··············· 54
2.6　快速滤波器组技术 ··············· 56
2.6.1　快速滤波器组基本结构 ··············· 56
2.6.2　快速滤波器组复杂度分析 ··············· 60
2.6.3　快速滤波器组结构仿真 ··············· 62
2.7　本章小结 ··············· 65
本章参考文献 ··············· 65

第 3 章　基于频率响应屏蔽的滤波器设计方法 ··············· 67
3.1　引言 ··············· 67
3.2　滤波器组复杂度定义 ··············· 67
3.3　频率响应屏蔽技术 ··············· 68
3.3.1　FRM 滤波器基本结构 ··············· 68

3.3.2　内插 FRM 滤波器 ································· 70
　　　3.3.3　FRM 滤波器改进结构 ···························· 72
　　　3.3.4　二阶 FRM 滤波器结构 ···························· 73
　3.4　窄过渡带 FRM 滤波器类型 ····························· 74
　　　3.4.1　窄通带窄过渡带 FRM 滤波器 ···················· 74
　　　3.4.2　宽通带窄过渡带 FRM 滤波器 ···················· 75
　　　3.4.3　中通带窄过渡带 FRM 滤波器 ···················· 77
　3.5　窄过渡带 FRM 滤波器仿真 ····························· 77
　　　3.5.1　窄通带窄过渡带 FRM 滤波器仿真 ················ 77
　　　3.5.2　宽通带窄过渡带 FRM 滤波器仿真 ················ 78
　　　3.5.3　中通带窄过渡带 FRM 滤波器仿真 ················ 79
　3.6　本章小结 ·· 80
　本章参考文献 ··· 80

第 4 章　低复杂度调制滤波器组结构 ······················· 82
　4.1　引言 ··· 82
　4.2　基于改进动态旋转因子的滤波器组无乘法器设计方法 ············ 82
　　　4.2.1　动态旋转因子算法及其改进 ······················· 83
　　　4.2.2　传统截位与动态截位 ······························· 84
　　　4.2.3　无乘法器定点 IFFT 设计与仿真 ··················· 85
　　　4.2.4　基于 FPGA 的无乘法器定点 IFFT 实现 ············ 86
　4.3　基于 CEM-FRM 低复杂度分析滤波器组结构 ················· 88
　　　4.3.1　CEM-FRM 技术原理 ······························ 88
　　　4.3.2　基于 CEM-FRM 低复杂度分析滤波器组结构设计 ············ 92
　　　4.3.3　基于 CEM-FRM 低复杂度分析滤波器组结构的复杂度
　　　　　　　分析 ··· 93
　　　4.3.4　基于 CEM-FRM 低复杂度分析滤波器组结构仿真 ············ 95
　　　4.3.5　基于 XSG 的 FRM 分析滤波器组实现 ············· 97
　4.4　基于 MMF-FRM 低复杂度滤波器组结构 ···················· 100
　　　4.4.1　MMF-FRM 方法 ·································· 100
　　　4.4.2　MMF-FRM 滤波器纹波特性 ······················· 103
　　　4.4.3　基于 MMF-FRM 的滤波器组结构推导 ············· 105
　　　4.4.4　基于 MMF-FRM 的多相分支屏蔽滤波器 ··········· 108
　　　4.4.5　基于 MMF-FRM 滤波器组结构复杂度分析 ········· 109

    4.4.6　基于 MMF-FRM 的滤波器组结构仿真分析 ·············· 110
  4.5　基于 CEM-FRM 的动态综合滤波器组结构 ·················· 115
    4.5.1　基于 CEM-FRM 低复杂度综合滤波器组结构设计 ······· 116
    4.5.2　基于 CEM-FRM 低复杂度综合滤波器组结构复杂度分析 ·· 119
    4.5.3　基于 CEM-FRM 低复杂度综合滤波器组结构仿真 ······· 121
    4.5.4　基于 XSG 的低复杂度 CEM-FRM 综合滤波器组实现 ··· 125
  4.6　基于 CFM-FRM 的多尺度可配置滤波器组结构 ·············· 128
    4.6.1　FRM 滤波器组多相分解分析 ························· 128
    4.6.2　CFM-FRM 方法 ································· 130
    4.6.3　基于 CFM-FRM 的多相 DFT 滤波器组 ················ 133
    4.6.4　多尺度可配置滤波器组实现方法 ······················ 139
    4.6.5　多尺度可配置滤波器组仿真验证与分析 ················ 141
    4.6.6　多尺度可配置滤波器组硬件仿真 ······················ 145
  4.7　基于蜂群算法优化的 FRM 滤波器组优化设计 ··············· 146
    4.7.1　理论推导 ·· 146
    4.7.2　人工蜂群算法 ···································· 150
    4.7.3　ABC 算法在 FRM 滤波器组优化设计的应用 ············ 153
    4.7.4　基于 ABC 算法优化的 FRM 滤波器组结构仿真 ·········· 155
    4.7.5　基于 XSG 的 ABC 算法优化的低复杂度 FRM 滤波器组
          实现 ·· 158
  4.8　本章小结 ·· 164
  本章参考文献 ·· 164

第 5 章　调制滤波器组在电子侦察接收机中的应用 ············ 167
  5.1　引言 ·· 167
  5.2　电子侦察接收机需求与特性 ······························ 167
    5.2.1　电子侦察接收机功能 ······························· 167
    5.2.2　电子侦察接收机技术指标 ··························· 169
  5.3　电子侦察接收机类型 ··································· 171
    5.3.1　瞬时测频接收机 ·································· 171
    5.3.2　数字信道化接收机 ································ 172
  5.4　基于调制滤波器组的数字信道化接收机 ···················· 174
    5.4.1　瞬时带宽选择 ···································· 174
    5.4.2　信号采样率选择 ·································· 175

5.4.3　接收机动态范围 ·················· 175
　　　5.4.4　子信道数与灵敏度的关系 ·················· 176
　5.5　基于 FPGA 的电子侦察信道化接收机设计与实现 ·················· 177
　　　5.5.1　高速数据率转换设计与实现 ·················· 179
　　　5.5.2　多相滤波器组模块设计与实现 ·················· 180
　　　5.5.3　并行 FFT 模块设计与实现 ·················· 182
　　　5.5.4　信号幅度和相位提取模块设计与实现 ·················· 182
　　　5.5.5　瞬时测频功能模块设计与实现 ·················· 184
　5.6　数字信道化接收机性能测试与分析 ·················· 184
　　　5.6.1　信号包络与瞬时相位提取测试 ·················· 185
　　　5.6.2　信道化接收机灵敏度和动态范围的测试与分析 ·················· 187
　　　5.6.3　多信号信道化测试 ·················· 188
　　　5.6.4　瞬时测频性能测试与分析 ·················· 189
　5.7　本章小结 ·················· 190
　本章参考文献 ·················· 190

第 6 章　调制滤波器组在通信接收机中的应用 ·················· 192
　6.1　引言 ·················· 192
　6.2　多载波调制技术应用 ·················· 193
　　　6.2.1　OFDM 调制技术 ·················· 193
　　　6.2.2　FMT 调制技术 ·················· 195
　6.3　多载波通信接收机结构 ·················· 197
　　　6.3.1　信道子带划分方式 ·················· 197
　　　6.3.2　滤波器组多载波通信系统模型 ·················· 197
　　　6.3.3　基于调制滤波器组的 OFDM 结构 ·················· 198
　　　6.3.4　基于调制滤波器组的 FMT 结构 ·················· 200
　6.4　滤波器组多载波通信系统结构仿真与分析 ·················· 203
　　　6.4.1　基于调制滤波器组的 OFDM 结构仿真 ·················· 203
　　　6.4.2　基于调制滤波器组的 FMT 结构仿真 ·················· 204
　6.5　星载通信接收机中的信道化技术应用 ·················· 207
　　　6.5.1　星载通信中数字信道化特点 ·················· 207
　　　6.5.2　星载通信中信道化基本结构 ·················· 209
　6.6　基于调制滤波器组的星载信道化器 ·················· 210
　　　6.6.1　非均匀星载信道化器 ·················· 210

  6.6.2　子信道分解与综合 ·· 211
  6.6.3　基于多相滤波的星载信道化器结构 ······························ 213
  6.6.4　星载信道化器低复杂度解决方法 ··································· 214
  6.6.5　星载信道化器结构仿真与分析 ······································ 217
 6.7　本章小结 ·· 221
 本章参考文献 ·· 222

第7章　多通道数字信道化技术在阵列信号处理中的应用原理与案例 ········ 224
 7.1　引言 ·· 224
 7.2　阵列信号处理应用需求 ·· 225
  7.2.1　多通道信道化处理 ··· 225
  7.2.2　信号 I/Q 提取与测频 ··· 226
  7.2.3　脉冲宽度和到达时间测量 ·· 232
  7.2.4　到达角测量 ·· 233
 7.3　阵列信号处理平台核心构架 ·· 233
  7.3.1　早期阵列信号处理平台构架 ··· 233
  7.3.2　现代阵列信号处理平台构架 ··· 235
 7.4　多通道阵列信号处理中的数字信道化器应用 ·································· 235
  7.4.1　通用多通道阵列信号处理硬件平台 ································ 235
  7.4.2　并行多通道数字信道化器 ·· 236
  7.4.3　窄过渡带信道化器低复杂度实现方法 ····························· 237
 7.5　多通道数字信道化技术在阵列信号处理中的应用案例 ······················ 238
  7.5.1　阵列信号处理案例需求分析 ··· 239
  7.5.2　8 阵元阵列信号处理软硬件设计方案 ······························ 239
  7.5.3　数字信道化器设计与实现 ·· 242
  7.5.4　数字信道化器测试分析 ··· 249
 7.6　本章小结 ·· 252
 本章参考文献 ·· 252

第1章
数字接收机概述

1.1 引言

数字接收机是一种通过模拟数字转换器（Analog-to-Digital Converter，ADC）将模拟信号转换为数字信号，并使用数字信号处理技术实现变频、滤波、解调、参数测量等功能的数字接收装置。随着半导体技术的迅猛发展，使数字芯片的集成度和运算能力迅速提高，这也为数字接收机系统提供了越来越强大的硬件基础。现场可编程门阵列（Field Programmable Gate Array，FPGA）使数字接收机系统具有成本低、设计周期短、使用灵活、可靠性高、风险小、可拓展性强等特点。相对于模拟接收机，数字接收机的优点主要体现在以下6个方面：①在中频或射频对模拟信号进行数字化，信号没有通过视频检波器，可以尽量多地保留信号携带的信息；②尽可能地使用数字电路处理信号，减少了模拟电路老化、参数漂移等问题对整机性能的影响；③采用数字正交变换方法，其性能优于模拟正交变换方法，在获得更好正交特性的同时，避免了模拟混频器带来的交调失真和寄生信号；④用可编程器件实现的数字接收机可以根据不同系统需求，灵活地设计和配置参数；⑤数字滤波器的频率响应特性具有可编程配置特点，易于控制，且性能往往优于模拟滤波器的性能；⑥数据容易长期保存，可用于重复试验，处理方法灵活。因此，数字接收机逐步成为雷达、通信、导航、电子对抗、敌我识别，以及民用电视机、收音机、手机等系统中的主流应用产品。

1.2 数字接收机的发展与应用

接收机经历了从模拟接收机到数字接收机的转变。随着软件定义无线电定义的提出和数字信号处理器件的快速发展，数字信号处理器件的高性能、可编程、可配置、灵活性等特点使得数字接收机逐步取代模拟接收机，成为接收机的主要发展和应用方向，数字接收机相关技术也成为研究热点。随着数字信号处理技术的不断发展，数字接收机组成器件性能得到大幅提升，这也为数字接收机相关技术指标提升提供了空间。数字接收机逐步朝着大瞬时带宽、高灵敏度、大动态范围等高性能技术指标方向发展。

随着科学技术的发展，数字信号处理技术也越来越成熟。20世纪80年代，接收机体系中衍生出了以数字信号处理电路为主要特征的数字接收机。数字接收机可以根据带宽分为宽带接收机和窄带接收机，其中宽带接收机主要应用于电子战领域；由于通信过程中信号已知，通常窄带接收机就可以满足要求，但是随着通信技术的不断发展，通信信号的带宽不断变宽，宽带接收机在通信领域的应用也越来越多。为了更好地介绍数字接收机的发展与应用，下面将从通信领域和电子战领域分别进行介绍。

1.2.1 数字接收机在通信领域的应用

通信接收机的功能是通过天线接收射频通信信号，通过滤波器选出所需信号并进行放大处理。按照一定的调制方式对信号进行解调，再把解调后的信号送到基带处理，恢复成原来的通信信号或数据信息并输出。一般的通信接收机的工作原理如下：接收机前端把天线收到的微弱信号通过滤波器选出所需频率信号，送至射频调谐放大电路；然后进入混频电路，把载波频率搬移至中频，经过中频滤波后送至中频放大电路。中频放大电路可以包含二次混频和二次中放，使载有信息的信号降至一个合适的中频频率上。目前，通信接收机多采用二次变频方案，第一中频选得较高，以利于镜像频率抑制；第二中频选得较低，以利于邻道干扰抑制。有的移动通信接收机还可能会采用三次变频方案。有用信号经中频电路处理后，送往解调电路。解调电路根据一定的调制方式对信号进行解调，再把已解调信号送往基带处理电路处理。通信接收机基带处理的内容包括解码、解密、数模转换和语音放大等。同样，通信接收机也有不同的具体形式和实现方案。如图 1.1 所示为数字接收机在通信领域应用的常用功能结构图。

卫星信号接收机也属于通信接收机范畴，早期卫星信号接收机由高频调谐器、QPSK 解调器、前向纠错器、解复用器、音视频解码器、ADC 等器件组成，所有功能都集成在接收机硬件电路上[1]。随着数字技术的发展，逐步发展为射频、基带处理集成在硬件电路上，解算定位功能由软件实现的接收机架构。再到目前主流的仅射频部分使用硬件，其余信号处理功能均采用软件实现的数字接收机架构。数字接收机的优势在于其可以通过软件设计将多种速率、多种调制解调方式、多种编译码、任意路复用等功能结合在一起，从而对接收机进行灵活配置。同时，在保留了接收机原有的高精度、高灵敏度、高鲁棒性的情况下，有效地降低了接收机的体积和成本，解决了不同系统接收机之间的兼容性问题。这些优势使得数字接收机成为通信领域主流的接收机类型。

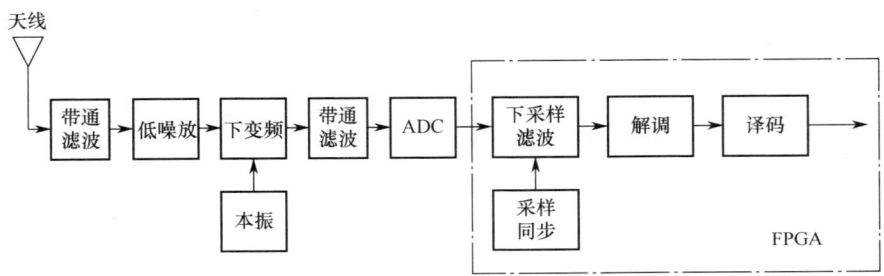

图 1.1 数字接收机在通信领域应用的常用功能结构图

1.2.2 数字接收机在电子战领域的应用

随着电子战领域应用装备技术水平的不断提升，电子战领域所面对的各种电子信息装备逐步从模拟装备向数字装备过渡，这也使得数字接收机在电子战领域的应用得到了迅速发展。电子战领域应用的电子装备产品逐步往宽频率覆盖、大瞬时带宽、低截获概率、短时猝发及功率管理等方向发展。在电子侦察领域，随着认知雷达、软件化雷达、数字阵列雷达等新体制、新技术的推广应用，现代雷达向更大带宽、更高工作频率发展，线性调频、步进频、捷变频等宽带辐射源样式广泛应用，雷达系统中波形设计、方向图设计、辐射功率控制等低截获技术不断发展，这也对电子侦察领域应用的数字接收机性能提出了挑战[2-3]。

为应对电子侦察领域应用中面临的这些挑战，增加辐射源信号截获概率的一个重要手段就是提升数字接收机的瞬时带宽。瞬时带宽是电子侦察系统信号发现与处理能力的关键参数，也是评价数字接收机性能的重要技术指标。电子侦察领域中数字接收机瞬时带宽的增加，在获取高性能指标的同时也给数字接收机后续信号处理带来了压力。对宽带电子侦察系统处理实时性要求也是评价数字接收机性能的重要技术指标，实时性越强，意味着数字接收机处理宽带带来海量数据的能力越强，不丢失信息连续工作的能力也越强。

调制滤波器组技术及其在数字接收机中的应用

在电子侦察领域的数字接收机应用中,为了保证数字接收机具有大瞬时带宽,离不开信号采样技术。信号采样技术作为数字接收机的基础,担负着将信号从模拟域转换到数字域的任务,是在数字域实现信号处理和信息提取的首要条件,也直接影响和制约着系统的整体性能。高速采样是宽带信号电子侦察的前提,根据奈奎斯特低通采样定理,为保证无失真地恢复原始信号,采样率至少要达到信号最高频率的两倍。随着新型雷达的出现,雷达的频段、带宽等参数不断提升,这对电子侦察装备的采样率不断提出更高的要求。当电子侦察装备面临载波频率较高,而信号带宽为带限信号时,为了降低对高速信号采集器的要求,可以按照奈奎斯特带通采样定理对信号进行采集和无失真恢复,即采样率只需要满足信号带宽的两倍。尽管带通采样定理降低了电子侦察装备采样率的要求,然而新型雷达信号瞬时带宽的提升依然需要电子侦察装备具有较高的采样率。另外,采样器件量化位数、动态性能和模拟输入带宽也是直接决定采样性能的重要因素。量化位数和采样率一直是ADC发展的相互制约因素,因此,高速ADC的采样率和量化位数成为评价电子侦察装备性能评价的重要指标。高采样率和高量化位数的ADC成为电子侦察装备高性能的关键器件。在极致追求采样率的情况下,量化位数仅1bit的单比特接收机可以轻松实现10GSPS以上的采样率和较高模拟输入带宽,但量化位数的降低将导致接收机具有较低的瞬时动态范围。

除了采样率因素,当面向电子战领域宽带数字接收机应用时,另一个关键因素是高速采样后的信号实时处理问题。对电子侦察领域而言,宽带数字接收机在海量数据输入情况下降低最终数据率和缓解信号处理压力,避免高速数据连续记录的另一个途径是实现对感兴趣信号的有效捕获,减少数据冗余。例如,电子战领域宽带数字接收机的瞬时带宽为4GHz,根据奈奎斯特采样定理,采样率至少为8GSPS,若采用16位宽数据格式,则每秒至少会产生16GB的海量数据,给高速采样后数据处理带来较大的压力。这一问题的解决离不开高速数字信号处理器的发展。随着半导体技术和电子元器件的发展水平不断提升,芯片处理能力的突飞猛进,其中包括典型的可以用于数字接收机信号处理的芯片,如FPGA、数字信号处理器(Digital Signal Processor,DSP)、图形处理器(Graphics Processing Unit,GPU)等高性能器件。其中,FPGA器件具有并行处理能力强的特点,在片上资源足够的条件下,借助强大的并行处理能力,以资源换速度,是实现高速数据流实时处理的理想方式之一,因此,FPGA适合用于数字接收机信号预处理功能和相关信号处理。例如,PENTEX公司研制的数字接收机模块Model 7158采用XMC标准接口,具备两路 500MSPS 的 12 位 ADC 采样通道，通道可独立或联合使用，后端采用单个高性能 FPGA 产生最多 256 个窄带信道。Applied Radar 公司研制的 Titan-V5 系列处理机，可选用 8 通道的 8 位 1.5GSPS 采集卡，使用两片高性能的 FPGA 完成数字信号处理，另外其具有两路 4X VXS 连接，支持 25Gbit/s 全双工数据率和 VME 总线。LNX 公司的 RX00103-008 宽带数字接收机包含两路 2.2GSPS 的 10bit 采样通道，输入模拟带宽为 3GHz，后端采用 3 个高性能 FPGA 进行实时处理。国防科技大学电子科学学院研制的数字信道化接收机，采用两路高速 1.2GSPS 的采样通道，由一片大规模 FPGA 完成信道化等数字信号处理，生成 16 个 75MSPS 子信道降低处理难度，该接收机在某宽带卫星信号的截获中得到较好的应用。图 1.2 所示为数字接收机在电子战领域应用的常用功能结构图。其采用 FPGA 处理器平台实现了电子战领域中宽带信号的多通道并行的电子侦察功能的信号处理，可以同时实现多通道数字下变频、数字滤波和参数测量等功能。

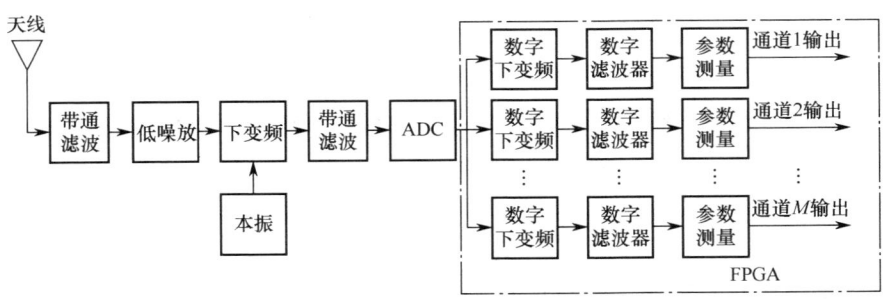

图 1.2　数字接收机在电子战领域应用的常用功能结构图

1.3　数字接收机的基本构架

数字接收机主要由模拟前端和数字处理部分组成。其中，ADC 是关键器件，根据 ADC 的采样方式的区别，可以将数字接收机分为射频直接采样结构的数字接收机、中频采样结构的数字接收机和零中频采样结构的数字接收机。此外，根据 ADC 采样处理瞬时带宽的不同，数字接收机还可以分为窄带数字接收机与宽带数字接收机。

1.3.1　射频直接采样结构的数字接收机

射频直接采样结构的数字接收机由低噪声放大器、适当的滤波器和 ADC 组成，如图 1.3 所示。图 1.3 中的接收机将天线接收的射频（Radio Frequency，

RF）信号经过滤波器、低噪声放大器（Low Noise Amplifier，LNA）等电路处理后，其 RF 信号被 ADC 采样得到数字信号。射频直接采样结构中模拟组件处理环节较少，其 RF 信号经过简单模拟电路处理后即被 ADC 采样，结构设计简单，其主要信号处理功能由后续数字信号处理器完成。射频直接采样结构具有模拟电路部分结构简单的优点，但是对 ADC 器件的要求较高，特别是当射频信号频率覆盖范围较大时，需要 ADC 具备一定分辨率的同时具备较高的采样率。

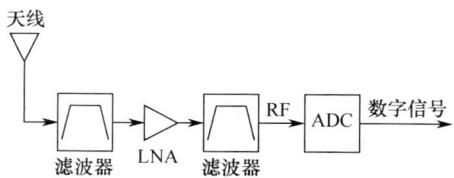

图 1.3　射频直接采样结构的数字接收机架构

近年来，半导体公司利用新技术在更高的采样率下提高分辨率，以降低转换器内的噪声。随着具有更高分辨率的超高速转换器的出现，射频输入信号可以直接转换 GHz 的信号。目前德州仪器（Texas Instruments，TI）公司、亚德诺半导体技术有限公司（Analog Devices Inc，ADI）等半导体公司的最新一代 ADC 都可以达到该标准。这些高速采样转换速率使得 ADC 能够在 L 波段和 S 波段实现大瞬时带宽的射频信号直接采样。

射频直接采样简化了射频信号链路，降低了每个通道的成本及通道密度。由于基于直接射频采样的接收机使用的模拟组件较少，因此，外形尺寸通常更小、功率效率更高。如果构建的是高通道数系统，则射频直接采样可以减少系统的占地面积和成本。除了尺寸、质量和功率减小，简化的架构还能消除射频仪器本身可能产生的噪声、映像和其他误差来源。射频直接采样架构还可以简化同步。例如，要实现 RF 系统的相位一致性，必须同步 RF 仪器的内部时钟。在直接采样系统中，只需要关注器件的时钟同步即可，对于需要多个相位相干 RF 接收器的相控阵雷达应用中，直接采样架构是简化设计的有效选择。

20 世纪 90 年代，美国国防部高级研究规划局在对机载早期预警雷达接收机升级改造时就已经研制出输入信号频段为 406～450MHz 的射频低通全数字化接收机。21 世纪初，美国 MITLincoln 实验室、海军研究实验室和 NSW/DD 在 IEEE 国际雷达会议上发布了 L 波段新型数字阵列雷达接收机的研制成果。目前德国研制出 L 波段窄带单脉冲跟踪和 Ku 波段宽带成像雷达 TIRA，其带宽达 2GHz，能在 1000km 的轨道高度上检测到直径为 2cm 的导弹体，可判断出目标的形状、尺寸、质量甚至材质特性。当前随着高速 ADC 和后期数字信号处理器的快速发展，雷达瞬时带宽逐渐变宽，宽带数字化接收机的研制和使用已逐渐成为行业中的主流。美国 Drexel 大学研制出的宽带数字接收机输入射频频率为 2.5GHz，且输入模拟信号带宽为 300MHz。近年来 TI 等公司研制出单通道采样率为 10.4GHz 的射频采样 ADC，分辨率可以达到 12bit，射频采样 ADC 可代替包含混频器、本地振荡器（Local Oscillator，LO）、中频放大器和滤波器的无线电信号路径子系统，减少了所用物料、成本、设计时间、尺寸、质量和功耗，同时增加了软件的可编程性和系统的灵活性。国内也有众多科研单位或高校参与数字接收机的研究，中国电子科技集团公司四十一研究所研制出的高性能数字接收机，移动终端的射频范围覆盖 1800～2400MHz，射频信号以 122.88MHz 的采样率被 ADC 采样。中国电子科技集团三十八所研制出一种支持超宽带信号输入的数字接收机，ADC 有效位数为 8 位，实现了最大采样率为 2GSPS 的射频直接采样。南京理工大学设计出的射频带通采样雷达数字接收机，最高采样率为 1GSPS，分辨率为 12bit，输入信号带宽为 2.8GHz。电子科技大学电子工程学院设计出的双通道数字接收机，利用两片采样率为 100MHz 的 ADC 芯片组成双通道，可实现频率范围为 400～500MHz 的信号接收和下变频。

1.3.2 中频采样结构的数字接收机

中频采样结构的数字接收机以超外差接收机结构为基础，是目前被广泛应用的一种接收机结构。天线接收的射频信号经过带通滤波器（Band-Pass Filter，BPF）、低噪声放大器、混频器等模拟电路处理后，可以把感兴趣的射频频段信号变换到固定的中频（Intermediate Frequency，IF）频率上，中频信号被 ADC 采样后得到数字信号，其典型的中频采样结构如图 1.4 所示。

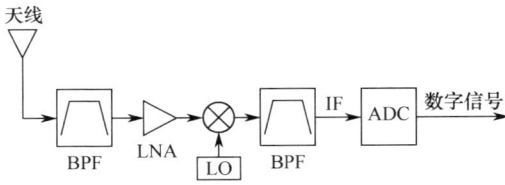

图 1.4 中频采样结构

中频带通采样数字接收机可以将载频很高的射频信号降至合理的中频后再进行数字化,大大降低了对采样率和输入频率范围的要求,具有很高的可实现性。实际的超外差接收机结构将射频信号变换到中频可能需要多次变频方案,因此,中频采样结构的模拟前端相对复杂,灵活性有限,而且多个混频器的非线性会严重限制系统的性能,与理想的软件无线电存在较大的差距。然而,中频采样结构被广泛采用的原因是当所需覆盖的射频信号频率范围较大时,现有的高速 ADC 的采样率无法满足射频直接采样结构要求,这就需要采用中频采样结构,将宽频率覆盖的射频信号频段按照频段分段处理的思路,通过模拟混频、滤波等实现频段分段处理,从而降低对高速 ADC 采样率的要求。

1.3.3 零中频采样结构的数字接收机

零中频采样结构的数字接收机结构属于中频采样结构的特殊化结构,如图 1.5 所示。天线接收的射频信号经过带通滤波器、低噪声放大器后,通过模拟混频器将一路射频信号直接下变频为具有正交性的 I、Q 两路模拟基带信号,两路模拟 I、Q 基带信号分别被两路 ADC 分别采样得到两路数字 I、Q 信号。

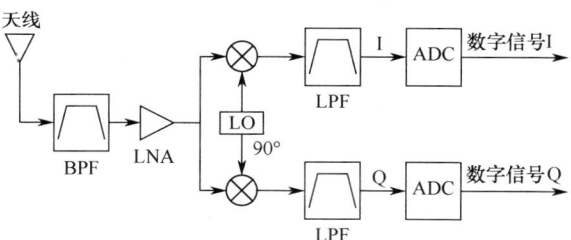

图 1.5 零中频采样结构

在零中频采样结构中,本地振荡器需要分别产生两路正交模拟信号,分别与射频输入信号进行混频并通过模拟低通滤波器(Low-Pass Filter,LPF)滤波得到具有正交性的 I、Q 两路模拟基带信号。与中频采样结构相比,零中频采样结构的特殊性在于中频采样结构混频到一个固定频率上,当这个固定频率为零中频时,该结构称为零中频采样结构。零中频采样结构不存在镜像干扰,对 ADC 采样率要求较低,具有易于集成、低功耗、成本低等优点。但是,由于混频器的本振频率与射频信号频率相同,因此,本振信号容易泄露到射频链路中,产生干扰,且 I、Q 两路信号不平衡,在射频处做 I、Q 混频、I、Q 失配等问题都会在一定程度上影响其性能。零中频采样结构尽管对 ADC 采样率要求降低了一半，但是模拟前端处理电路有所增加，因此，需要针对不同应用场景需求进行设计方案选择。

1.3.4 窄带数字接收机与宽带数字接收机

根据数字接收机的瞬时带宽大小，可将数字接收机分为窄带数字接收机和宽带数字接收机。数字接收机的带宽会对数字接收机的性能和结构产生重要影响，下面分别介绍窄带数字接收机和宽带数字接收机的特点。

窄带数字接收机最明显的特点是瞬时带宽窄，这一特点决定了窄带数字接收机对 ADC 采样率的要求降低，同时后续数字信号处理实时性要求也随之降低。因此，窄带数字接收机在选择 ADC 性能的同时可以兼顾高分辨率和采样率的要求，往往窄带数字接收机可以选择分辨率较高的 ADC，这一指标将提升窄带数字接收机的瞬时动态范围。同时，窄带数字接收机的灵敏度往往较高，这是由于灵敏度随着瞬时带宽的减小，其灵敏度将得到提高。由于窄带数字接收机对 ADC 采样率要求降低，后续信号处理芯片的处理速率要求得到降低，通常可以实现采样信号的直接实时处理。因为窄带数字接收机只适合处理带宽较窄的信号，所以，面向电子战领域的宽带信号处理时，将丢失宽带未知信号信息，无法做到全概率接收，这就需要接收机扩大信号接收带宽。

宽带数字接收机拥有更宽的接收瞬时带宽，可以处理电子战领域宽带雷达信号的全概率接收，但是宽带数字接收机对 ADC 采样率的需求急剧增加，同时对数字信号处理器的性能要求也随之提升。由于 ADC 采样率和后续数字信号处理芯片处理速率存在差异性，所以，往往 ADC 采样率远高于数字处理器的处理速率，这就无法实现高速 ADC 采样信号的直接实时处理，其解决方法是通过多速率信号处理、并行处理等方法实现，这就使得接收机的处理结构更复杂、资源消耗更多。宽带数字接收机的种类较多，常见的包括单比特数字接收机、压缩数字接收机、信道化数字接收机等。单比特数字接收机中的高速 ADC 分辨率仅为 1bit，因此，ADC 的采样率较高，该接收机牺牲的是动态范围这一指标。压缩数字接收机需要通过模拟前端处理对稀疏信号进行压缩处理，后续需要对压缩信号进行稀疏信号重构，结构复杂，难实现。信道化数字接收机是将覆盖频段进行分段滤波后进行并行信号处理，因此，保留了宽带信号处理能力。信道化数字接收机成为应用最广泛的宽带数字接收机。信道化数字接收机在保证高速 ADC 分辨率的基础上，通过选择高采样率的 ADC 实现,是在现有高速 ADC 分辨率和采样率两项指标权衡之下的一种设计方案,即同时兼顾了瞬时动态范围和瞬时带宽两项宽带接收机指标。信道化数字接收机结构有多种信号处理实现方法,包括基于单通道的信道化数字接收机、基于快速傅里叶变换(Fast Fourier Transform,FFT)的信道化数字接收机、基于加权叠加(Weighted Overlap-Add,WOLA)信道化数字接收机、多相信道化数字接收机和余弦调制滤波器组信道化数字接收机等。

通过窄带数字接收机和宽带数字接收机的对比可以看出,在实际应用需求不同的场景下,对于数字接收机的性能需求往往存在较大的区别,需要结合实际应用场景进行合理选择。例如,在一些通信系统应用中,所需处理的通信信号带宽较窄,此时可以选择窄带数字接收机实现;在一些雷达与电子战领域应用中,所需信号处理带宽较宽,往往需要采用宽带数字接收机实现。因此,窄带数字接收机和宽带数字接收机在实际应用中均具有重要的应用价值,需要结合实际情况进行合理选择。

1.4 数字接收机的核心处理器

数字接收机在实现过程中需要用到采集器和处理器,其数字信号处理器件的性能决定着数字接收机的能力。ADC 和各种数字信号处理器是数字接收机的重要组成部分,本节将着重对 ADC、专用集成处理器和 FPGA 处理器进行介绍。

1.4.1 高速模数转换器

模数转换器作为数字接收机中的重要组成部分,决定了数字接收机的采样能力,也是体现窄带或宽带数字接收机瞬时带宽能力的核心器件。随着宽带数字接收机的广泛应用,作为宽带数字接收机的关键部件,高速 ADC 器件的发展影响着宽带数字接收机的性能[4]。采样率和分辨率是 ADC 的重要技术指标,采样率越高,转换时间越短,而高分辨率则要求较长的转换时间,因此,ADC 器件的采样率和分辨率是相互矛盾的存在。在宽带数字接收机中,ADC 的最大采样率直接影响接收机的带宽,ADC 的分辨率对接收机的动态范围起着决定性作用。随着电子技术的不断发展,高性能的 ADC 器件相继出现,表 1.1 列出了各主要生产厂商推出的高速 ADC 的主要技术指标。

表 1.1　主要生产厂商推出的高速 ADC 的主要技术指标

芯片型号	采样率/GSPS	分辨率/bit	通道数/个	生产厂商
AT84AS008	2.2	10	1	E2V
TS83102G0	2	10	1	E2V
EV12AD550B	1.6	12	2	E2V
EV12AQ605	6.4、3.2、1.6	12	1、2、4	E2V
EV10AS940	12.8	10	1	E2V
ADC08D1500	1.5	8	2	TI
ADC08B3000	3	8	1	TI
ADC10D1000	1	10	2	TI
ADS54J60	1	16	2	TI
AFE7906	3	14	6	TI
ADC12DJ4000RF	4、8	12	2、1	TI
ADC12DJ5200RF	5.2、10.4	12	2、1	TI
HMCAD5831	26	3	1	ADI
AD9213	10.25	12	1	ADI
AD9207	6	12	2	ADI
AD9209	4	12	4	ADI
AD9208	3	14	2	ADI
AD9689	2.6	14	2	ADI

1.4.2　ASIC 处理器

专用集成电路（Application Specific Integrated Circuit，ASIC）是应特定用户要求和特定电子系统的需要而设计、制造的集成电路。目前用复杂可编程逻辑器件（Complex Programmable Logic Device，CPLD）和现场可编程门阵列来进行 ASIC 设计是最为流行的方式之一，它们的共性是都具有用户现场可编程特性，都支持边界扫描技术，但两者在集成度、速度及编程方式上具有各自的特点。在集成电路界，ASIC 被认为是一种为专门目的而设计的集成电路。ASIC 的特点是面向特定用户的需求。ASIC 在批量生产时与通用集成电路相比具有体积更小、功耗更低、可靠性更高、性能更高、保密性更强、成本更低等优点。

集成电路（Integrated Circuit，IC）是一种微型电子器件或部件。集成电路规模越大，在组建系统时就越难以针对特殊要求加以改变。为解决这些问题，就出现了以用户参加设计为特征的 ASIC，它能实现整机系统的优化设计，性能优越，保密性强。专用集成电路可以把分别承担一些功能的数个、数十个甚至上百个通用中小规模集成电路的功能集成在一块芯片上,进而可将整个系统集成在一块芯片上,实现系统的需要。专用集成电路使整机电路优化、元件数减少、布线缩短、体积和质量减小,可提高系统的可靠性。ASIC的设计流程(数字芯片)包括功能描述、模块划分、模块编码输入、模块级仿真验证、系统集成和系统仿真验证、综合、STA(静态时序分析)、形式验证。

1.4.3 FPGA 处理器

现场可编程门阵列是作为 ASIC 领域的一种半定制电路而出现的,既解决了定制电路的不足,又克服了原有可编程器件门电路数有限的缺点。FPGA 设计不是简单的芯片研究,而是利用 FPGA 的模式进行其他行业产品的设计[5]。

与传统模式的芯片设计进行对比,FPGA 芯片并非局限于研究及设计芯片,而是针对较多领域产品都能借助特定芯片模型予以优化设计。从芯片器件的角度讲,FPGA 本身构成了半定制电路中的典型集成电路,其中含有数字管理模块、内嵌式单元、输出单元及输入单元等。在此基础上,关于 FPGA 芯片有必要全面着眼于综合性的芯片优化设计,通过改进当前的芯片设计来增设全新的芯片功能,据此实现了芯片整体构造的简化与性能提升。

FPGA 器件作为专用集成电路中的一种半定制电路,基本结构包括可编程输入输出单元、可配置逻辑块、数字时钟管理模块、嵌入式块 RAM、布线资源、内嵌专用硬核、底层内嵌功能单元。由于 FPGA 具有布线资源丰富、可重复编程和集成度高、投资较低的特点,所以,在数字电路设计领域得到了广泛的应用。FPGA 的设计流程包括功能描述、电路设计与输入、功能仿真、综合优化、综合后仿真、实现与布局布线、时序仿真、板级仿真与验证、调试与加载配置。设计者根据实际需求建立算法架构,利用 EDA 建立设计方案或 HD 编写设计代码,通过代码仿真保证设计方案符合实际要求,最后进行板级调试.利用配置电路将相关文件下载至 FPGA 芯片中,验证实际运行效果。FPGA 可无限地重新编程,加载一个新的设计方案只需几百毫秒,利用重配置可以减少硬件的开销。FPGA 的工作频率由 FPGA 芯片及设计决定,可以通过修改设计或者更换更快的芯片来达到某些苛刻的要求。但是,FPGA 的所有功能均依靠硬件实现,无法实现分支条件跳转等操作。与 ASIC 相比,FPGA 体积、功耗、质量、性能等相对较差。

FPGA 技术起源于美国,最早的商业化 FPGA 芯片由 Xilinx 公司于 1985

年推出。随后 Altera（现已被 Intel 收购）等公司也加入竞争，共同推进了 FPGA 技术的发展。作为 FPGA 领域的行业巨头，Xilinx 和 Altera 长期占据全球 FPGA 市场主导地位，2021 年两家厂商的市场份额之和超过了 70%。随着科技水平的进步，FPGA 厂商在技术创新方面继续突破，低功耗、高性能、可重构、人工智能（Artificial Intelligence，AI）等技术得到应用，推动了 FPGA 芯片向更小尺寸、更高集成度、更强功能方向发展。Xilinx 公司推出了 Versal ACAP 平台，集成了 FPGA、中央处理器（Central Processing Unit，CPU）、图形处理器（Graphics Processing Unit，GPU）和 AI 引擎。Xilinx 和 Altera 公司的 FPGA 产品对比如表 1.2 所示。

表 1.2　Xilinx 和 Altera 公司的 FPGA 产品对比

生产厂商	产品系列	代表型号	支撑开发软件
Altera	MAX 系列	MAX® 10 10M25	Quartus Ⅱ、Quartus Prime
	Cyclone 系列	Cyclone® 10 10CL120	
	Arria 系列	Arria® 10 GX 900	
	Stratix 系列	Stratix® 10 SX 1100	
	Agilex 系列	Agilex™ 7I 系列 023	
Xilinx	Spartan 系列	SU100P	ISE、Vivado、Vitis
	Artix 系列	AU25P	
	Kintex 系列	XCKU15P	
	ZYNQ 系列	ZU47DR	
	Virtex 系列	XCVU9P	

1.5　调制滤波器组技术

数字接收机的实现主要利用了核心处理器，通过相关信号处理方法对 ADC 采集的信号进行后续信号处理，其中，调制滤波器组技术是后续信号处理方法中常见的一种。调制滤波组技术是在多速率信号处理理论基础上形成的典型应用技术，在多载波通信系统、卫星通信系统、电子战接收机、语音信号处理及图像处理中均具有典型应用。本书重点对调制滤波器组技术在数字接收机中的应用进行探讨。下面对调制滤波器组技术中涉及的几种信号处理技术进行介绍。

1.5.1　数字正交变换

正交变换可以采用模拟和数字两种方法实现，其中模拟正交变换方法与零中频采样结构中的正交变换相同,即模拟正交变换用本振和移相器产生一对正交信号,用一对混频器将输入信号分别和正交信号混频,产生两路 I、Q 正交信号。这种方法的缺点是实现中需要保持良好的正交性能,模拟器件的不一致性和非线性会影响输出信号的正交性能。数字正交变换是利用 ADC 直接对中频信号进行采样,将采样得到的数字信号通过正交变换方法得到 I、Q 正交数字信号,这种方法可以实现非常高的通道信号正交性和稳定性,得到了广泛的应用。

数字正交变换原理如图 1.6 所示。模拟信号经采样后得到数字信号,与数字控制振荡器(Numerically Controlled Oscillator,NCO)输出的两路正交数字信号相乘,再通过低通滤波器以滤除高频分量,得到同相分量 I 和正交分量 Q。与模拟方法相比,数字正交变换可以得到更高的稳定性和更好的正交性。这种方法不要求输入信号的中心频率与其采样频率具有某种特定的数学关系,应用非常灵活。数字混频正交变换也有一定的局限性,由于数控振荡器、数字混频器、数字滤波器的工作速率要与输入信号的数据率相匹配,而数字信号处理器件的运算速度是有限的,所以,当输入信号的数据率较高时,这种方法可能很难甚至无法实现。

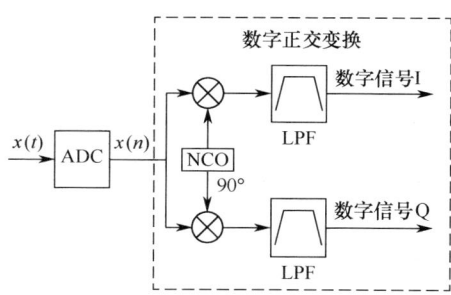

图 1.6 数字正交变换原理

1.5.2 多相滤波器组

滤波器组理论和技术被广泛应用于各个领域中,以多速率信号处理理论为基础,数字滤波器组理论和设计方法不断丰富和完善。数字滤波器组最直接的实现方案是每个带通滤波器独立实现数字滤波,每个带通滤波器的中心频率不同,多个带通滤波器共同形成了数字滤波器组。多相滤波器组的直接实现方法在设计方面具有灵活性,不同带通滤波器的中心频率可以灵活配置,但是该方法需要多个独立的滤波器设计,将消耗大量的滤波器资源,不易工程化实现。多相滤波器组是在数字滤波器组直接实现方法的基础上,通过对不同带通滤波器中心频率关系的约束，提升数字滤波器组直接实现方法的高效计算结构。

国外对滤波器组的研究是从 20 世纪 70 年代开始的，最初对滤波器组的研究主要是两通道滤波器组，国内相对较晚，20 世纪 90 年代才有学者开始相关研究。1987 年之后，滤波器组的理论研究取得重大突破，Nguyen 等人提出了一种双正交两通道滤波器组，实现了格型结构[6]；随后他们又提出 M 通道完美重构的线性相位滤波器组，在 M 通道完美重构滤波器组中，线性相位性和正交性这两种特性可以兼容[7]，随后滤波器组技术迅速发展起来。同年 Vaidyanathan 提出了多相（Polyphase）分解算法，并且提供一种滤波器组高效结构设计方法，这在很大程度上优化了传统数字滤波器组的结构设计，多相滤波器组高效算法的提出为滤波器组理论的发展带来重大变革，同时也为工程应用提供了良好的解决方案[8]。Iwabuchi 等人提出了一种多相 DFT（Discrete Fourier Transform）滤波器组结构，所需乘法器数量得到有效降低[9]。Sheikh 等人采用窗函数法设计原型滤波器，并提出了一种基于 DFT 滤波器组的软件无线电接收机结构，仿真验证了其结构的正确性[10]。Mathias 等人利用线性相位 IIR 滤波器去设计 DFT 多相滤波器组，进一步降低了滤波器组的计算复杂度。Harris 等人通过级联外部滤波器组，设计了一种 160 个信道的二级多相滤波器组，其满足任意采样倍数，仿真验证了所提结构的正确性[11]。圣地亚哥州立大学 Chen 等人提出了一种基于 DFT 非最大化抽取滤波器组的宽带滤波解决方案。

国内一些学者也对多相滤波器组进行了研究，付永庆等人针对合作信号频谱划分设计了一种 4 通道多相滤波器组结构[12]。董晖等人针对信道化接收机信道间存在盲区的问题，引入重叠一半的滤波器组频带划分方式设计多相滤波器组，从而降低了漏警概率[13]。陈大钊等人运用调制滤波器组技术实现多通道全概率接收的数字接收机[14]。梁中英等人设计了一种 256 信道的多相滤波器组结构，并利用 FPGA 进行了工程实现，验证了所设计结构的有效性[15]。田丰等人提出最大化抽取的余弦调制滤波器算法，该算法具有计算复杂度低、设计简单的特点[16]。针对带宽内多个信号时变性的特点，李冰等人提出了一种动态信道化滤波方法，降低了实现过程中的运算量[17]。王小龙针对滤波器组阻带衰减较小的问题，提出一种交替傅里叶变换调制滤波器组设计方法，将阻带衰减提高 3dB[18]。蒋俊正等人提出一种基于双迭代的设计算法，降低了调制滤波器组的计算复杂度，同时传递失真减小了约 6dB[19]。

1.5.3 重构滤波器组

重构滤波器组的常见结构包括基于树形结构、基于 Farrow 结构、基于分析和综合滤波器组结构。基于树形结构的滤波器组重构结构，各级滤波器采用级联的方式，既方便实现大数目的信道设计，又能根据输入信号灵活改变单个滤波器的参数设计，实现动态划分。

Vaidyanathan 提出了一种 M 通道最大化抽取的镜像滤波器组的方法，为实现完美重构滤波器理论奠定了基础[20]。2015 年，卡利卡特国家技术学院的 Bindiya T S 和 Elizabeth Elias 通过将连续滤波器组系数转换为两个空间的有符号幂中的有限精度系数，提出了无乘数近似完美重构树结构滤波器组[21]。同年，Bindiya T S 和 Elizabeth Elias 又提出了一种无乘数近似完美重构树结构的非均匀滤波器组[22]。2016 年，卡利卡特国家技术学院的 Shaeen Kalathil 和 Elizabeth Elias 通过合并均匀余弦调制滤波器组的相邻信道，获得了非均匀余弦调制滤波器组。2016 年，Kumar A 等人提出了一种有效的闭合形式方法，用于设计具有规定阻带衰减和信道重叠的多通道近乎完美重构非均匀滤波器组。2017 年，Sharma I 等人提出了一种利用混合进化算法优化设计无乘法非均匀树型结构滤波器组的有效方法。2017 年，Bindima T 和 Elizabeth Elias 利用具有整数搜索空间的多目标人工蜂群优化算法找到最优的 Farrow 子滤波器系数，并提出了使用最小生成树方法的有限精度可变数字滤波器的新的低复杂度实现方法。2017 年，Nisha Haridas 和 Elizabeth Elias 提出了一种用于连续带宽变化的极低复杂度插值器结构，并将其应用于标准软件无线电（Software Defined Radio，SDR）场景，在所提出的方法中，固定数字滤波器的带宽可以在最大可能动态范围内改变为任意值。2018 年，Amir A 等人提出了一种基于余弦调制和分数插值技术的有限长单位冲激响应（Finite Impulse Response，FIR）滤波器组结构。Gerhard 提出了一种针对余弦调制均匀滤波器组的快速算法实现信号完美重构，该方法需要原型滤波器具有较高的阻带衰减。2018 年，Sakthivel V 和 Elizabeth Elias 提出了一种使用非均匀改进 DFT 滤波器组的低复杂度可重构 SDR 信道化器[23]。

在国内相关研究方面，2011 年，哈尔滨工程大学的陈涛等人在无混叠、无盲区的均匀信道化结构的基础上，采用动态信道化结构，提出了对部分有效频率信道完全重建的动态信道化接收机[24]。唐鹏飞等人用半带滤波器设计原型滤波器，并提出一种新的动态综合滤波器组结构[25]；2016 年，哈尔滨工程大学张文旭等人提出了一种改进的低复杂度高效结构和窄过渡带滤波器组,用于软件无线电应用[26]。高希光提出一种改进的重构结构,将抽取倍数设置为信道数的一半,减少频谱混叠,降低了数据处理速度[27]。

1.5.4 快速滤波器组

20世纪90年代,Lim教授针对快速傅里叶变换滤波器组和快速傅里叶逆变换滤波器组存在的频响特性差的缺点,通过对其进行改进,分别提出了分析快速滤波器组(Analysis Fast Filter Bank,AFFB)结构和综合快速滤波器组(Synthesis Fast Filter Bank,SFFB)结构[28]。快速滤波器组各级通过级联的形式进行组合,且各级原型滤波器传递函数相同,采用了半带滤波器设计方式,降低了非零系数的数量,从而使FFB在具有低复杂度特性的同时,性能也得到大幅度的提升。1994年,Lim Y C提出了快速滤波器组(Fast Filter Bank,FFB)方法的另一种推导方式,证明了FFB的相邻子信道可以合并为更宽的信道。部分学者研究了FFB的基本结构、各级原型滤波器的设计参数,以及根据原型滤波器设计的各级子滤波器的传递函数,此外,一些学者对FFB的等效结构设计和应用方面进行了更深入的研究。

在等效结构设计方面,2004年,Ching L Y根据矩阵计算提出了FFB的另一种表示方式,并提出了一种4通道子滤波器模块的改进结构和一种实现任意数量的输出通道的新的混合架构。2013年,Darak S J等人将FFB用于频谱感应、信道化等无线通信中[29]。2015年,Jinguang H等人提出了一种基于FFB的信道化器,将其应用于航空通信中,满足航空系统中对高速可靠通信的要求[30]。2016年,Hao J等人通过用FFB替换现有基于FFT/IFFT的多相滤波器组,实现了一种偏移正交幅度调制传输和滤波器组多载波系统。2017年,Ma T和Wei Y等人提出了一种基于FFB的具有嵌套级联子滤波器基础结构的滤波器组设计,以实现具有高阻带抑制和窄过渡带宽的无乘法器滤波器组[31]。Lee J W和Lim Y C等人提出了一种临界抽取方法的FFB结构,实现了滤波器组输出数据的降速处理[32]。Wang Y P等人将FFB应用于图像处理中,在任意尺度中插值图像,用于放映或者印刷时的放大。针对传统军事无线电接收机只能检测固定分辨率频谱的缺点,Smitha K G和Vinod A P提出了一种基于FFB的多分辨率滤波器组(Multi Resolution Filter Bank,MRFB),可以实现可变分辨率的频谱检测,以灵活地适应不同的检测带宽,可用于军事无线电中的宽带频谱感知[33]。2018年,Fan Y等人将FFB应用于高频通信中,用于降低高频通信系统多信道实现的计算复杂度[34]。

1.5.5 频率响应屏蔽方法

在调制滤波器组技术中,滤波器组重构性能的优良与否与原型滤波器的特性直接相关。原型滤波器过渡带越窄,滤波器组重构信号失真越小。当原型滤波器过渡带过窄时,所需要的滤波器系数将急剧增加;当滤波器组的信道数过多时,也会消耗大量的乘法器资源。因此,具有低复杂度窄过渡带特性的原型滤波器设计成为研究热点。

频率响应屏蔽(Frequency Response Masking,FRM)方法是窄过渡带滤波器设计中的一种经典方法,其具有实现简单、设计灵活、节省资源等优点,因此被广泛应用。1968 年,新加坡国立大学的 Lim 教授首次提出频率响应屏蔽方法,并给出了 FRM 的原理和具体实现方式。1994 年,Lim 教授又提出了 3 种降低屏蔽滤波器复杂度的方法[35]。2006 年,Lee 等人提出了一种利用 FRM 技术设计具有尖锐线性相位 FIR 数字滤波器的统一方法[36]。加拿大阿尔伯塔大学的 Nan Li 和 Behrouz N 将 FRM 技术应用在 DFT 滤波器组优化设计中,实现了具有窄过渡带的选择性子信道[37]。Linnéa Rosenbaum 等人提出了一种利用 FRM 技术合成最大抽取 FIR 滤波器组的方法,通过引入独立设计的 FRM 滤波器,实现了非线性相位分析和综合滤波器组。2008 年,Lim 等人利用 FRM 技术设计并合成了一种用于两通道滤波器组中的 FIR 滤波器[38]。2008 年,南洋理工大学的 Mahesh R 和 Vinod A P 提出了一种基于 FRM 技术的可重构架构,用于实现信道化滤波器[39]。2010 年,Zaka Ullah Sheikh 提出了一种基于 FRM 的窄带和宽带线性相位 FIR 滤波器的新方法。2011 年,南洋理工大学 Smitha K G 和 Vinod A P 对单级可重构频率响应屏蔽滤波器进行扩展,提出了一种低复杂度的可重构多标准架构,实现了软件无线电接收机中的低复杂度信道化滤波器设计[40]。2011 年,坦佩雷理工大学的 Yli-Kaakinen 等人提出了一种同时优化所有子滤波器进而合成多级 FRM 滤波器的新方法,可以显著降低单级 FRM 滤波器设计中的计算复杂度,并且提出了动态网格点分配技术,可以大幅缩短滤波器优化所需的时间[41]。2015 年,新加坡南洋理工大学的 Ambede 等人提出了一种基于改进系数抽取方法(Improved Coefficient Decimation Method,ICDM)的滤波器组,与传统的方法相比,该方法可以灵活实现分辨率的提升[42]。2015 年,卡利卡特国家技术学院的 Bindiya T S 和 Elizabeth Elias 提出了一种基于引力搜索算法的无乘数树结构均匀或非均匀滤波器组设计方法,该方法可以设计得到无混叠、线性相位、无乘法器的具有尖锐过渡带宽的均匀或非均匀滤波器组[43]。

2016年，Alam等人提出了受益于周期性滤波器固有稀疏性的时分多路复用FRM滤波器结构[44]。2016年，维多利亚大学的Lu等人提出了一种基于FRM技术的统一设计方法，设计得到具有内插频率响应屏蔽的FIR滤波器[45]。2018年，卡利卡特国家技术学院的Amir A B、indiya T S和Elizabeth Elias提出了一种可重构的数字滤波器组结构，该结构应用在软件无线电数字信道化器中，其中对偶原型滤波器设计均采用了FRM方法，以此获得具有低复杂度的窄过渡带宽特性的滤波器组。

国内研究学者在相关研究中也取得了不少成果。2009年，信息工程大学的张立志等人提出了基于复指数调制（Complex Exponential Modulation，CEM）FRM的滤波器组设计方法，该方法可应用于带宽可变的通信系统设计中[46]。2010年，山东大学的魏莹等人提出了基于FRM新的滤波器组结构，用于合成任意带宽的尖锐FIR滤波器，并提出了一种二阶FRM滤波器设计方法和约束条件，给出了二阶FRM滤波器参数计算方法，该方法进一步降低了传统一阶FRM结构的计算复杂度[47]。2011年，重庆师范大学的Wu C Z等人设计了一种全局优化的滤波器组，将半无限优化问题转化为无约束非线性优化问题，该设计方法使原型滤波器的阶数大幅度降低。2016年，哈尔滨工程大学陈涛等人利用CEM FRM技术，将其应用于新型级联信道化滤波器组设计，实现了具有窄过渡带宽的选择性子信道[48]。2016年，哈尔滨工程大学的张文旭等人在多相滤波器组的基础上，利用FRM方法构造原型滤波器，并推导给出了具有指数调制的FRM滤波器组高效结构[49]。2018年，张文旭等人针对信道化接收机中的滤波器组硬件复杂度过高的问题，提出了一种基于FRM技术的窄过渡带非最大化抽取高效结构，并提出了具有统一化表征的复指数调制滤波器组结构，该结构将偶型排列、奇型排列、最大抽取、非最大抽取进行了统一化表征，适用于软件无线电接收机多样化结构设计[50]。2023年，张文旭等人提出了一种基于调制屏蔽滤波器频率响应屏蔽（Modulation Masking Filter Frequency Response Masking，MMF-FRM）技术的信道化接收机结构，该信道化结构在降低窄过渡带FRM滤波器组的同时，解决了多相分解受FRM滤波器组限制的问题[51]。2024年，张文旭等人提出基于共轭频率调制频率响应屏蔽（Conjugate Frequency Modulation Frequency Response Masking，CFM-FRM）滤波器组结构，解决了高速采样下的可多相分解的FRM滤波器组低复杂度优化设计问题[50]。

1.6 本章小结

本章为数字接收机概述，介绍了通信领域和电子战领域的数字接收机的发展与应用；数字接收机的几种采样结构，包括射频直接采样、中频采样和零中频采样，以及宽带接收机和窄带接收机的区别和特点；数字接收机组成中的主要硬件处理器 ADC、专用集成电路和 FPGA 及其发展状况。对数字接收机中常用的调制滤波器组技术进行了介绍，包括数字正交变换、多相滤波器组技术、重构滤波器组技术、快速滤波器组技术及频率响应屏蔽方法。

本章参考文献

[1] 田斌，李晨曦. 近似精确重构的低复杂度星载信道化器[J]. 系统工程与电子技术，2019，41（6）：1395-1401.

[2] 杨康，郝汀，赵明峰，等. 双模式侦察干扰一体化技术[J]. 系统工程与电子技术，2022，44（12）：3614-3620.

[3] ZHANG P, HUANG Y, JIN Z. An electronic jamming method based on a distributed information sharing mechanism[J]. Electronics, 2023, 12(9): 2130

[4] 韩佳利，任佳佳，裴磊，等. 用于高速高精度模数转换器的 16Gb/s 串行接口发射机电路[J]. 西安交通大学学报，2024，58（9）：173-182.

[5] 罗阳锦，张升伟. 基于 FPGA 的多通道高速数字谱仪的关键算法的设计与实现[J]. 电子学报，2020，48（5）：922-929.

[6] NGUYEN T Q, VAIDYANATHAN P P. Two-channel perfect-reconstruction FIR QMF structures which yield linear-phase analysis and synthesis filters[J]. IEEE Transactions on Acoustics, Speech, and Signal Processing, 1989, 37(5): 676-690.

[7] NGUYEN T Q, VAIDYANATHAN P P. Structures for M-channel perfect-reconstruction FIR QMF banks which yield linear-phase analysis filters[J]. IEEE Transactions on Acoustics, Speech, and Signal Processing, 1990, 38(3): 433-446.

[8] VAIDYANATHAN P. Multirate digital filters, filter banks, polyphase networks, and applications: a tutorial[J]. Proceedings of the IEEE, 1990, 78(1): 56-93.

[9] IWABUCHI M, SAKAGUCHI K, ARAKI K. Study on multi-channel receiver based on polyphase filter bank[C]. 2008 2nd International Conference on Signal Processing and Communication Systems, 2008: 255-261.

[10] SHEIKH J A, MIR Z I, et al. A new filter bank multicarrier (FBMC) based cognitive radio for 5G networks using optimization techniques[J]. Wireless Personal Communications, 2020, 112(2): 1265-1280.

[11] HARRIS F, DICK C, CHEN X, et al. Wideband 160-channel polyphase filter bank cable TV channeliser[J]. IET Signal Processing, 2011, 5(3): 325-332.

[12] 付永庆, 李裕. 基于多相滤波器的信道化接收机及其应用研究[J]. 信号处理, 2004, 20（5）: 517-520.

[13] 董晖, 姜秋喜, 毕大平. 多相滤波宽带信道化数字接收机[J]. 雷达科学与技术, 2007, 5（1）: 73-77.

[14] 陈大钊. 信道化数字接收机技术的研究与实现[D]. 成都: 电子科技大学, 2013.

[15] 梁中英, 沈炜. 基于 FPGA 的信道化接收机设计及工程应用[J]. 电子设计工程, 2016, 24（10）: 147-149.

[16] 田丰, 张子敬. 线性迭代算法设计双正交余弦调制滤波器组[J]. 重庆邮电学院学报（自然科学版）, 2006, 18（4）: 430-433.

[17] 李冰, 郑瑾, 葛临东. 基于 NPR 调制滤波器组的动态信道化滤波[J]. 电子学报, 2007, 35（6）: 1178-1182.

[18] 王小龙. DFT 和交替 DFT 调制滤波器组设计算法研究[D]. 西安: 西安电子科技大学, 2008.

[19] 蒋俊正, 程小磊, 欧阳缮. 双原型离散傅里叶变换调制滤波器组的快速设计方法[J]. 电子与信息学报, 2015（11）: 2628-2633.

[20] VAIDYANATHAN P. Theory and design of M-channel maximally decimated quadrature mirror filters with arbitrary M, having the perfect-reconstruction property[J]. IEEE Transactions on Acoustics, Speech, and Signal Processing, 1987, 35(4): 476-492.

[21] BINDIYA T S, ELIAS E. Design of totally multiplier-less sharp transition width tree structured filter banks for non-uniform discrete multitone system[J]. AEU-International Journal of Electronics and Communications, 2015, 69(3): 655-665.

[22] BINDIYA T S, ELIAS E. Design of multiplier-less sharp transition width non-uniform filter banks using gravitational search algorithm[J]. International Journal of Electronics, 2015, 102(1): 48-70.

[23] SAKTHIVEL V, ELIAS E. Low complexity reconfigurable channelizers using non-uniform filter banks[J]. Computers & Electrical Engineering, 2018, 68: 389-403.

[24] 陈涛, 岳玮, 刘颜琼, 等. 宽带数字信道化接收机部分信道重构技术[J]. 哈尔滨工程大学学报, 2011, 32（12）: 1610-1616.

[25] 唐鹏飞, 林钱强, 袁斌, 等. 一种新的动态信道化接收机设计方法[J]. 国防科技大学学报, 2013, 35（3）: 164-169.

[26] 张文旭, 崔鑫磊, 陆满君. 一种基于 MMF-FRM 的低复杂度信道化接收机结构[J]. 电子学报, 2023, 51（3）: 720-727.

[27] 高希光, 左佑. 一种改进信道化结构的宽带信号重构方法[J]. 电子信息对抗技术, 2015（3）: 63-67, 80.

[28] LIM Y C, FARHANG-BOROUJENY B. Fast filter bank (FFB)[J]. IEEE Transactions on Circuits and Systems Ⅱ: Analog and Digital Signal Processing, 1992, 39(5): 316-318.

[29] DARAK S J, ZHANG H, PALICOT J, et al. Efficient spectrum sensing for green cognitive radio using low complexity reconfigurable fast filter bank[C]. 2013

International Conference on Advanced Technologies for Communications (ATC 2013) IEEE, 2013: 318-322.

[30] HAO J, HOU D, WANG H. Low-complexity FBMC/OQAM transmission system based on fast filter bank[J]. IEICE Transactions on Fundamentals of Electronics, Communications and Computer Sciences, 2016, E99.A(6): 1268-1271.

[31] MA T, WEI Y, MA X. Reconfigurable fast filter bank based on node-modulation[C]. 2017 22nd International Conference on Digital Signal Processing (DSP) IEEE, 2017: 1-5.

[32] WEI J L, CHING Y L. Fast filter bank using mixed-radix decompositions for an arbitrary number of output channels[C]. 12th International Symposium on Integrated Circuits, Singapore, 2009, 203-206.

[33] SMITHA K G, VINOD A P. A multi-resolution fast filter bank for spectrum sensing in military radio receivers[J]. IEEE Transactions on Very Large Scale Integration (VLSI) Systems, 2012, 20(7): 1323-1327.

[34] FAN Y, GU F, TAN X, et al. Digital channelization technology for HF communication base on fast filter bank[J]. China Communications, 2018, 15(9): 35-45.

[35] LIM Y C, LIAN Y. Frequency-response masking approach for digital filter design: complexity reduction via masking filter factorization[J]. IEEE Transactions on Circuits and Systems II: Analog and Digital Signal Processing, 1994, 41(8): 518-525.

[36] LEE W R, CACCETTA L, TEO K L, et al. A unified approach to multistage frequency-response masking filter design using the WLS technique[J]. IEEE Transactions on Signal Processing, 2006, 54(9): 3459-3467.

[37] NAN L, BEHROUZ N. Application of frequency-response masking technique to the design of a novel modified-DFT filter bank[C]. 2006 IEEE International Symposium on Circuits and Systems (ISCAS), 2006.

[38] BREGOVIC R, LIM Y C, SARAMAKI T. Frequency-response masking-based design of nearly perfect-reconstruction two-channel FIR filterbanks with rational sampling factors[J]. IEEE Transactions on Circuits and Systems I: Regular Papers, 2008, 55(7): 2002-2012.

[39] MAHESH R, VINOD A P. An area-efficient non-uniform filter bank for low overhead reconfiguration of multi-standard software radio channelizers[J]. Journal of Signal Processing Systems, 2011, 64(3): 413-428.

[40] AMBEDE A, SMITHA K G, Vinod A P. Flexible low complexity uniform and nonuniform digital filter banks with high frequency resolution for multistandard radios[J]. IEEE Transactions on Very Large Scale Integration (VLSI) Systems, 2015, 23(4): 631-641.

[41] YLI-KAAKINEN J, Lehtinen V, Renfors M. Multirate charge-domain filter design for RF-sampling multi-standard receiver[J]. IEEE Transactions on Circuits and Systems I: Regular Papers, 2015, 62(2): 590-599.

[42] AMBEDE A, SMITHA K G, VINOD A P. Flexible low complexity uniform and

[43] BINDIYA T S, ELIAS E. Design of multiplier-less sharp transition width non-uniform filter banks using gravitational search algorithm[J]. International Journal of Electronics, 2014, 102(1): 48-70.

[44] ALAM S A, GUSTAFSSON O. On the implementation of time-multiplexed frequency-response masking filters[J]. IEEE Transactions on Signal Processing, 2016, 64(15): 3933-3944.

[45] LU W, HINAMOTO T. A unified approach to the design of interpolated and frequency-response-masking FIR filters[C]. 2016 IEEE International Symposium on Circuits and Systems (ISCAS), 2016: 2174-2177.

[46] 张立志, 戚建平, 罗文宇. 一种基于 CEM FRM 技术的滤波器组设计新方法[J]. 信息工程大学学报, 2009, 10（2）: 177-180, 194.

[47] WEI Y, HUANG S, MA X. A novel approach to design low-cost two-stage frequency-response masking filters[J]. IEEE Transactions on Circuits and Systems II: Express Briefs, 2015, 62(10): 982-986.

[48] CHEN T, LI P, ZHANG W, et al. A novel channelized FB architecture with narrow transition bandwidth based on CEM FRM[J]. Annals of Telecommunications, 2016, 71(1-2): 27-33.

[49] ZHANG W, ZHANG C, ZHANG W, et al. Dynamic reconfigurable channelization technology based on frequency response masking[C]. 2018 14th IEEE International Conference on Signal Processing (ICSP) IEEE, 2018: 833-837.

[50] ZHANG W, DU Q, JI Q, et al. Unified FRM - based complex modulated filter bank structure with low complexity[J]. Electronics Letters, 2018, 54(1): 18-20.

[51] 张文旭, 崔鑫磊, 陆满君. 一种基于 MMF-FRM 的低复杂度信道化接收机结构[J]. 电子学报, 2023, 51（3）: 720-727.

[52] ZHANG W, CUI X, LU M, et al. A conjugate frequency modulation FRM method: Applications in polyphase DFT filter bank[J]. Digital Signal Processing, 2024, 145: 104349.

第 2 章
数字滤波器组理论与设计方法

2.1 引言

目前，信号处理领域的相关技术飞速发展，多速率处理技术在语音、图像和通信系统等领域的发展也非常迅速。多速率是指在同一个处理系统中存在多个采样速率。多速率技术可以有效降低系统的处理复杂度、数据的传输率和存储量，具有重要的研究意义。数字滤波器组技术在多速率处理技术中占有举足轻重的地位，关于滤波器组的相关理论技术的研究成为相应的研究热点。滤波器组技术应用广泛，在数字通信系统中，滤波器组在无线和有线通信系统中占据越来越重要的作用。在图像压缩处理过程，由于图像在信道传输中存在失真，因此，利用滤波器组技术量化失真是滤波器组在图像传输中重要的研究方向。除了通信系统和图像处理，滤波器组在雷达信号处理领域也得到了广泛应用。宽频带雷达接收机通过滤波器组技术实现了对高速系统的降速和并行处理，将滤波器组技术应用在宽带数字接收机中实现信号的重建。

调制滤波器组之所以成为滤波器组技术的研究重点，是因为它通过调制原型滤波器得到各个通道的分支滤波器，等效的结构设计降低了计算复杂度。调制滤波器组技术及其设计方法是研究滤波器组的重要环节，优化的滤波器组高效结构可以显著提高系统性能，降低资源消耗，对采用滤波器组结构设计的信号处理领域具有重要的现实意义。虽然传统的调制滤波器组结构具有灵活性强的特点，但存在较多的问题，如计算复杂度高、不易于高速信号处理、消耗硬件资源多等，因此，如何实现高效的滤波器组结构设计成为信号处理领域的关键。调制滤波器组技术及其设计方法的研究目前聚焦在两个方面：数字滤波器组结构优化和硬件资源可实现。数字滤波器组结构优化是针对目前依旧存在的数字滤波器组理论及其优化问题进行改进；硬件资源可实现是面向具体工程需求的可实现性研究。

2.2 数字滤波器组基本理论

数字滤波器组理论是多速率信号处理技术中的核心理论之一。在多速率信号处理过程中，经常会面临采样率转换的问题，通过对信号的抽取或者插值，可以实现采样率的转换。抽取是通过删除过多的数据使采样率降低，插值是通过增加其他的数据使采样率升高。本章主要阐述数字滤波器组中涉及的基本理论，分别为信号的抽取、插值、采样率变换性质和信号的多相表示等，这些重要的基本理论是对数字滤波器组进行后续研究的基础[1]。

2.2.1 信号采样理论

信号采样是把时间上连续的模拟信号转换成一系列时间上离散采样值的过程。奈奎斯特采样定理的提出，为连续信号离散化提供了基本依据。采样定理指出了原始信号与采样数值之间的关系，其基本含义如下：假定对一个频带有限时间连续的模拟信号进行采样，当采样率满足一定的条件时，由采样信号能够准确重建原信号[2]。

根据被采样的信号类别，采样定理有不同的分类，大体可分为以下3类：根据模拟信号的频带位置，采样定理分为低通采样定理和带通采样定理；根据采样的脉冲序列是等间隔的还是非等间隔的，采样定理可分为均匀采样定理和非均匀采样定理[3]；根据脉冲序列是冲击序列还是非冲击序列，采样定理可分为理想采样和实际采样。这里主要针对信号的频谱位置对采样定理进行讲解。

1. 低通采样理论

一个频带限制在 $(0, f_H)$ 的时间连续函数 $x(t)$，等间隔对其进行采样，采样间隔设定为 $T_s = 1/f_s$，采样后的离散信号满足

$$x_s(n) = x(nT_s) \tag{2-1}$$

当采样率满足 $f_s \geq 2f_H$ 时，从采样得到的离散信号可以无失真地重建原始信号 $x(t)$。当采样率 $f_s < 2f_H$ 时，则会产生信号的混叠失真。

设采样脉冲序列 $\delta_T(t)$ 是一个周期性冲激序列，其周期为 T_s，采样过程可以看作 $x(t)$ 与 $\delta_T(t)$ 的乘积，即采样后的信号可以表示为

$$x_s(t) = x(t)\delta_T(t) \tag{2-2}$$

根据脉冲序列的性质，采样后的信号又可表示为

$$x_s(t) = \sum_{n=-\infty}^{+\infty} x(nT_s)\delta(t-nT_s) \quad (2\text{-}3)$$

由频域卷积定理可得，采样后的信号频谱为

$$X_s(\omega) = \frac{1}{2\pi}\left[X(\omega) * \frac{2\pi}{T_s}\sum_{n=-\infty}^{+\infty}\delta(\omega-n\omega_s)\right]$$
$$= \frac{1}{T_s}\sum_{n=-\infty}^{+\infty}X(\omega-n\omega_s) \quad (2\text{-}4)$$

式中，$\omega_s = 2\pi f_s = 2\pi/T_s$，$X(\omega)$ 是原始信号的频谱，其最高频谱频率为 ω_H。如图 2.1 所示，采样信号频谱是若干个原信号频谱的叠加，其中采样信号的频谱图中的阴影部分为原始信号频谱。

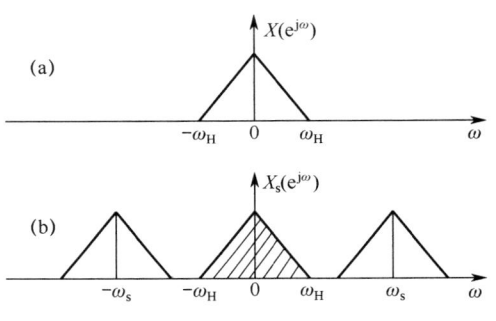

图 2.1 采样信号频谱

当 $\omega_s \geqslant 2\omega_H$ 时，即采样率 $f_s \geqslant 2f_H$，相邻的原始信号频谱之间没有混叠，这时在接收端用一个低通滤波器，就能从采样信号频谱中重建中原始信号频谱。当 $\omega_s < 2\omega_H$ 时，相邻频谱之间产生混叠，此时无法精确地重建原始信号。显然，采样率最低满足 $f_s = 2f_H$，则可以重建原始信号。

2. 带通采样理论

一个频带限制在 (f_L, f_H) 的时间连续函数 $m(t)$，当运用低通采样定理进行采样时，采样率 $f_s \geqslant 2f_H$。在这种情况下可能出现两种现象：其一，当带限信号最高频率很高时，按照低通采样理论，对采样率要求较高，增加了硬件实现难度；其二，当选择的采样率过高时，会使采样后的信号频率在 $0 \sim f_L$ 这一段频带利用不上，降低了信道利用率[4]。

为了解决上述两个问题，可以采用带通采样定理，即采样一个频带限制在 (f_L, f_H) 的时间连续函数 $m(t)$，其采样率只需要满足

$$f_s = \frac{2(f_L + f_H)}{2n+1} \quad (2\text{-}5)$$

式中，n 取满足 $f_s \geqslant 2B$ 的最大整数，B 为带限信号的带宽。

当带限信号的中心频率 f_0（$f_0 = f_H/2 + f_L/2$）满足 $f_0 = f_H/2$ 时，采样率 $f_s = 2B = 2f_H$，此时带通采样定理就变成了低通采样定理。当信号带宽一

定时，采样率最低为带宽 B 的 2 倍，此时带限信号的中心频率需要满足

$$f_0 = \frac{2n+1}{2}B \quad (2\text{-}6)$$

即

$$f_L + f_H = (2n+1)B \quad (2\text{-}7)$$

式（2-7）可以理解为带通信号的边值频率是带宽的整数倍，也就是说，任何一个带宽为 B 的带通信号均可以运用采样率 $f_s = 2B$ 对信号进行采样[5]。

运用带通采样定理时需要注意如下两点：首先，为了避免信号混叠，$X_s(e^{j\omega})$ 的频谱只存在一个频带，这里可以采用提前滤波实现；其次，带通采样后的信号频谱均用基带频谱信号表示，但是当 n 为奇数时，这一基带频谱信号与基带存在"反折"现象。

2.2.2 信号的抽取与插值

对原始信号进行 D 倍下采样，其下采样过程可以理解为把离散信号 $s(n)$ 每 D 个数值采样一个数据，然后得到一个新的离散信号 $s_D(n)$，满足

$$s_D(n) = s(nD) \quad (2\text{-}8)$$

如果离散信号 $s(n)$ 的采样率为 f_s，由带通采样定理可知其无混叠带宽为 $f_s/2$。当 $s(n)$ 进行 D 倍下采样后，新信号 $s_D(n)$ 的采样率降低为原来的 $1/D$，则其无混叠带宽也降低为原来的 $1/D$，这样的采样称为重采样，又称二次采样。信号 $s_D(n)$ 的离散傅里叶 z 变换可以表示为

$$S_D(z) = \frac{1}{D}\sum_{l=0}^{D-1} S[e^{-j2\pi l/D} z^{1/D}] \quad (2\text{-}9)$$

把 $z = e^{j\omega}$ 代入式（2-9）可得

$$S_D(e^{j\omega}) = \frac{1}{D}\sum_{l=0}^{D-1} S[e^{j(\omega-2\pi l)/D}] \quad (2\text{-}10)$$

分析式（2-10）可以知道，当原始信号中存在大于 $f_s/2D$ 的频率分量时，$s_D(n)$ 出现频谱混叠现象，这样就不可能从 $s_D(n)$ 重建原始信号。为了解决这个问题，需要进行滤波预处理，即把滤波处理置于信号处理的前端，滤波器带宽为 π/D，保证了原始信号只存在小于 π/D 的频率分量，π/D 的频率分量对应的采样率为 $\pi f_s/D$，这样保证了抽取后的相邻频谱就不会发生"混叠"现象[6]。滤波器预处理无混叠频谱结构如图 2.2 所示。

其中，$X'(e^{j\omega})$ 表示原始信号滤波后的频率分量，显然，重采样的频谱成分与滤波预处理的频谱分量是一一对应的。重采样信号可以无差错地表示原

始信号中小于 π/D 或者 $\pi f_s/D$ 的频谱分量信号，这样处理原始信号与处理重采样信号等效，并且重采样信号的处理速率降低为原来的 $1/D$，很大程度上降低了后续信号处理速度的要求。

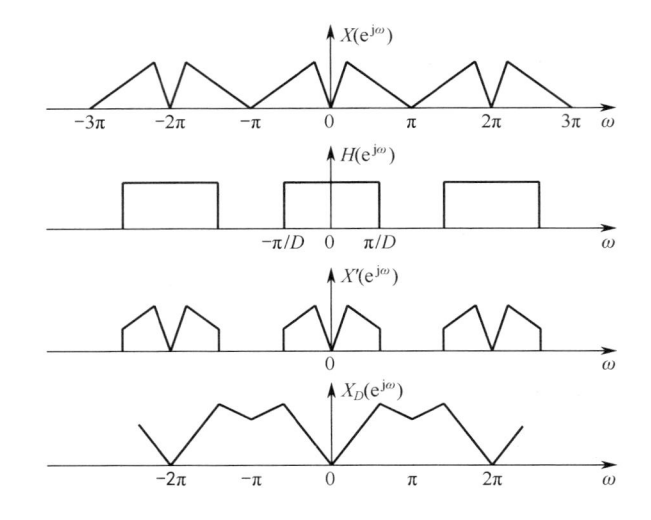

图 2.2　滤波器预处理无混叠频谱结构

内插和抽取是两个相反的过程。整数倍内插是指对原始信号进行 I 倍插值，其插值过程可以理解为在两个原始数据之间插入 $I-1$ 个零值。假定原始信号为 $x(n)$，I 倍插值后形成的新信号为 $x_I(n)$，则信号 $x_I(n)$ 满足

$$x_I(n) = \begin{cases} x(n/I), & n=0,\pm I,\pm 2I,\cdots \\ 0, & 其他 \end{cases} \quad (2\text{-}11)$$

因为只有当 n/I 为整数时，新序列信号 $x_I(n)$ 才有数值，其他均为 0，所以，信号 $x_I(n)$ 的离散傅里叶 z 变换可以表示为

$$\begin{aligned} X_I(z) &= \sum_{n=-\infty}^{+\infty} x_I(n) z^{-nI} \\ &= X_I(z^I) \end{aligned} \quad (2\text{-}12)$$

定义 $X(e^{j\omega})$ 为原始信号的频谱，把 $z = e^{j\omega}$ 代入式（2-12）可得 $x_I(n)$ 的信号频谱为

$$X_I(e^{j\omega}) = X(e^{j\omega I}) \quad (2\text{-}13)$$

分析式（2-13）可知，对原始信号频谱进行 I 倍压缩可得插值后的信号频谱。在抽取过程中，为了无差错恢复原始信号，滤波处理在抽取之前。然而，在插值过程中，滤波处理需要放在插值之后，插值前后的频谱结构如图 2.3 所示。

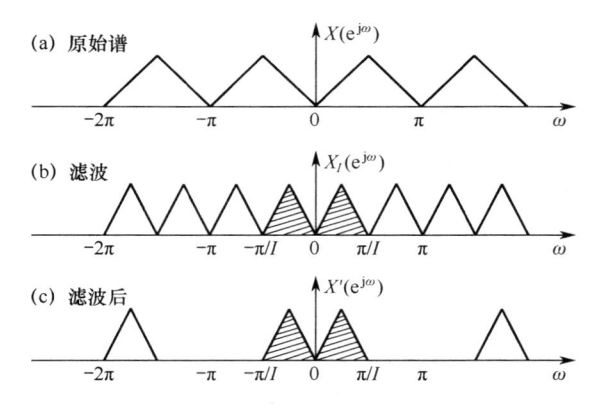

图 2.3 插值（I=2）前后的频谱结构

其中，$X'(e^{j\omega})$ 表示滤波后的频谱信号。这里的低通滤波器带宽小于 π/I，如果需要插值信号的高频数据，则带通滤波器 $H_B(e^{j\omega})$ 的频谱特性满足

$$H_B(e^{j\omega}) = \begin{cases} 1, & n\dfrac{\pi}{I} \leq |\omega| \leq (n+1)\dfrac{\pi}{I} \\ 0, & \text{其他} \end{cases} \qquad (2\text{-}14)$$

内插器使输出的频率提高 I 倍，但是信号的频谱结构不变，起到了上变频的作用。相对于抽取提高了输出信号的频域分辨率，内插不仅把输出信号的采样率提高了 I 倍，同时信号的时域分辨率也被提高了。

2.2.3 采样率变换性质

Noble Identity 等效理论是多速率处理的重要部分，其原理表示过程如图 2.4 所示。

下面以滤波器和 M 倍抽取器为例，证明 Noble Identity 的等效性。设 FIR 滤波器的长度为 N，其频率响应 $H(z)$ 为

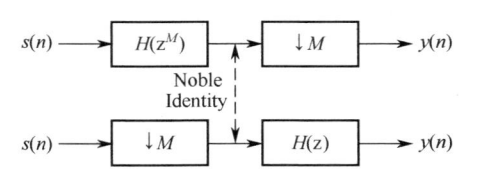

图 2.4 Noble Identity 理论

$$H(z) = a_0 + a_1 z^{-1} + \cdots + a_{N-1} z^{N-1} \qquad (2\text{-}15)$$

则 $H(z)$ 的 M 倍内插可以表示为

$$H(z^M) = a_0 + a_1 z^{-M} + \cdots + a_{N-1} z^{-(N-1)M} \qquad (2\text{-}16)$$

在同样的输入条件下，将输入信号设置为 $s(n)$，$y_1(n)$ 为先滤波后抽取的输出信号，$y_2(n)$ 为相反过程的输出信号。输入信号 $s(n)$ 首先经过 $H(z^M)$ 滤

波后的输出信号为 $s'(n)$，输入信号 $s(n)$ 首先经过抽取的输出信号为 $s''(n)$。则信号 $s'(n)$ 和 $s''(n)$ 满足

$$s'(n) = a_0 + a_1 s(n-M) + \cdots + a_{N-1} s[n-(N-1)M] \quad (2\text{-}17)$$

$$s''(n) = s(nM) \quad (2\text{-}18)$$

由滤波和抽取的相关理论可以得到输出信号 $y_1(n)$ 和 $y_2(n)$，其满足以下公式：

$$y_1(n) = s'(nM) = a_0 + a_1 s(nM-M) + \cdots + a_{N-1} s[nM-(n-1)M] \quad (2\text{-}19)$$

$$\begin{aligned} y_2(n) &= a_0 + a_1 s''(n-1) + \cdots + a_{N-1} s''[n-(N-1)] \\ &= a_0 + a_1 s((n-1)M) + \cdots + a_{N-1} s[(n-(N-1))M] \\ &= a_0 + a_1 s(nM-M) + \cdots + a_{N-1} s[nM-(N-1)M] \end{aligned} \quad (2\text{-}20)$$

对比分析可知，输出信号 $y_1(n)$ 和 $y_2(n)$ 完全相等，同理，插值的等效也成立，由此可证 Noble Identity 理论等效性的正确性[7]。Noble Identity 的等效性为抽取器及内插器和滤波器之间的位置变化提供了可靠的理论基础。

采样率变换性质描述了在多速率信号处理中 6 个重要的恒等关系式，又称为 Noble Identities[8]。

（1）两个信号被常数乘之后相加起来再抽取，等效于两个信号分别进行抽取，然后被常数乘再相加。

（2）信号延时 D 个采样单位之后进行 D 倍抽取，等效于先将信号进行抽取，再延时 1 个采样单位。

（3）信号先进行滤波，再进行 D 倍抽取，等效于先进行 D 倍抽取，然后将滤波器的变量 z 的幂次减少为原来的 $1/D$，再进行滤波。

（4）两个信号分别被常数乘以后相加在一起再作插值，等效于两个信号分别先进行插值，然后被常数乘，最后再相加。

（5）信号延时一个采样单位之后进行 I 倍插值，等效于先作 I 倍插值，再延时 I 个采样单位。

（6）信号先经过滤波，然后进行 I 倍插值，等效于先将滤波器的变量 z 的幂次增加 I 倍，再进行滤波，最后进行 I 倍插值。

2.2.4　滤波器组多相分解

在多速率信号处理中，常常需要对滤波器抽取或插值模块的顺序进行交换，可以得到[9]

$$Y_1(z) = \sum_{k=0}^{M-1} U(z^{1/M} W_M^k)$$

$$= \sum_{k=0}^{M-1} X(z^{1/M} W_M^k) H(z W_M^{kM}) \quad (2\text{-}21)$$

$$= \sum_{k=0}^{M-1} X(z^{1/M} W_M^k) H(z)$$

$$= Y_2(z)$$

$$X_1(z) = U(z) G(z^M) = Y(z^M) G(z^M) = X_2(z) \quad (2\text{-}22)$$

要进行滤波器抽取或插值模块的更换,需要把滤波器表示成 $H(z^M)$ 或 $G(z^M)$ 形式。要把滤波器表示成这种形式,需要对其进行多相分解[13]。一般而言,任何一个 z 变换都可以进行下列多相分解:

$$H(z) = \sum_{n=-\infty}^{\infty} h(n) z^{-n}$$

$$= \sum_{i=0}^{M-1} \left[\sum_{m=-\infty}^{\infty} h(mM + M - 1 - i) z^{-mM} \right] z^{-(M-1-i)} \quad (2\text{-}23)$$

$$= \sum_{i=0}^{M-1} H_i(z^M) z^{-(M-1-i)}$$

其中

$$H_i(z) = \sum_{m=-\infty}^{\infty} h(mM + M - 1 - i) z^{-m} \quad (2\text{-}24)$$

该多相分解被称为类型 Ⅱ 多相分解。将式(2-24)代入等效理论第一种结构中,可以得到如图 2.5 所示的多相分解图。

把滤波器 $G(z)$ 进行另一种多相分解,即

$$G(z) = \sum_{n=-\infty}^{\infty} g(n) z^{-n}$$

$$= \sum_{i=0}^{M-1} \left[\sum_{m=-\infty}^{\infty} g(mM + i) z^{-mM} \right] z^{-i} \quad (2\text{-}25)$$

$$= \sum_{i=0}^{M-1} G_i(z^M) z^{-i}$$

其中

$$G_i(z) = \sum_{m=-\infty}^{\infty} g(mM + i) z^{-m} \quad (2\text{-}26)$$

该多相分解被称为类型 Ⅰ 多相分解。将式(2-26)代入等效理论第二种结构中,可以得到如图 2.6 所示的另一种多相分解图[11]。

图 2.5 类型 Ⅱ 多相分解图　　图 2.6 类型 Ⅰ 多相分解图

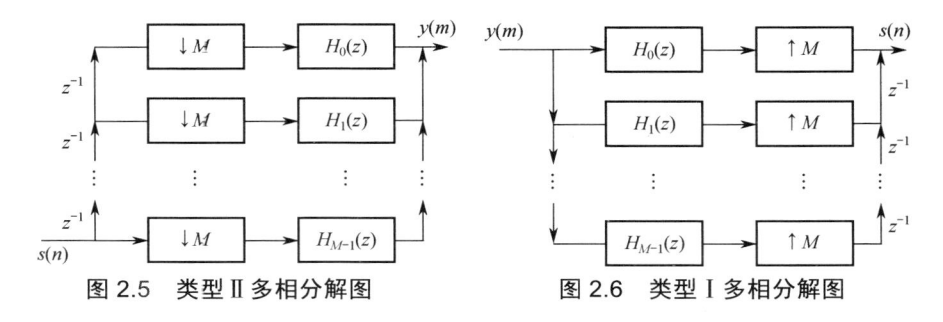

在类型 Ⅱ 多相分解和类型 Ⅰ 多相分解中，由于考虑到因果系统，所以，其中的原函数为多相分解函数的延时组合[12]。但在理论分析中，可以假设系统无延时，因此，引入了另一种多相分解的方式，抵消掉类型 Ⅱ 多相分解或类型 Ⅰ 多相分解中的延时，通常把这种分解方式称为类型 Ⅲ 多相分解：

$$H(z) = \sum_{n=-\infty}^{\infty} h(n)z^{-n}$$
$$= \sum_{i=0}^{M-1}\left[\sum_{m=-\infty}^{\infty} h(mM-i)z^{-mM}\right]z^i \quad (2\text{-}27)$$
$$= \sum_{i=0}^{M-1} H_i(z^M)z^i$$

其中

$$H_i(z) = \sum_{m=-\infty}^{\infty} h(mM-i)z^{-m} \quad (2\text{-}28)$$

称为类型 Ⅲ 多相分解。类型 Ⅲ 多相分解图如图 2.7 所示。

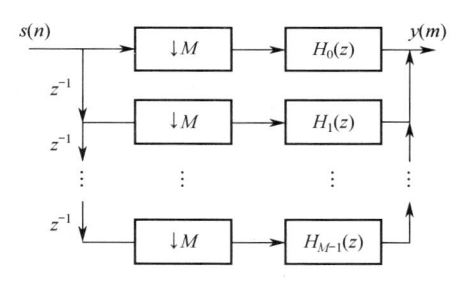

图 2.7 类型 Ⅲ 多相分解图

2.3 调制滤波器组技术

2.3.1 调制滤波器组频带划分方式

目前，调制滤波器组在频带划分结构上主要包括奇型排列和偶型排列。根据输入信号类别的不同，滤波器组的频带划分方式有多种形式[13]。

当输入信号为复信号时，M 个滤波器组进行均匀调制，频带划分方式如图 2.8 所示。

复信号的频带划分方式同样适用于实信号输入。在 $[0,2\pi]$ 均匀划分为 M 个子带信道，因此，信道间隔为 $2\pi/M$，第 k 个信道对应的中心频率 ω_k（$k=0,1,\cdots,M-1$）满足如下条件。

第 2 章 数字滤波器组理论与设计方法

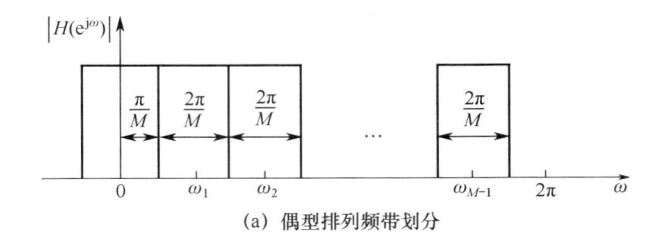

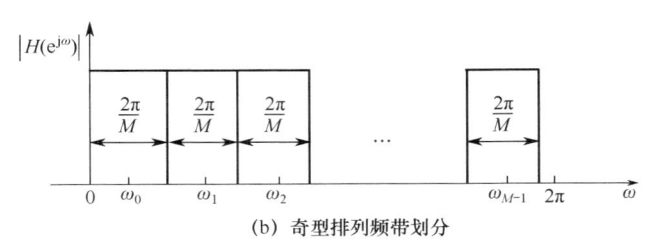

(a) 偶型排列频带划分

(b) 奇型排列频带划分

图 2.8 复信号频带划分方式

在频带划分方式中，偶型排列的中心频率 ω_{cek} 满足

$$\omega_{cek} = 2\pi k / M \quad (k = 0,1,\cdots,M-1) \tag{2-29}$$

在频带划分方式中，奇型排列的中心频率 ω_{cok} 满足

$$\omega_{cok} = 2\pi k / M + \pi / M \quad (k = 0,1,\cdots,M-1) \tag{2-30}$$

当输入信号为实信号时，由于实信号是虚部为零的复信号，所以，输出子带信号中将有一半的信息是无用的。按照图 2.8 所示的频带划分方式，并且只在 $[0,\pi]$ 均匀划分为 M 个子带，则第 k 个信道对应的中心频率 ω_k 满足如下条件。

在偶型排列频带划分结构中，中心频率 ω_{rek} 满足

$$\omega_{rek} = \pi k / M \quad (k = 0,1,\cdots,M-1) \tag{2-31}$$

在奇型排列频带划分结构中，中心频率 ω_{rok} 满足

$$\omega_{rok} = \pi k / M + \pi / 2M \quad (k = 0,1,\cdots,M-1) \tag{2-32}$$

由于实信号的频谱关于 $\omega = k\pi$（ $k = 0,\pm 1,\pm 2,\cdots$ ）呈现镜像对称，为了有效利用输出信号，提高信道利用率，按照图 2.9 针对实信号对频带进行重新划分，其中虚线频带为对应的镜像。

分析图 2.9 可知，实信号的两种频带划分方式可看作特殊的奇型排列，信道带宽为 π/M。第 k 个信道的中心频率 ω_k（ $k = 0,1,2,\cdots,M-1$ ）分别表示如下。

划分方式 1 中的中心频率表示为

$$\omega_{\mathrm{rk1}} = \left(k - \frac{2M-1}{4}\right) \cdot \frac{2\pi}{M} \qquad (2\text{-}33)$$

划分方式 2 中的中心频率表示为

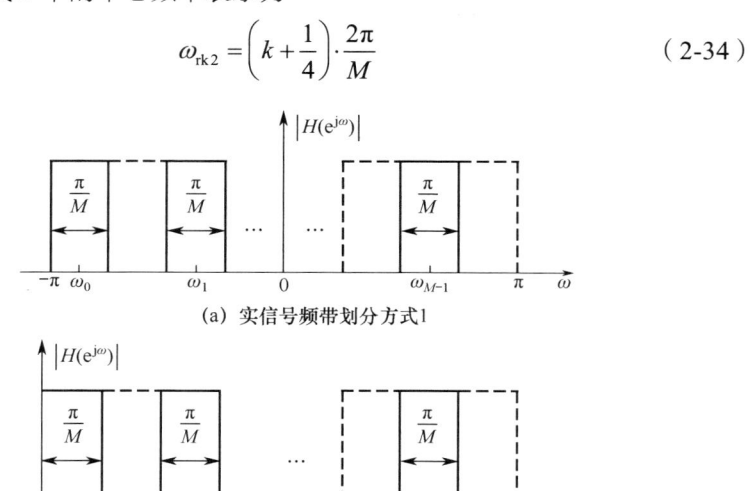

$$\omega_{\mathrm{rk2}} = \left(k + \frac{1}{4}\right) \cdot \frac{2\pi}{M} \qquad (2\text{-}34)$$

(a) 实信号频带划分方式1

(b) 实信号频带划分方式2

图 2.9　实信号频带划分方式

2.3.2　滤波器组与信道化

数字信道化接收机技术的核心内容之一为数字信道化滤波器组的结构设计，根据其采用的实现结构可分为以下几种：基于单通道的数字信道化接收机；基于 FFT 的数字信道化接收机；基于 WOLA 或多相滤波的数字信道化接收机；基于非均匀滤波器组的数字信道化接收机；基于分析和综合滤波器组的数字信道化接收机等。数字信道化的过程实际为滤波器组结构设计问题，因此，数字信道化实则为滤波器组理论的典型应用。

基于多相 DFT 的信道化结构为基于 WOLA 的信道化接收机的一种特殊情况，其实现采用了多相滤波结构，从而提高了运算效率，相对于数字下变频滤波器结构，其硬件资源消耗更小，在系统对数据的采样率没有特殊要求时，一般采用多相 DFT 结构实现信道化。基于 WOLA 或多相 DFT 的数字信道化结构只有均匀划分信道，才能满足 DFT 计算的条件，即系统信道的灵活差在对未知参数信号的接收时，信号的位置可能处于两个信道的中间点或带宽有可能大于信道带宽，导致一个信号同时出现在多个信道，不能满足对未知参数信号的侦察要求。

基于非均匀滤波器组的数字信道化接收机结构主要设计信道非均匀划分的滤波器组来实现数字信道化接收,提高了系统的计算效率。其主要优点为信道划分方式为非均匀划分数字信道化;缺点为非均匀滤波器组需要根据接收信号的参数进行设计,即需要接收信号的先验信息。基于分析和综合滤波器组的数字信道化接收机,利用分析滤波器组对信号频谱进行均匀划分,然后利用综合滤波器合并相邻信道,实现信道的非均匀划分,该结构的关键工作为满足信号重构精度的滤波器组的优化设计。目前,主要运用的滤波器组有基于可完美重构或近似完美重构的余弦调制滤波器组、正弦调制滤波器组、复指数调制滤波器组、调制 DFT 滤波器组[14]。

2.3.3 临界抽取与非临界抽取

设信道数目为 M,下采样倍数为 K,令信道数目满足 $M = FK$,其中 F 为自然数。当 $F = 1$ 时,称为临界抽取,也可称为最大化抽取。如图 2.10 所示为当 $F = 1$ 时的瞬时频率响应。当 $F \geq 2$ 时,称为非最大化抽取,但是 F 的取值并非可以无限大[15]。

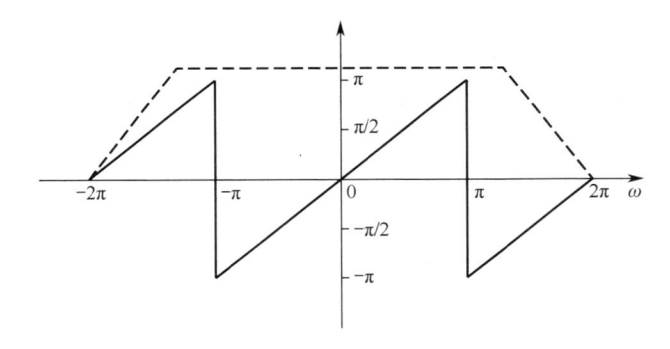

图 2.10 当 $F = 1$ 时的瞬时频率响应

信号经过 K 倍抽取后,由整数倍抽取理论可知,抽取后的频谱幅度降为原信号的 $1/K$,频谱带宽扩展为原信号的 M 倍。由于子带输出信号均为中心频率在 0 点处的低通信号,所以支路信号的频带限制在 $[-2\pi K/M, 2\pi K/M]$。当 $2\pi K/M \leq \pi$ 时,可得 $F \geq 2$,一般情况取 $F = 2$。图 2.11 所示为当 $F = 2$ 时的瞬时频率响应。

对比分析图 2.10 和图 2.11 可知,对信号进行临界抽取时,即当 $F = 1$ 时,一个信号频带内的信号会与相邻信道产生混叠。但是,当信号的处理带宽不小于信道带宽的 2 倍时,对后续的信号影响不大,并且此时系统的抽取率最大，输出信号的数据率降到最低。当对信号进行非最大化抽取时（这里选择 $F=2$），则由上述分析可知，相邻信道之间不会产生混叠。因此，在后续的信号处理中，可以根据情况选择最大化抽取或者非最大化抽取。

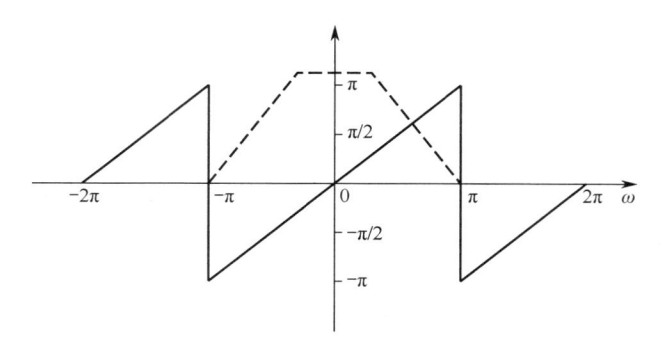

图 2.11 当 $F=2$ 时的瞬时频率响应

2.3.4 调制滤波器组混叠与盲区

在实际应用中，滤波器是非理想矩形特性，会存在不可避免的过渡带。滤波器的这种特性会在频带划分后的相邻子带之间存在混叠或者盲区，频带划分方式本质上就是滤波器组的结构形式。滤波器组的频带通常存在两种划分方式：相邻信道无交叠的无混叠划分方式和相邻信道有交叠的无盲区划分方式[16]，如图 2.12 所示。

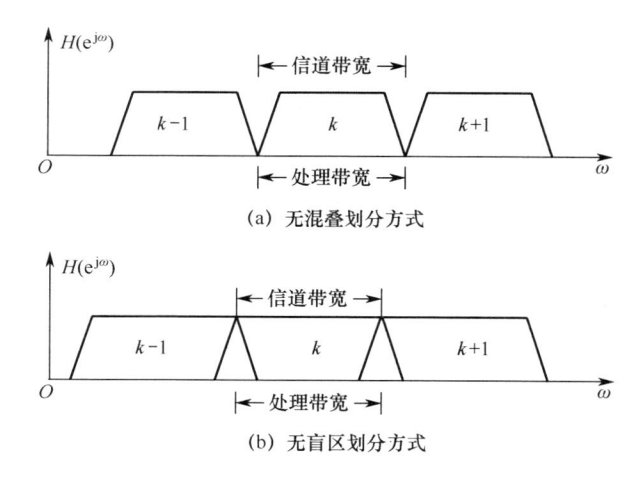

(a) 无混叠划分方式

(b) 无盲区划分方式

图 2.12 滤波器组的频带划分方式

在无混叠划分方式中，虽然相邻滤波器之间无混叠，但是由于滤波器的非矩阵特性，当信号出现在信道的空隙处时，会造成漏警现象。这种无混叠划分方式无法实现全带宽覆盖,这是不可解决的弊端。在无盲区划分方式中,实现了全带宽覆盖,但是同样由于滤波器的非矩阵特性,当信号落入信道之间的交叠处时,无法正确判定信号的输出信道。

在实际工程应用中,考虑到滤波器特性对硬件资源消耗的影响问题,在设计滤波器时是否可以将滤波器过渡带宽设置较窄,需要以实际硬件资源情况来确定。此外,在处理信号时,根据不同系统的实际需求,有时必须实现信号的全带宽覆盖,例如,在电子战中要求全概率接收信号,这种情况下采用无盲区划分方式更适合实际需求。拓宽处理带宽可以在某种程度上降低混叠现象,解决模糊问题,同时处理带宽的增加,可以使滤波器的过渡带宽适当放宽,从而降低了计算复杂度,减少硬件资源的消耗。但是,过渡带宽的适当放宽,也会带来同一信号在相邻信道均有输出响应的现象,需要采取相邻信道判决处理[17]。

2.4 调制滤波器组结构种类及设计方法

调制滤波器组结构种类需要根据输入信号类型进行划分,主要包括实信号输入和复信号输入两类。通过对调制滤波器组结构直接实现形式的分析,对直接实现结构进行等价变换可以得到多相滤波器组高效结构。当相邻信道间隔为 $2\pi/K$ 时,无论是否满足临界采样条件,也无论采用哪种频带划分排列方式,都可以以通用的推导形式得到不同条件下的高效信道化结构[18]。

假设输入信号为 $s(n)$,低通滤波器冲激响应为 $h(n)$,信道数为 K,抽取率为 D,且 $K=DF$,原型低通滤波器阶数为 N,则每个子带滤波器阶数为 $L=\dfrac{N}{K}$,可以由低通滤波器结构推导出多相滤波结构,即第 k 路信道的输出为

$$\begin{aligned}
y_k(m) &= \{[s(n)\cdot \mathrm{e}^{\mathrm{j}\omega_k n}]*h(n)\}\Big|_{n=mD} \\
&= \sum_{i=0}^{N-1} s(n-i)\,\mathrm{e}^{\mathrm{j}\omega_k(n-i)}\cdot h(i)\Big|_{n=mD} \\
&= \sum_{i=0}^{N-1} s(mD-i)\,\mathrm{e}^{\mathrm{j}\omega_k(mD-i)}\cdot h(i)
\end{aligned} \qquad (2\text{-}35)$$

令信号 D 倍抽取后多相结构表达式为 $s_p(m)=s(mD-p)$,滤波器的多相分量表达式为 $h_p(m)=h(mK+p)$,将 $i=iK+p$ 代入式(2-35)中,可得

$$y_k(m) = \sum_{p=0}^{K-1}\sum_{i=0}^{L-1} s(mD-iK-p)\, e^{j\omega_k(mD-iK-p)} \cdot h(iK+p)$$

$$= \sum_{p=0}^{K-1}\sum_{i=0}^{L-1} s(mD-iDF-p)\, e^{j\omega_k(mD-iDF-p)} \cdot h(iK+p) \quad (2\text{-}36)$$

$$= \sum_{p=0}^{K-1}\sum_{i=0}^{L-1} s[(m-iF)D-p]\, e^{j\omega_k[(m-iF)D]} \cdot h_p(i)\, e^{-j\omega_k p}$$

令 $l = iF$，则

$$y_k(m) = \sum_{p=0}^{K-1}\sum_{l=0}^{(l-1)F} s[(m-l)D-p]\, e^{j\omega_k[(m-l)D]} \cdot h_p\!\left(\frac{l}{F}\right) e^{-j\omega_k p} \quad (2\text{-}37)$$

定义 $h'_p(l) = h_p\!\left(\dfrac{l}{F}\right)$，则

$$y_k(m) = \sum_{p=0}^{K-1}\sum_{l=0}^{(l-1)F} s_p(m-l)\, e^{j\omega_k[(m-l)D]} \cdot h'_p(l)\, e^{-j\omega_k p} = \sum_{p=0}^{K-1}\{[s_p(m)\cdot e^{j\omega_k mD}] * h'_p(m)\}\, e^{-j\omega_k p}$$

$$(2\text{-}38)$$

定义 $s'_p(m) = [s_p(m)\cdot e^{j\omega_k mD}] * h'_p(m)$，则

$$y_k(m) = \sum_{p=0}^{K-1} s'_p(m)\, e^{-j\omega_k p} \quad (2\text{-}39)$$

根据不同频带划分，将 ω_k 代入式（2-38）中，即可得到数字信道化的高效结构。

2.4.1 实信号调制滤波器组结构设计

由于实信号具有正负频谱，且实际的信号往往都是实信号，所以，实信号的多相滤波结构具有较普遍的研究价值，同时正负频谱带来的镜像抑制也是实信号多相滤波结构需要解决的问题。针对实信号频带的划分形式，对于实信号的多相滤波可以采用以下几种方法[19]。

方法 1：把实信号当作复信号的特殊情况来对待，即可以采用复信号多相滤波的高效结构实现。根据复信号的频带划分可知，将 $[0,2\pi]$ 均匀划分为 K 个子带，子带带宽为 $2\pi/K$，而实信号由于存在正负频谱，采用复信号多相滤波结构实现时，一个实信号会在两个子带信道有输出，此时只能舍去其中一个子带信道，即只有 $K/2$ 个子带信道是可用的，有一半信道是冗余的。

方法 2：对于实信号，由于其信道间隔为 π/K，所以，可以采用 $2K$ 个信道的复信号高效结构来实现。根据排列方式的不同，调制因子 ω_k（$k = 0,1,\cdots,2K-1$）表达式如下。

在偶型排列中,第 k 个信道的中心频率为

$$\omega_k = \pi k / K \quad (2\text{-}40)$$

在奇型排列中,第 k 个信道的中心频率为

$$\omega_k = \pi k / K + \pi / 2K \quad (2\text{-}41)$$

则可分别得到其高效结构如图 2.13 和图 2.14 所示,图中结构均为在临界抽取条件下的高效结构。

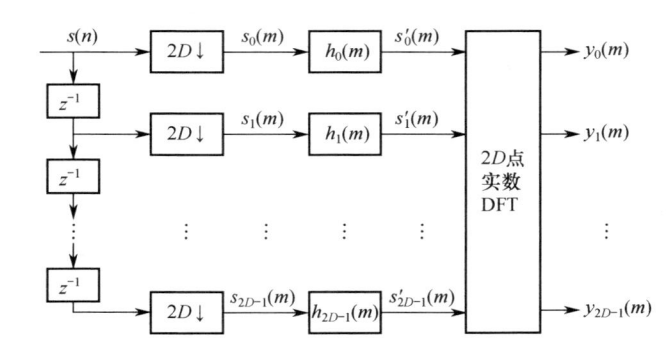

图 2.13　实信号信道化高效结构(偶型排列、临界抽取)

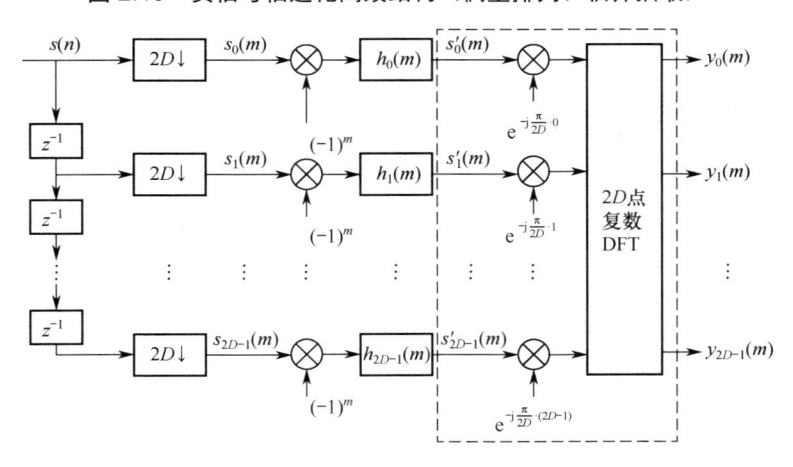

图 2.14　实信号信道化高效结构(奇型排列、临界抽取)

方法 2 与方法 1 一样,依然有一半信道冗余。在临界抽取下,偶型排列结构 DFT 输入数据为实数,$2D$ 点的实数 DFT 可以借助 D 点的复数 DFT 实现,运算量大大缩减。奇型排列结构 DFT 输入数据为复数,此时可以将 DFT 之前的复系数乘法作为 DFT 运算的一个环节,即将图 2.14 中虚线框内都作为 DFT 运算环节,则 DFT 运算环节的输入数据为实数,此时可以采用实信号奇数 DFT 快速算法实现,相比传统运算其运算量大大减少。

方法 3：通过基于多相滤波的数字正交变换将实信号变为复信号后，采用复信号多相滤波高效结构实现。此方法在进行信道化之前增加了数字正交变换环节，需要单独的滤波环节，因此运算量将额外增加。

方法 4：由于实信号具有正负频谱，子带宽度为 π/K，因此，可以进行 $2K$ 倍抽取。采用实信号频谱划分中的不同划分方式，可分别得到不同形式的多相滤波高效结构。根据实信号信道排列形式不同，其调制因子可分别选择如下：

$$\omega_k = \left(k - \frac{2K-1}{4}\right)\frac{2\pi}{K}, \quad k = 0, 1, \cdots, K-1 \quad (2\text{-}42)$$

$$\omega_k = \left(k + \frac{1}{4}\right)\frac{2\pi}{K}, \quad k = 0, 1, \cdots, K-1 \quad (2\text{-}43)$$

对应不同的信道排列可以得到不同的实信号多相滤波高效结构。如图 2.15 所示为调制因子为式（2-42）时临界抽取时的高效结构。如图 2.16 所示为调制因子为式（2-43）时临界抽取时的高效结构。两者的区别仅在于复系数乘法项系数不同、输出信道编号排列顺序不同。

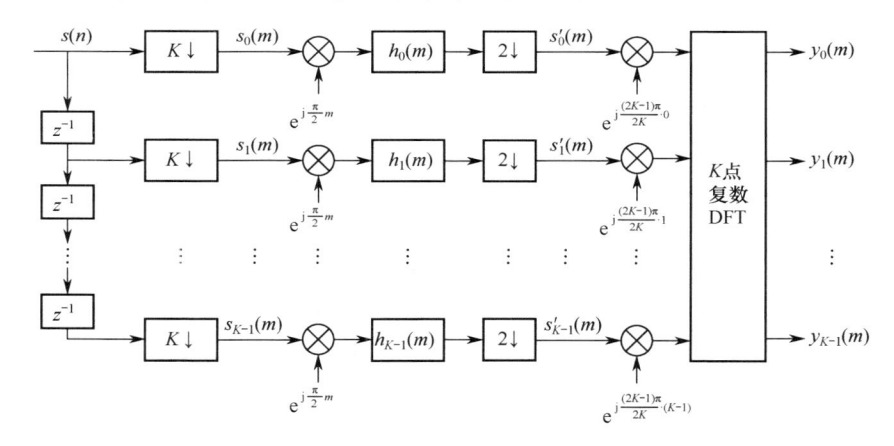

图 2.15 实信号信道化高效结构 1（临界抽取）

在方法 1 中，将实信号当作复信号并采用复信号高效结构实现，因此，信道有一半是冗余的。在采用该方法实现过程中，采用偶型排列结构比采用奇型排列结构具有更少的资源占有率。

方法 2 和方法 1 相比，采用了 $2K$ 个信道的复信号高效信道化结构，其输出信道依然有一半信道冗余。当采用其中的偶型排列结构时，分支滤波器为实信号滤波，同时进入 DFT 算法的输入数据也为实数，因此，做 $2D$ 点的 DFT 可以采用 D 点复数 DFT 结构实现，具有较少的计算量。而采用奇型排列时,尽管分支滤波器为实信号滤波,但是进入 DFT 算法的输入数据也为复数,采用奇数 DFT 快速算法可以进一步减少计算量。

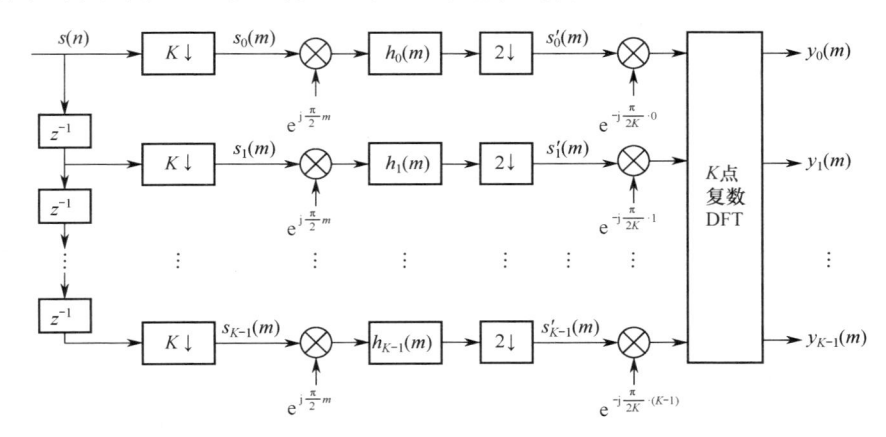

图 2.16　实信号信道化高效结构 2（临界抽取）

方法 3 中利用多相滤波的数字正交变换将实信号变为复信号,该结构增加了 I、Q 量的滤波环节,因此,整体结构中滤波器的阶数将增加,这将给该结构的实现增加额外的运算量。

方法 4 通过另一种信道分配方法,将实信号变为复信号后送入分支滤波器中,因此,分支滤波器均为复数滤波器。K 个信道复数滤波和 $2K$ 个信道实数滤波具有等同的运算量,该结构相对于方法 2 的偶型排列结构,增加了 K 次复系数乘法。但该方法中采用的是 D 点复数 DFT 运算,而方法 3 中采用的是 $2D$ 点的实信号快速 DFT 算法。该方法相对于方法 2 中的奇型排列结构,运算量的差别仅在于 DFT 环节,对于输入均为复数的 DFT 环节,该方法采用 D 点复数 DFT,而方法 2 的奇型结构采用的是 $2D$ 点的复数 DFT,采用奇数 DFT 快速算法后的计算量也将大于该方法。

对比上述几种实信号高效结构的实现方法,可以看出:方法 2 中的偶型排列结构和方法 4 的高效结构具有相对较少的运算量,两者的区别如下。

（1）由于方法 4 采用了另一种信道分配方法,因此,其输出信道编号并不是顺序排列的,而是一种有规律的非顺序排列。

（2）信道划分方式不同,方法 4 中的信道排列归属于奇型排列,与方法 2 偶型排列的信道划分方式不同。

（3）方法 4 相对于方法 2 的偶型排列,增加了 K 次复系数乘法。

通过对比分析，可以得到如下结论：方法 2 和方法 4 的高效结构均无法同时解决混叠和盲区问题，原因在于信道化后的信道带宽与处理带宽相同。采用改进的无混叠无盲区高效信道化结构可以解决上述问题。采用的方法是分别将方法 2 和方法 4 中的处理带宽增加一倍。处理带宽增加的同时，其处理速率增加了一倍，在维持计算量不变的前提下，处理时间大大减少。

通过对实信号和复信号高效结构的分析，可以看出：复信号的高效结构复杂度要低于实信号高效结构，但由于实际信号均为实信号，因此，复信号的高效结构通常用于算法的分析，实际应用中采用实信号高效结构。在实信号高效结构中，偶型排列的高效结构复杂度要低于奇型排列的高效结构，但是当偶型排列的高效结构用于雷达信号的侦察接收时，其第 0 个信道的输出为实信号，其他信道输出均为复信号，因此，第 0 个信道的输出不能直接用于后续参数提取等处理，而奇型排列的高效结构不存在这种问题，每个信道输出均为复信号，可以直接进行后续参数提取等处理。

2.4.2　复信号调制滤波器组结构设计

根据复信号频带划分情况可知，无论复信号信道划分采用偶型排列还是奇型排列，当信道数为 K 时，信道化子带滤波器带宽均为 $2\pi/K$。因此，复信号输入时后续抽取值 D 最大可以选择为 $D=K$，即临界抽取。

在临界抽取（$K=D$）条件下，根据复信号信道划分方式不同，可得到偶型排列和奇型排列的信道化高效结构。

对于偶型排列，可以得到

$$y_k(m) = \sum_{p=0}^{K-1} s'_p(m)\, e^{-j\frac{2\pi k}{K}p} = \mathrm{DFT}[s'_p(m)] \tag{2-44}$$

其中，$s'_p(m) = [s_p(m) \cdot e^{j\omega_k mD}] * h'_p(m)$，将 $\omega_k = 2\pi k/K$ 代入可得

$$s'_p(m) = s_p(m) * h'_p(m) = s_p(m) * h_p(m) \tag{2-45}$$

根据上面的推导，可以得到复信号、偶型排列、临界抽取条件下的高效结构如图 2.17 所示。

对于奇型排列，可以得到

$$y_k(m) = \sum_{p=0}^{K-1}\left[s'_p(m) \cdot e^{-j\frac{\pi}{K}p}\right] e^{-j\frac{2\pi k}{K}p} = \mathrm{DFT}\left[s'_p(m)\, e^{-j\frac{\pi}{K}p}\right] \tag{2-46}$$

其中，$s'_p(m) = [s_p(m) \cdot e^{j\omega_k mD}] * h'_p(m)$，将 $\omega_k = 2\pi k/K + \pi/K$ 代入可得

$$s'_p(m) = [s_p(m) \cdot (-1)^m] * h'_p(m) = [s_p(m) \cdot (-1)^m] * h_p(m) \quad (2\text{-}47)$$

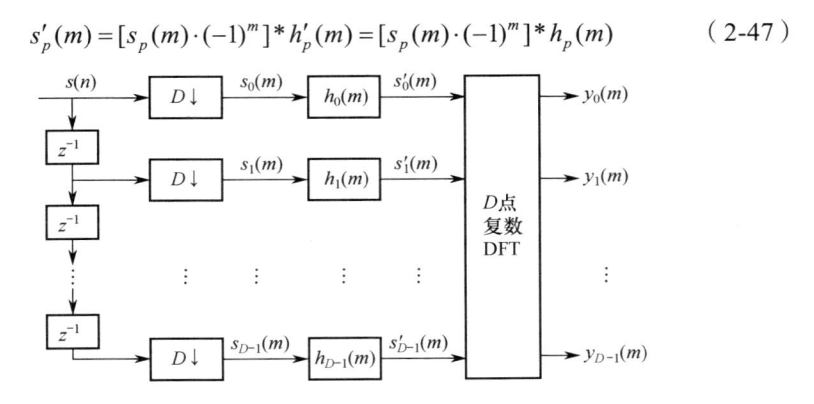

图 2.17　复信号信道化高效结构（偶型排列、临界抽取）

根据上面的推导，可以得到复信号、奇型排列、临界抽取条件下的高效结构如图 2.18 所示。

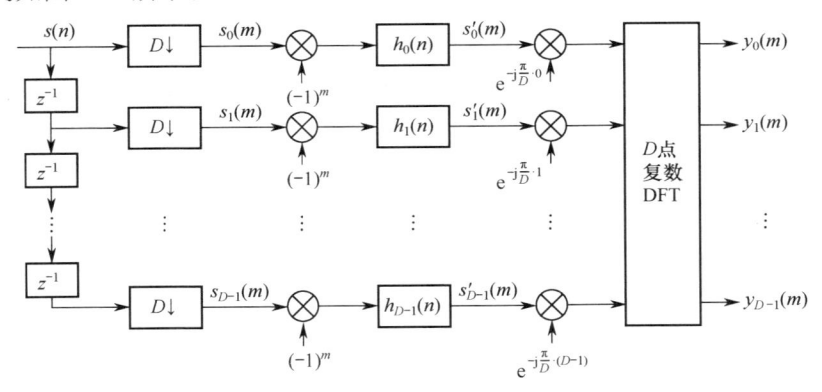

图 2.18　复信号信道化高效结构（奇型排列、临界抽取）

在非临界抽取（$K = FD$，F 为正整数）条件下，根据复信号信道划分方式不同，即可得到偶型排列和奇型排列的信道化高效结构。

对于偶型排列，可以得到

$$y_k(m) = \sum_{p=0}^{K-1} s'_p(m) \, \mathrm{e}^{-\mathrm{j}\frac{2\pi k}{K} p} = \mathrm{DFT}[s'_p(m)] \quad (2\text{-}48)$$

其中，$s'_p(m) = [s_p(m) \cdot \mathrm{e}^{\mathrm{j}\omega_k mD}] * h'_p(m)$，将 $\omega_k = 2\pi k / K$，$K = FD$ 代入可得

$$s'_p(m) = \left[s_p(m) \cdot \mathrm{e}^{\mathrm{j}\frac{2\pi k}{F} m} \right] * h'_p(m) = \left[s_p(m) \cdot \mathrm{e}^{\mathrm{j}\frac{2\pi k}{F} m} \right] * h_p\left(\frac{m}{F}\right) \quad (2\text{-}49)$$

根据上面的推导，可以得到复信号、偶型排列、非临界抽取条件下的高效结构如图 2.19 所示。

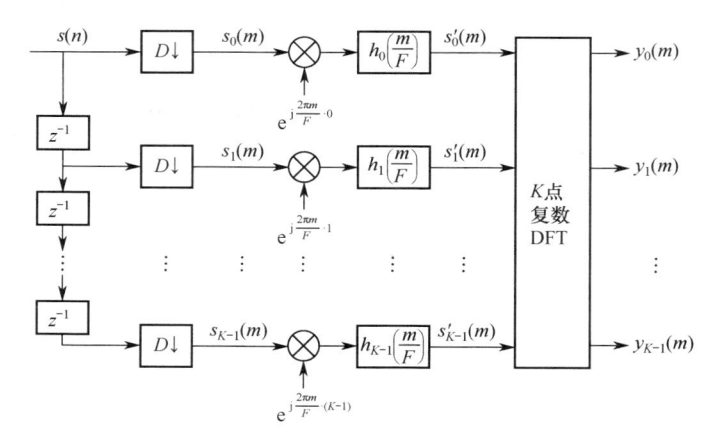

图 2.19 复信号信道化高效结构（偶型排列、非临界抽取）

对于奇型排列可以得到

$$y_k(m) = \sum_{p=0}^{K-1}\left[s'_p(m)\cdot e^{-j\frac{\pi}{K}p}\right]e^{-j\frac{2\pi k}{K}p} = \text{DFT}\left[s'_p(m)\,e^{-j\frac{\pi}{K}p}\right] \quad (2\text{-}50)$$

其中，$s'_p(m) = [s_p(m)\cdot e^{j\omega_k mD}] * h'_p(m)$，将 $\omega_k = 2\pi k/K + \pi/K$ 和 $K = FD$ 代入可得

$$s'_p(m) = \left[s_p(m)\cdot e^{j\frac{\pi(2k+1)}{F}m}\right] * h'_p(m) = \left[s_p(m)\cdot e^{j\frac{\pi(2k+1)}{F}m}\right] * h_p\left(\frac{m}{F}\right) \quad (2\text{-}51)$$

根据上面的推导，可以得到复信号、奇型排列、非临界抽取条件下的高效结构如图 2.20 所示。

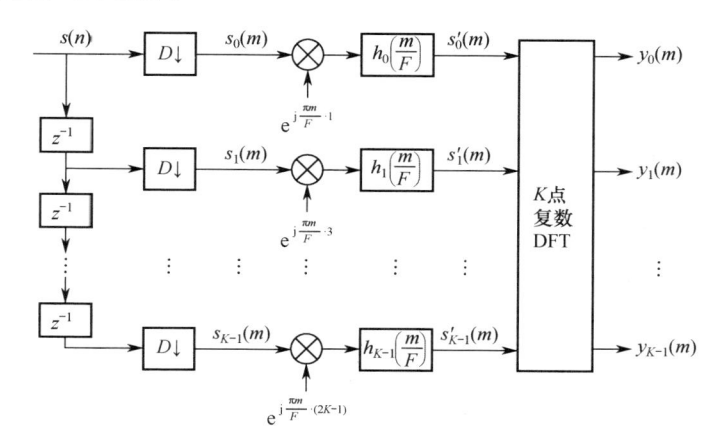

图 2.20 复信号信道化高效结构（奇型排列、非临界抽取）

根据复信号频谱划分，分别对偶型排列和奇型排列、临界抽取和非临界抽取情况下的复信号高效结构进行分析。对照图 2.17 和图 2.18，临界抽取条

件下偶型排列和奇型排列的复信号高效实现结构可以看出：图 2.17 所示的偶型排列相对奇型排列，其实现结构简单，而图 2.18 所示的奇型排列会增加 K 个复数乘法器。

在非临界抽取情况下，对照图 2.19 和图 2.20 所示的偶型排列和奇型排列的复信号高效结构可以看出：图 2.19 和图 2.20 所示的高效结构都增加了 K 个复数乘法器，当原型滤波器阶数为 N 时，由于两种结构滤波器都进行了 F 倍的插零，因此，实际的滤波器阶数为 NF，每个分支滤波器阶数为 NF/K，由于采用的是 F 倍的插零，尽管实际的滤波器阶数增加为 NF，但实现过程中滤波器对乘法器的占用并没有增加，依然取决于原型滤波器的阶数 N。因此，在非临界抽取条件下，偶型排列和奇型排列的复信号高效结构资源占用情况相同。

通过对比偶型排列和奇型排列、临界抽取和非临界抽取情况下的复信号高效结构可以看出，从硬件实现对资源的占用情况来说，偶型排列、临界抽取的复信号高效结构具有最优的实现结构。

2.4.3 实信号无混叠无盲区滤波器组结构设计

由于实际信号为实信号，因此，针对实信号的高效信道化结构做进一步分析。根据高效信道化的原理，高效结构的实现是通过调制因子对原型滤波器进行调制，将低通滤波器结构转化成多相滤波器组结构实现。因此，原型滤波器的设计是其中一个关键因素。由于实际的原型滤波器设计过程中存在过渡带，因此，往往信道划分时要考虑到信道带宽和处理带宽之间的关系，以防止混叠或盲区的出现。

为了解决两个相邻信道的模糊和盲区问题，需要扩大处理带宽。这样的滤波器如图 2.21 所示，拓宽了处理带宽，提高了输出数据率，解决了混叠和模糊问题。该划分方式中采样后的数据率必须大于信道带宽，同时处理带宽的增加使得原型滤波器的过渡带可以适当放宽，从而降低了滤波器的阶数。

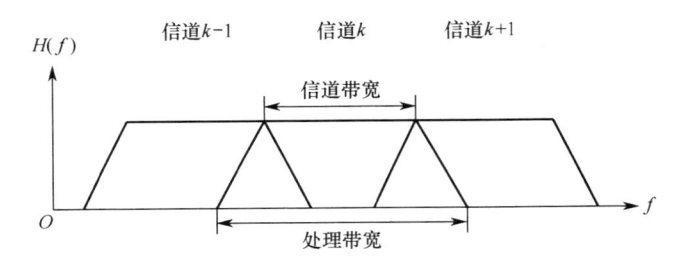

图 2.21 无混叠无盲区划分方式

对实信号高效信道化结构进行分析,可以看出:在实信号高效信道化结构中,其信道带宽和处理带宽相同,因此,该高效信道化结构存在混叠或盲区。对该结构进行改进后的无混叠无盲区高效信道化结构如图 2.22 所示。

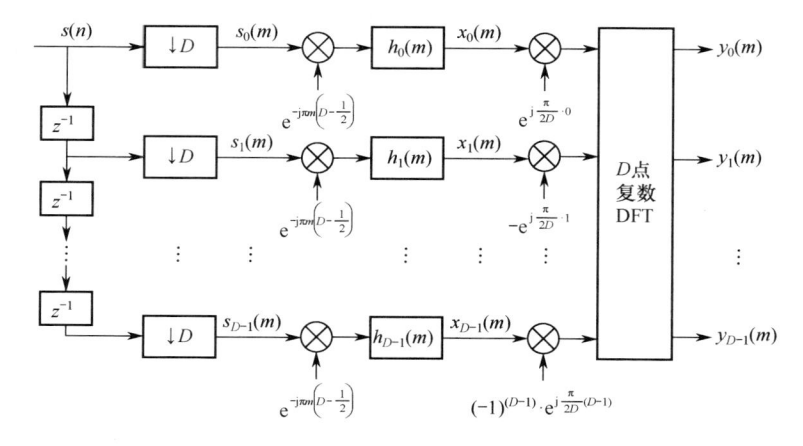

图 2.22　无混叠无盲区高效信道化结构(临界抽取)

对于方法 2 中的偶型排列,将 $2D$ 倍抽取变为 D 倍抽取,将 $\omega_k = \pi k / K = 2\pi k / 2K$ ($k = 0, 1, \cdots, 2K-1$) 代入式(2-39),可以得到

$$y_k(m) = \sum_{p=0}^{2K-1} s'_p(m) \, \mathrm{e}^{-\mathrm{j}\frac{2\pi k}{2K}p} = \mathrm{DFT}[s'_p(m)] \quad (2\text{-}52)$$

其中,$s'_p(m) = [s_p(m) \cdot \mathrm{e}^{\mathrm{j}\omega_k mD}] * h'_p(m)$,将 $\omega_k = 2\pi k / 2K$ 代入可得

$$s'_p(m) = [s_p(m) \cdot \mathrm{e}^{\mathrm{j}\pi k m}] * h'_p(m) \quad (2\text{-}53)$$

根据上面的推导,可以得到方法 2 中偶型排列的无混叠无盲区高效信道化结构如图 2.23 所示。

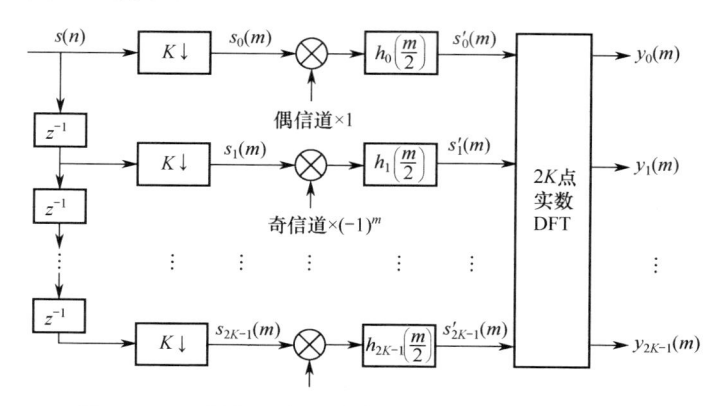

图 2.23　无混叠无盲区高效信道化结构(偶型排列)

偶型排列的无混叠无盲区高效信道化结构中将处理带宽增加了一倍,即输出数据率也增加了一倍。一方面实现了无混叠无盲区信道划分,另一方面输出数据率的增加使得后续 DFT 算法的计算速度提高了一倍。

2.4.4 调制滤波器组结构应用与仿真分析

由于实际的信号都为实信号,因此,针对实信号高效结构进行了仿真,其仿真模型采用的是图 2.22 所示的无混叠无盲区的高效信道化结构。

仿真条件如下:采样率 $f_s = 960\text{MHz}$,信道数目为 8,子带信道带宽为 60MHz。原型滤波器的设计根据子带信道带宽为 60MHz,则理想原型低通滤波器的阻带起始频率为 30MHz,考虑到实际滤波器是有过渡带的,因此,原型滤波器的设计过程中选择了通带截止频率为 30MHz,阻带起始频率为 40MHz,阻带衰减为 60dB。

由于数字信道化接收机具有全概率接收及多信号处理能力,因此,仿真输入信号为 8 个信号同时输入,其信号表达式及参数选择如下。

(1)正弦信号: $S(t) = 0.2\sin(2\pi f_c t)$。

(2)LFM 信号: $S_{\text{LFM1}} = \exp(j\pi\omega_1 \cdot t^2 / T_1)$。

(3)AM 信号: $S_{\text{AM1}}(t) = [0.4 + 0.2\sin(2\pi f_1 t)]\sin(2\pi f_c t)$。

(4)LFM 信号: $S_{\text{LFM2}} = \exp(j\pi\omega_2 \cdot t^2 / T_2)$。

(5)DSB 信号: $S_{\text{DSB1}}(t) = 0.2\sin(2\pi f_1 t)\sin(2\pi f_c t)$。

(6)LFM 信号: $S_{\text{LFM3}} = \exp(j\pi\omega_3 \cdot t^2 / T_3)$。

(7)DSB 信号: $S_{\text{DSB2}}(t) = 0.2\sin(2\pi f_2 t)\sin(2\pi f_c t)$。

(8)AM 信号: $S_{\text{AM2}}(t) = [0.6 + 0.2\sin(2\pi f_2 t)]\sin(2\pi f_c t)$。

其中,f_c 为载波频率,f_1、f_2 为调制频率;ω_1、ω_2、ω_3 为 LFM 信号调制带宽,T_1、T_2、T_3 为 LFM 信号调制时宽,在仿真中选择 $T_1 = T_2 = T_3 = 5\mu s$。

根据如图 2.9(a)所示的信道划分形式,当信道数为 8 时,根据输入信号的频率可以知道理论上的输出信道编号,输入信号参数设置与信道对应编号如表 2.1 所示。

表 2.1 输入信号参数与信道对应编号

理论输出信道编号	调制方式	载波频率/MHz	调制信号频率/MHz	调制信号类型
4	正弦波	28	无	无
3	LFM	80	−5~5	正弦扫频波
5	AM	140	1	正弦波

（续表）

理论输出信道编号	调制方式	载波频率/MHz	调制信号频率/MHz	调制信号类型
2	LFM	205	−15~15	正弦扫频波
6	DSB	285	0.5	正弦波
1	LFM	330	−20~20	正弦扫频波
7	DSB	400	0.6	正弦波
0	AM	440	2	正弦波

如图 2.24 所示为数字信道化后 8 个子带信道输出的时域波形。图 2.25 所示为数字信道化后 8 个子带信道频域输出。由于子带信道为 60MHz，因此图 2.25 显示了对应的子带信道的信号频域输出。由输出结果的时域和频域可以看出：信道 1、2、3 的输出信号为线性调频信号，其调制带宽分别为 40MHz、30MHz 和 10MHz，与输入情况相符；信道 4 的输出为正弦信号，其频率为 2MHz，为输入信号与该信道中心频率 30MHz 混频并低通滤波后的结果，与理论情况相符；信道 0 和信道 5 的输出为 AM 波，与输入情况相符；信道 6 和信道 7 的输出为 DSB 信号，与输入情况相符。可见，无混叠无盲区的数字信道化高效结构仿真结果正确。

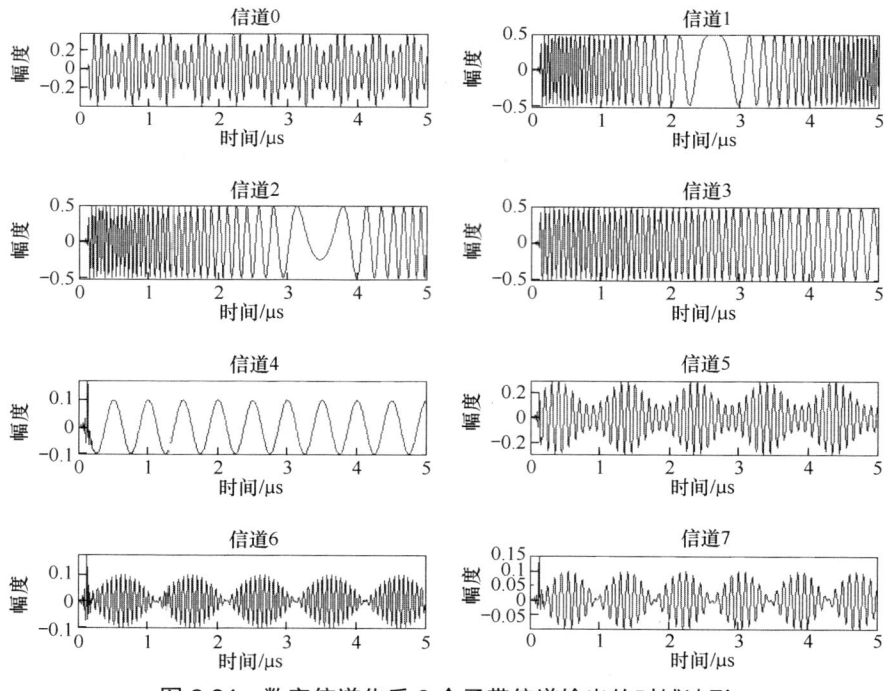

图 2.24 数字信道化后 8 个子带信道输出的时域波形

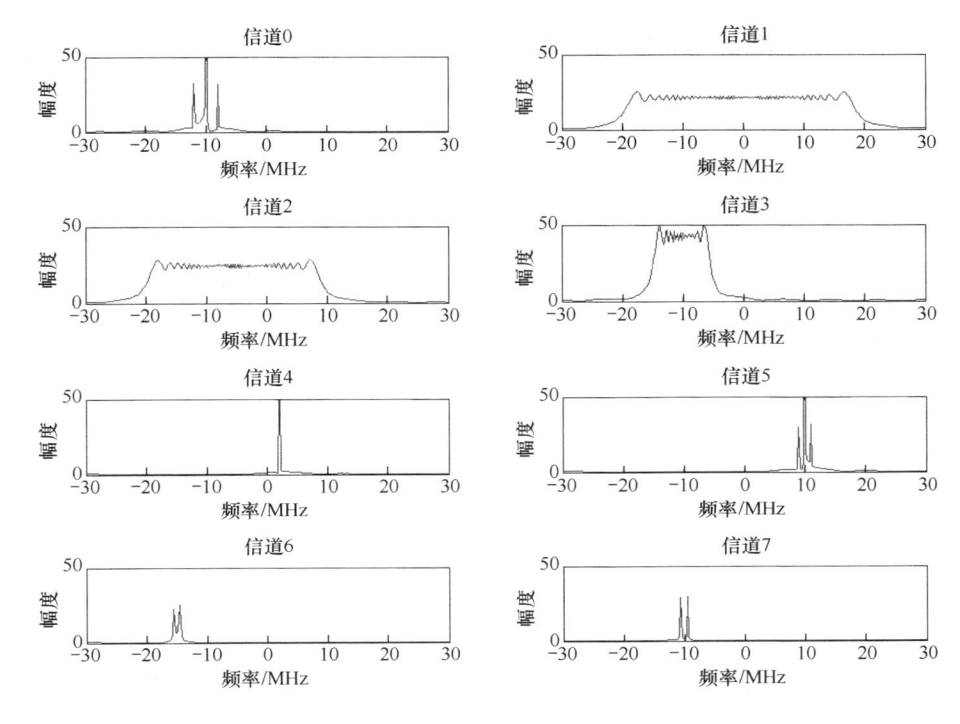

图 2.25 数字信道化后 8 个子带信道频域输出

2.5 基于多相滤波器组的信号完美重构技术

在均匀信道化结构之中，各子信道的划分方式是均匀的，即各子信道的带宽是固定的。然而，在电子战领域，接收机接收到的信号大多都是随机的非合作的信号，信号中心频率、带宽等信息都是未知的，因此，当接收的宽带信号带宽大于均匀信道化的子信道带宽时，就会产生跨信道的现象。这种情况下，为了能够对原始信号进行特征提取与参数估计，就需要对信道输出进行重构[20]。

根据重构信道数目，可以分为两种信道重构设计方法：一种是将均匀信道化结构所有信道的输出均送入重构滤波器组作为输入，即常用的基于 DFT 调制滤波器组信道重构技术；另一种是根据均匀信道化部分的输出情况，通过能量检测环节将属于同一个信号的分布在几个信道中的输出送入重构滤波器组进行重构，这就是动态可重构信道化技术。

2.5.1 信号完美重构理论

对于未知信号的完美重构，频带划分的子带数目或子带宽度的选择需要根据先验信息而定，在无先验信息的条件下，为了后续可以采用高效的动态可重构信道化结构，频带划分的子带数目通常选择为 $K=2^N$（N 为正整数）。利用复指数去调制分析滤波器组原型低通滤波器 $h(n)$，可以将宽频带划分成 K 个均匀子带信道，这里假设复指数为 $\mathrm{e}^{\mathrm{j}\omega_k n}$（$k=0,1,\cdots,K-1$）。通过对原型低通滤波器 $h(n)$ 进行设计，使其信号频带限制在 $[-\pi/D,\pi/D]$，则其输出信号可以进行 D 倍抽取。通过信道检测与判别，利用综合滤波器组可以重构原信号，其中 $f(n)$ 为综合滤波器组原型滤波器。该过程的原理框图如图 2.26 所示。

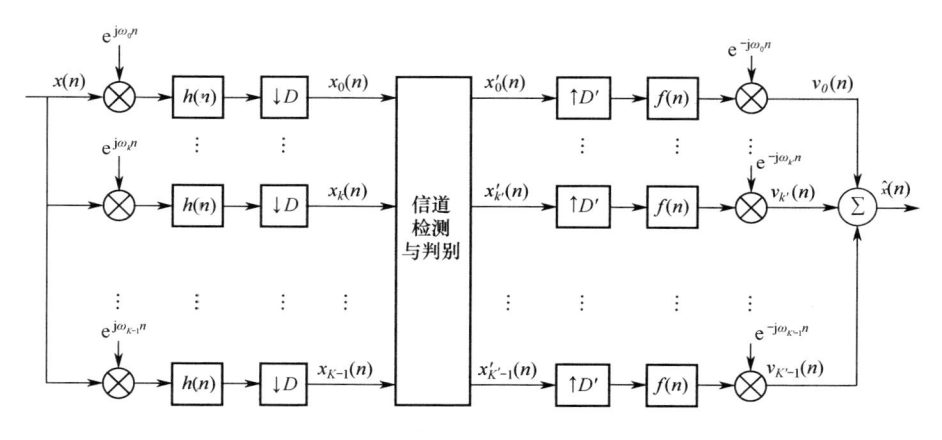

图 2.26 分析滤波器与综合滤波器原理图

由于分析滤波器采用了 D 倍抽取，为了避免混叠，分析滤波器组中的原型滤波器 $h(n)$ 需要满足

$$H(\omega) \approx 0 \tag{2-54}$$

式中，$H(\omega)$ 为 $h(n)$ 的傅里叶变换，$\omega \notin [-\pi/D, \pi/D]$。

2.5.2 信号精确重构条件

对于分析滤波器组来说，可以采用两种无混叠无盲区的信道化高效结构。从两种结构的对比来看，实信号偶型排列结构没有复系数乘法环节，实现结构相对简单。因此，重点以实信号偶型排列结构作为分析滤波器的实现结构，从而得到该结构下信号重构的条件。

对于实信号偶型排列结构，$\omega_k = 2\pi k/K$，旋转因子 $W_K = \exp(\mathrm{j}2\pi/K)$。信道数目 K 与抽取数 D 一般满足 $K \geqslant 2D$，在特殊情况下，为了降低输出数据率，可以选择 $K = FD = 2D$。那么，可以得到抽取后序号为 k 的子带输出为

$$X_k(z) = \frac{1}{D}\sum_{l=0}^{K-1} X\left(z^{\frac{1}{D}}W_D^{-l}W_K^{-k}\right) H\left(z^{\frac{1}{D}}W_D^{-l}\right) \qquad (2\text{-}55)$$

假设宽带信号跨信道数目为 K'，其信道序号从 k_1 到 k_2，当 $K' \geqslant 2$ 时，需要对信道进行 D' 倍上采样，对信道进行综合从而恢复出该宽带信号。其中要求：

$$K/D = K'/D' = F \qquad (2\text{-}56)$$

$x_k(n)$ 为分析滤波器第 k 个子带输出；$x'_{k'}(n)$ 为待处理信号的第 k' 个信道的输入；由于检测信道序号从 k_1 到 k_2，共 K' 个信道，故有

$$x'_{k'}(n) = x_k(n) = x_{k_1+k'}(n) \qquad (2\text{-}57)$$

即有 $k = k_1 + k'$。因此，第 k' 个信道的输入为

$$X'_{k'}(z) = \frac{1}{D}\sum_{l=0}^{K-1} X\left(z^{\frac{1}{D}}W_D^{-l}W_K^{-(k_1+k')}\right) H\left(z^{\frac{1}{D}}W_D^{-l}\right) \qquad (2\text{-}58)$$

在综合滤波器环节中，经过上采样、滤波和频谱搬移后，可以得到第 k' 个信道的输出为

$$V_{k'}(z) = \frac{1}{D}\sum_{l=0}^{K-1} X\left(\left(zW_{K'}^{k'}\right)^{\frac{D'}{D}} W_D^{-l} W_K^{-(k_1+k')}\right) H\left(\left(zW_{K'}^{k'}\right)^{\frac{D'}{D}} W_D^{-l}\right) F(zW_{K'}^{k'}) \qquad (2\text{-}59)$$

由式（2-58）可知 $(zW_{K'}^{k'})^{\frac{D'}{D}} = z^{\frac{D'}{D}} W_K^{k'}$，则式（2-59）可化简为

$$V_{k'}(z) = \frac{1}{D}\sum_{l=0}^{K-1} X\left(z^{\frac{D'}{D}} W_D^{-l} W_K^{-k_1}\right) H\left(z^{\frac{D'}{D}} W_D^{-l} W_K^{k'}\right) F(zW_{K'}^{k'}) \qquad (2\text{-}60)$$

将 K' 个支路叠加后即可得到综合后的信号为

$$\begin{aligned}\hat{X}(z) &= \sum_{k'=0}^{K'-1} V_{k'}(z) \\ &= \frac{1}{D}\sum_{k'=0}^{K'-1}\sum_{l=0}^{K-1} X\left(z^{\frac{D'}{D}} W_D^{-l} W_K^{-k_1}\right) H\left(z^{\frac{D'}{D}} W_D^{-l} W_K^{k'}\right) F(zW_{K'}^{k'})\end{aligned} \qquad (2\text{-}61)$$

即可得到

$$\hat{X}(\omega) = \frac{1}{D}\sum_{k'=0}^{K'-1}\sum_{l=0}^{K-1} X\left(\frac{D'}{D}\omega - \omega_1 - \frac{2\pi}{D}l\right) H\left(\frac{D'}{D}\omega + \frac{2\pi}{K}k' - \frac{2\pi}{D}l\right) F\left(\omega + \frac{2\pi}{K'}k'\right) \qquad (2\text{-}62)$$

其中，$\omega_1 = 2\pi k_1/K$。

令 $X_l = X\left(\dfrac{D'}{D}\omega - \omega_1 - \dfrac{2\pi}{D}l\right)$，$H_{k',l} = H\left(\dfrac{D'}{D}\omega + \dfrac{2\pi}{K}k' - \dfrac{2\pi}{D}l\right)$，$F_{k'} = F\left(\omega + \dfrac{2\pi}{K'}k'\right)$，则式（2-62）用矩阵表示可以写成

$$\hat{X} = \dfrac{1}{D}\begin{bmatrix}F_0\\ \vdots\\ F_{K'-1}\end{bmatrix}^{\mathrm{T}}\begin{bmatrix}H_{0,0} & \cdots & H_{0,D-1}\\ \vdots & \cdots & \vdots\\ H_{K'-1,0} & \cdots & H_{K'-1,D-1}\end{bmatrix}\begin{bmatrix}X_0\\ \vdots\\ X_{D-1}\end{bmatrix} = \dfrac{1}{D}\boldsymbol{F}^{\mathrm{T}}\boldsymbol{H}\boldsymbol{X} \quad（2-63）$$

其中，$\boldsymbol{H}$ 称为混迭分量矩阵。该混迭分量是抽取造成的，若要消除，需要满足

$$\boldsymbol{F}^{\mathrm{T}}\boldsymbol{H} = [1(\omega) \quad 0 \quad \cdots \quad 0] \quad（2-64）$$

即

$$\begin{cases}\sum\limits_{k'=0}^{K'-1} F_{k'} H_{k',l} \approx 1(\omega), & l = 0\\ \sum\limits_{k'=0}^{K'-1} F_{k'} H_{k',l} \approx 0, & l \neq 0\end{cases} \quad（2-65）$$

令 $H'(\omega) = H\left(\dfrac{D'}{D}\omega\right)$，则式（2-65）可以写成

$$\begin{cases}\sum\limits_{k'=0}^{K'-1} F\left(\omega + \dfrac{2\pi}{K'}k'\right) H'\left(\omega + \dfrac{2\pi}{K}k'\right) \approx 1(\omega)\\ \sum\limits_{k'=0}^{K'-1} F\left(\omega + \dfrac{2\pi}{K'}k'\right) H'\left(\omega + \dfrac{2\pi}{K}k' - \dfrac{2\pi}{D}l\right) \approx 0, \quad l \neq 0\end{cases} \quad（2-66）$$

式（2-66）即信号精确重构的条件。从中可以看出：只要设计满足上述条件的原型滤波器 $f(n)$ 和 $h'(n)$，即可实现信号的近似精确重构。

以上是按照实信号偶型排列划分得到的实信号偶型排列动态信道化的重构条件。如果采用另一种无混叠无盲区信道化高效结构作为分析滤波器结构，可以采用同样的方法得到信号近似精确重构的条件，该结构划分中区别在于 $\omega_k = \left(k - \dfrac{2K-1}{4}\right)\cdot\dfrac{2\pi}{K}$。

2.5.3 基于多相结构的信号完美重构滤波器组

根据实信号偶型排列信道化高效结构，可以知道分析滤波器组的高效结构与此相同。接下来介绍综合滤波器组的高效结构实现。与分析滤波器组类似，综合滤波器组同样可以采用多相结构实现。为了得到动态信道化滤波器组高效结构，需要按照以下方法构建。

(1) 确定分析滤波器组划分信道数目 K 和下采样因子 D。

(2) 根据信道检测结果确定宽带信号覆盖子带数目 K'，并根据式（2-56）得到上采样因子 D'。

(3) 根据信号近似精确重构的条件，设计原型滤波器 $f(n)$ 和 $h'(n)$，并根据 $H'(\omega) = H\left(\dfrac{D'}{D}\omega\right)$ 得到分析滤波器组原型滤波器 $h(n)$。

(4) 对 $f(n)$ 进行多相分解，得到其综合滤波器组的多相分支滤波器。

根据上述方法可以得到实信号偶型排列动态信道化高效结构如图 2.27 所示。

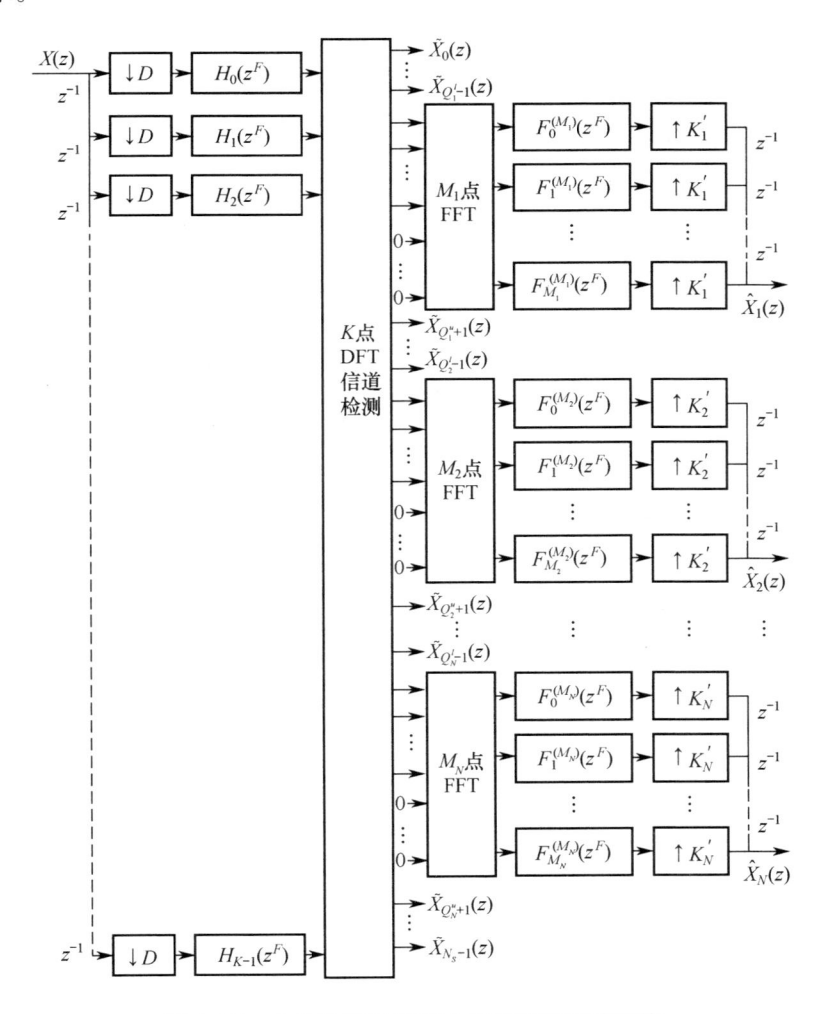

图 2.27 实信号偶型排列动态信道化高效结构

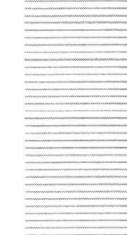

从该高效结构中可以看出：分析滤波器的高效结构和无混叠无盲区实信号偶型排列结构相同；综合滤波器部分是根据信道检测结果，同样利用多相结构实现。分析滤波器中为了可以采用 FFT 快速算法，信道划分数目往往选择为 $K = 2^n$（$n = 0, 1, \cdots, N-1$）。综合滤波器输入信道数目是根据信道检测情况而定的，若第 i 个信道包含从 Q_i^l 到 Q_i^u 共 M_i' 个子带，即无法保证输入信道数目 M_i' 恰好满足 2 的整数倍。此时通过序列补零的方法，生成的新的输入序列 $[\tilde{X}_{Q_i^l}(z), \tilde{X}_{Q_i^l+1}(z), \cdots, \tilde{X}_{Q_i^u}(z), 0, \cdots, 0]^T$，并使新的序列包含的子带数目为 $M_i = 2^n$（$n = 0, 1, \cdots, N-1$）。为了采用 FFT 快速算法，序列补零以增加采样率为代价。

2.5.4 信号完美重构滤波器组结构仿真分析

下面根据基于多相结构的动态综合滤波器组结构进行 MATLAB 仿真。将采样率设置为 960MHz，基于多相结构的动态综合滤波器组中的原型低通滤波器 $G(z)$ 的通带截止频率为 29.52MHz，阻带起始频率为 30.48MHz，阻带衰减为 60dB，通带纹波为 0.3dB，阶数为 2368。MATLAB 仿真输入信号为 3 个 LFM 信号，输入信号的各项参数如表 2.2 所示。输入信号的幅频特性如图 2.28 所示。

表 2.2 输入信号的各项参数

输入信号类型	中心频率/MHz	频率范围/MHz	信 道 编 号
LFM	55	45～65	1
LFM	200	180～220	3、4
LFM	350	300～400	5、6、7

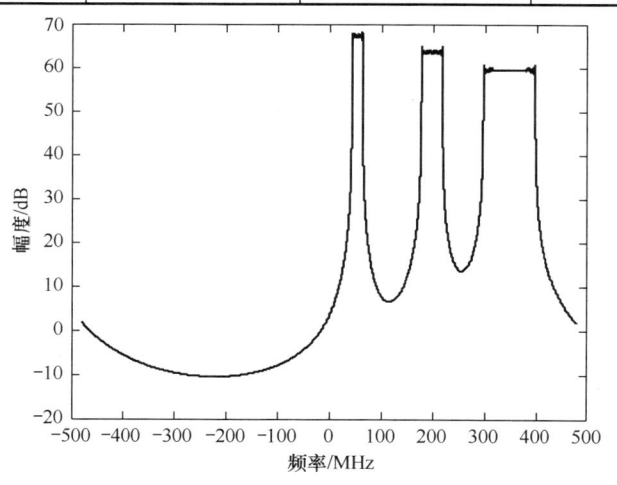

图 2.28 输入信号的幅频特性

输入信号通过基于多相结构的分析滤波器组之后，可以得到 16 路子信号。16 路子信号的幅频特性如图 2.29 所示。从图 2.29 中可以看出，频率范围为 45～55MHz 的 LFM 信号只占了第 1 个子信道，不需要进行综合；而频率范围为 180～220MHz 和 300～400MHz 的 LFM 信号分别占了 2 个子信道和 3 个子信道，需要进行综合。

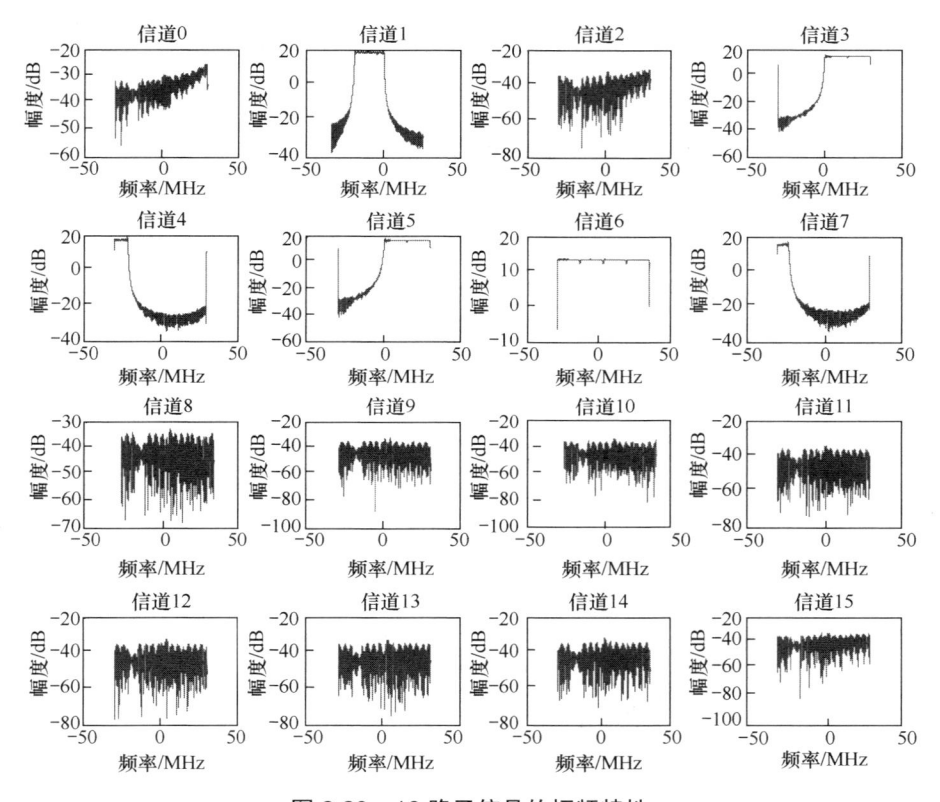

图 2.29　16 路子信号的幅频特性

首先，对频率范围为 180～220MHz 的 LFM 信号进行综合，它占据信道 3、4，因此，$K=2$，$M=16$，那么就对综合滤波器组的原型滤波器进行 8 倍抽取。这样，就得到了对应这 2 个信道的综合滤波器组的原型滤波器，再对其进行多相分解，根据如图 2.27 所示的结构进行 MATLAB 仿真，可以得到综合后频率范围为 180～220MHz 的 LFM 信号，综合后的 LFM 信号的幅频特性如图 2.30 所示。

然后，对频率范围为 300～400MHz 的 LFM 信号进行综合，它占据了信道 5、6、7，因为动态的综合滤波器组的子频带个数应是 2 的幂次，所以，选择信道 5、6、7、8 进行综合，相应地，$K=4$，那么就对综合滤波器组的原型滤波器进行 4 倍抽取，之后进行多相分解。

最后，进行 MATLAB 仿真，得到综合后的 LMF 信号的幅频特性如图 2.31 所示。

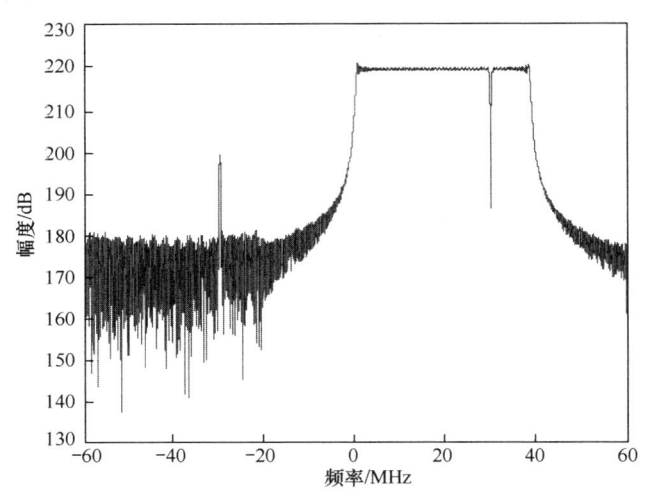

图 2.30　综合后的 LFM 信号的幅频特性

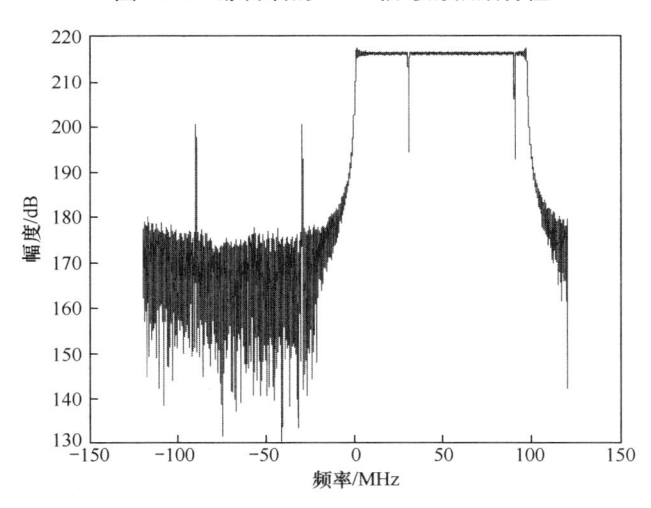

图 2.31　综合后的 LFM 信号的幅频特性

2.6　快速滤波器组技术

2.6.1　快速滤波器组基本结构

如图 2.32 所示为 16 点 FFT 蝶形运算示意图，采用按频率抽取的基 2-FFT

算法方法，此图与标准 FFT 稍有不同，省略了其中的"−1"因子。经第一次蝶形运算后，$x^{1,0}(n)$、$x^{1,1}(n)$ 可以表示为

$$x^{1,0}(n) = x^{0,0}(n) + W_{16}^0 \cdot x^{0,0}(n-8) \qquad (2\text{-}67)$$

$$x^{1,1}(n) = x^{0,0}(n) - W_{16}^0 \cdot x^{0,0}(n-8) \qquad (2\text{-}68)$$

其中，$W_N^k = \mathrm{e}^{-\mathrm{j}2\pi k/N}$，令 $X^{k,m}(z)$ 表示 $x^{k,m}(n)$ 对应的 z 变换形式，对式（2-67）、式（2-68）进行 z 变换：

$$X^{1,0}(z) = (1 + W_{16}^0 \cdot z^{-8}) \cdot X^{0,0}(z) \qquad (2\text{-}69)$$

$$X^{1,1}(z) = (1 - W_{16}^0 \cdot z^{-8}) \cdot X^{0,0}(z) \qquad (2\text{-}70)$$

$$X^{1,1}(z) = (1 - W_{16}^0 \cdot z^{-8}) \cdot X^{0,0}(z) \qquad (2\text{-}71)$$

$1 + W_{16}^0 \cdot z^{-8}$ 和 $1 - W_{16}^0 \cdot z^{-8}$ 称为传递函数，分别用 $H_a^{0,0}(z)$ 和 $H_c^{0,0}(z)$ 表示，即

$$H_a^{0,0}(z) = 1 + W_{16}^0 \cdot z^{-8} \qquad (2\text{-}72)$$

$$H_c^{0,0}(z) = 1 - W_{16}^0 \cdot z^{-8} \qquad (2\text{-}73)$$

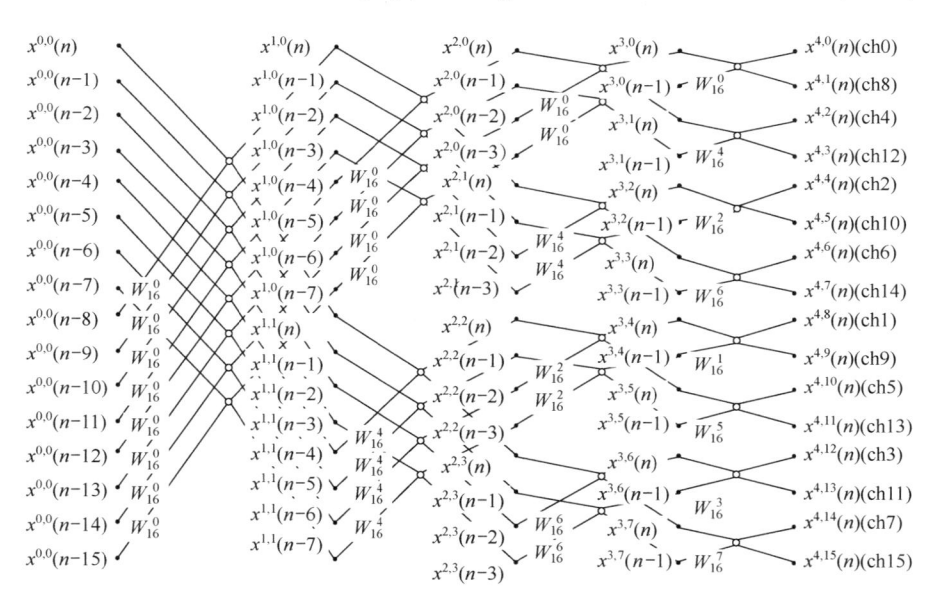

图 2.32　16 点 FFT 蝶形运算示意图

将式（2-72）和式（2-73）相加，可以得到如式（2-74）所示的 $H_a^{0,0}(z)$ 与 $H_c^{0,0}(z)$ 之间的关系式，$H_a^{0,0}(z)$ 和 $H_c^{0,0}(z)$ 为一对传递函数互补对，分别称其为主传递函数（传递函数）和互补传递函数。

$$H_a^{0,0}(z) + H_c^{0,0}(z) = 2 \qquad (2\text{-}74)$$

按照同样的计算方式，可以得到其他各级对应的传递函数互补对：

$$X^{2,0}(z) = H_a^{1,0}(z) \cdot X^{1,0}(z) \quad (2\text{-}75)$$

$$X^{3,0}(z) = H_a^{2,0}(z) \cdot X^{2,0}(z) \quad (2\text{-}76)$$

$$X^{4,0}(z) = H_a^{3,0}(z) \cdot X^{3,0}(z) \quad (2\text{-}77)$$

其中

$$H_a^{1,0}(z) = 1 + W_{16}^0 \cdot z^{-4} \quad (2\text{-}78)$$

$$H_a^{2,0}(z) = 1 + W_{16}^0 \cdot z^{-2} \quad (2\text{-}79)$$

$$H_a^{3,0}(z) = 1 + W_{16}^0 \cdot z^{-1} \quad (2\text{-}80)$$

由图 2.32 可得到，通道 0 的传递函数 $H_0(z)$ 可以由子滤波器传递函数 $H_a^{0,0}(z)$、$H_a^{1,0}(z)$、$H_a^{2,0}(z)$ 和 $H_a^{3,0}(z)$ 计算得到，即

$$H_0(z) = H_a^{0,0}(z) \cdot H_a^{1,0}(z) \cdot H_a^{2,0}(z) \cdot H_a^{3,0}(z) \quad (2\text{-}81)$$

通过对比式（2-72）、式（2-78）、式（2-79）和式（2-80），可以看出各级的传递函数 $H_a^{0,0}(z)$、$H_a^{1,0}(z)$、$H_a^{2,0}(z)$ 和 $H_a^{3,0}(z)$ 只有 z 的指数不同，即分别可以用 z^8、z^4、z^2 和 z 对原型滤波器 $1 + W_{16}^0 \cdot z^{-1}$ 中的 z 因子进行替换得到。一般，FFT 的各级蝶形结构的传递函数可以通过 $W_N^k z^m$ 对传递函数互补对 $1 + z^{-1}$ 和 $1 - z^{-1}$ 中的 z 因子进行替换获得。

将图 2.32 中的所有蝶形运算都用传递函数的形式表示，最终得到图 2.33 所示的 16 通道 AFFB 树形结构。一般，一个 N 通道（$N=16$）的 AFFB 树形结构包含 L（$L = \log_2 N$）级滤波器，第 k 级（$k = 0,1,\cdots,L-1$）的第 m 个（$m = 0,1,\cdots,2^k - 1$）子滤波器为 $H^{k,m}(z)$。第 k 级原型滤波器的主传递函数和互补传递函数分别用 $H_a^k(z)$ 和 $H_c^k(z)$ 表示，则 $H_a^k(z)$ 和 $H_c^k(z)$ 满足

$$H_a^k(z) + H_c^k(z) = 2 \quad (2\text{-}82)$$

每个子滤波器 $H^{k,m}(z)$ 上、下支路的主传递函数和互补传递函数分别用 $H_a^{k,m}(z)$ 和 $H_c^{k,m}(z)$ 表示，则 $H_a^{k,m}(z)$ 和 $H_c^{k,m}(z)$ 满足式（2-82），并且可通过用 $W_N^{\tilde{m}} z^{2^{L-1-k}}$ 替换原型滤波器中 $H_a^k(z)$ 和 $H_c^k(z)$ 的 z 因子得到，其中 $W_N = e^{-j\frac{2\pi}{N}}$。

$$H_a^{k,m}(z) + H_c^{k,m}(z) = 2 \quad (2\text{-}83)$$

为了阐述清楚，将 n 通道在第 k 级的第 m 个子滤波器用 $m_{n,k}$ 表示，其二进制编码的倒置编码对应的十进制编码用 $\tilde{m}_{n,k}(\tilde{m})$ 表示。第 k 级的插值系数为 $Q_k = 2^{L-1-k}$，则第 k 级的第 $m_{n,k}$ 个（$m_{n,k} = 0,1,\cdots,2^k - 1$）子滤波器所对应的频响如式（2-84）～式（2-87）所示。

$$H_a^{k,m}(z) = H_a^k(W_N^{\tilde{m}} z^{2^{L-1-k}}) \quad (2\text{-}84)$$

$$H_c^{k,m}(z) = H_c^k(W_N^{\tilde{m}} z^{2^{L-1-k}}) \quad (2\text{-}85)$$

$$H_{\mathrm{a}}^{k,m_{n,k}}(\mathrm{e}^{\mathrm{j}\omega}) = H_{\mathrm{a}}^{k}(W_{N}^{\tilde{m}_{n,k}}\mathrm{e}^{\mathrm{j}Q_k\omega}) = H_{\mathrm{a}}^{k}\left(\mathrm{e}^{-\mathrm{j}\frac{2\pi\tilde{m}_{n,k}}{N}}\mathrm{e}^{\mathrm{j}Q_k\omega}\right) = H_{\mathrm{a}}^{k}\left(\mathrm{e}^{\mathrm{j}Q_k\left(\omega-\frac{2\pi\tilde{m}_{n,k}}{Q_k\cdot N}\right)}\right) \quad (2\text{-}86)$$

$$H_{\mathrm{c}}^{k,m_{n,k}}(\mathrm{e}^{\mathrm{j}\omega}) = H_{\mathrm{c}}^{k}(W_{N}^{\tilde{m}_{n,k}}\mathrm{e}^{\mathrm{j}Q_k\omega}) = H_{\mathrm{a}}^{k}\left(\mathrm{e}^{-\mathrm{j}\frac{2\pi\tilde{m}_{n,k}}{N}}\mathrm{e}^{\mathrm{j}Q_k\left(\omega-\frac{\pi}{Q_k}\right)}\right) = H_{\mathrm{a}}^{k}\left(\mathrm{e}^{\mathrm{j}Q_k\left(\omega-\frac{\pi(2\tilde{m}_{n,k}+N)}{Q_k\cdot N}\right)}\right)$$

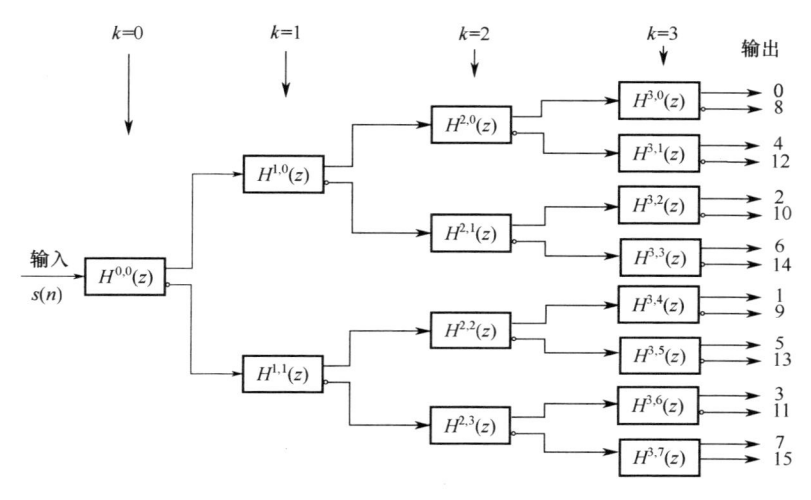

$$(2\text{-}87)$$

图 2.33　16 通道 AFFB 树形结构

由上文分析可得，在 16 通道 AFFB 树形结构中，所有子滤波器的替换因子 $W_N^{\tilde{m}} z^{2^{L-1-k}}$ 的值如表 2.3 所示，其中 k 表示滤波器级数，m 表示第 k 级的第 m 个子滤波器。

表 2.3　子滤波器的替换因子 $W_N^{\tilde{m}} z^{2^{L-1-k}}$ 的值

k	m							
	0	1	2	3	4	5	6	7
0	$W_{16}^0 z^8$							
1	$W_{16}^0 z^4$	$W_{16}^4 z^4$						
2	$W_{16}^0 z^2$	$W_{16}^4 z^2$	$W_{16}^2 z^2$	$W_{16}^6 z^2$				
3	$W_{16}^0 z$	$W_{16}^4 z$	$W_{16}^2 z$	$W_{16}^6 z$	$W_{16}^1 z$	$W_{16}^5 z$	$W_{16}^3 z$	$W_{16}^7 z$

由 16 通道 AFFB 树形结构可以看出，各级子滤波器级联组成了各通道 n（$n=0,1,\cdots,N-1$）的频率响应，有

$$H_n(\mathrm{e}^{\mathrm{j}\omega}) = \alpha_{\mathrm{AN}} \prod_{k=0}^{L-1} H_n^{k,m_{n,k}}(\mathrm{e}^{\mathrm{j}\omega}) \quad (2\text{-}88)$$

式中，α_{AN} 表示归一化系数，$H_n^{k,m_{n,k}}(e^{j\omega})$ 为通道 n（$n=0,1,\cdots,N-1$）各级子滤波器的频率响应。

以输出通道 6 为例，其频率响应分别由 0、1、2、3 级的子滤波器 $H_a^{0,0}(z)$、$H_c^{1,0}(z)$、$H_c^{2,1}(z)$ 和 $H_a^{3,3}(z)$ 级联而成。根据表 2.3，可得通道 6 的频率响应为

$$H_6(e^{j\omega}) = \alpha_{AN} H_a^0(W_{16}^0 z^8) H_c^1(W_{16}^0 z^4) H_c^2(W_{16}^4 z^2) H_a^3(W_{16}^6 z) \qquad (2\text{-}89)$$

通道 6 的频率响应如图 2.34 所示。图 2.34（a）为第 0 级原型滤波器与其互补滤波器的频率响应，图 2.34（b）、图 2.34（c）、图 2.34（e）、图 2.34（g）分别为通道 6 第 0、1、2、3 级的子滤波器的频率响应，图 2.34（d）、图 2.34（f）、图 2.34（h）分别为经过第 1、2、3 级滤波得到的频率响应。

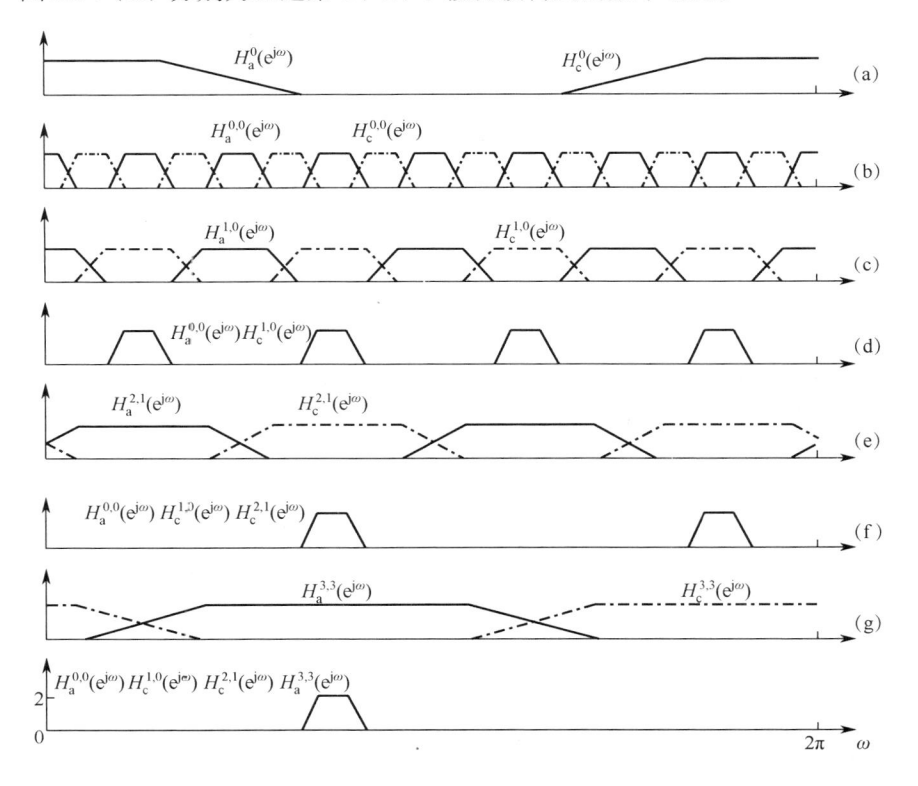

图 2.34 通道 6 的频率响应

2.6.2 快速滤波器组复杂度分析

FFB 树形结构主要包括各级滤波器，其复杂度是各级子滤波器复杂度的总和，若滤波器过渡带宽为 Δb，通带纹波为 δ_p，阻带衰减为 δ_s，则滤波器长度估算公式为

$$N \approx \frac{-20\log_{10}(\sqrt{\delta_p \delta_s}) - 13}{14.6\Delta b} + 1 \tag{2-90}$$

令 $\theta_{k,m}$ 和 $\phi_{k,m}$ 分别表示第 k 级第 m 个（$k=0,1,\cdots,L-1$；$m=0,1,\cdots,2^k-1$）子滤波器的通带、阻带边界频率，第 k 级的过渡带宽用 Δb_k 表示，则

$$\Delta b_k = \phi_{k,m} - \theta_{k,m} \tag{2-91}$$

通过计算可以得到 $\theta_{k,m}$、$\phi_{k,m}$ 与各级原型滤波器的通带、阻带边界频率 θ_k、ϕ_k 之间的关系为

$$\begin{cases} \theta_{k,m} = \dfrac{\theta_k}{2^{L-1-k}} \\ \phi_{k,m} = \dfrac{\phi_k}{2^{L-1-k}} \end{cases} \quad (k=0,1,\cdots,L-1;\ m=0,1,\cdots,2^k-1) \tag{2-92}$$

将式（2-92）代入式（2-90）：

$$\Gamma_k = \frac{\pi - 2\theta_k}{2^{L-1-k}} \quad (k=0,1,\cdots,L-1;\ m=0,1,\cdots,2^k-1) \tag{2-93}$$

可以得到

$$\Gamma_k = \begin{cases} \dfrac{\pi - 2\theta_0}{2^{L-1}}, & k=0 \\ \dfrac{(2^{k-1}-1)\pi + \theta_0}{2^{L-2}}, & k=1,\cdots,L-1 \end{cases} \tag{2-94}$$

FFB 树形结构的第 k 级有 2^k 个子滤波器，因此，FFB 的复杂度 C_{FFB} 可以表示为

$$\begin{aligned} C_{\text{FFB}} &\approx \frac{-20\log_{10}(\sqrt{\delta_p \delta_s}) - 13}{14.6\Gamma} \sum_{k=0}^{L-1} \frac{2^k}{\Gamma_k} \\ &\approx \frac{-20\log_{10}(\sqrt{\delta_p \delta_s}) - 13}{14.6\Gamma} \sum_{k=0}^{L-1} \frac{2^{L-1}}{\pi - 2\theta_k} \end{aligned} \tag{2-95}$$

由式（2-95）可知，整个重构滤波器组所消耗的乘法器总数为

$$C_{\text{FFB}} = 447 + 19 \times 2 + 11 \times 4 + 7 \times 8 = 585 \tag{2-96}$$

如表 2.4 所示为在滤波器过渡带宽相等的情况下（$\Delta b = 0.0026\pi$），16 通道基于 FFB 的信号重构结构与前几章的基于低通滤波器组（LPFB）、多相滤波器组（PPFB）、频率响应屏蔽技术的滤波器组（FRM）的重构结构的复杂度及延时的对比。

表 2.4 复杂度及延时对比

设 计 方 法	复 杂 度	延 时
FFB	1170	732
LPFB	84256	158
PPFB	5330	190
FRM	3092	1784

由表 2.4 可知，本节推导出的基于 FFB 的信号重构结构相比基于多相滤波器组（PPFB）的信号重构结构、基于 FRM 的信号重构结构分别节省了 78.05%和 62.16%的复杂度，延时比基于多相滤波器组（PPFB）的延时增加了 2.85 倍，但是比基于 FRM 的重构结构的延时减少了 58.97%。

2.6.3 快速滤波器组结构仿真

对 AFFB 结构进行仿真验证，信道数 N 为 16，级数 L 为 4，全局通带截止频率 $\omega_p = 0.0612\pi$，阻带起始频率 $\omega_s = 0.0638\pi$，过渡带宽度 $\Delta b = 0.0026\pi$，通带纹波小于 0.04dB，阻带衰减大于 80dB。根据全局设计指标设计各级原型滤波器的通带截止频率 θ_k 分别为 0.4896π、0.2552π、0.1276π 和 0.0638π。如图 2.35 所示为 16 通道 AFFB 各级原型滤波器的频率响应。如图 2.36 所示为通道 6 的频率响应。如图 2.37 所示为 16 通道 AFFB 的频率响应。

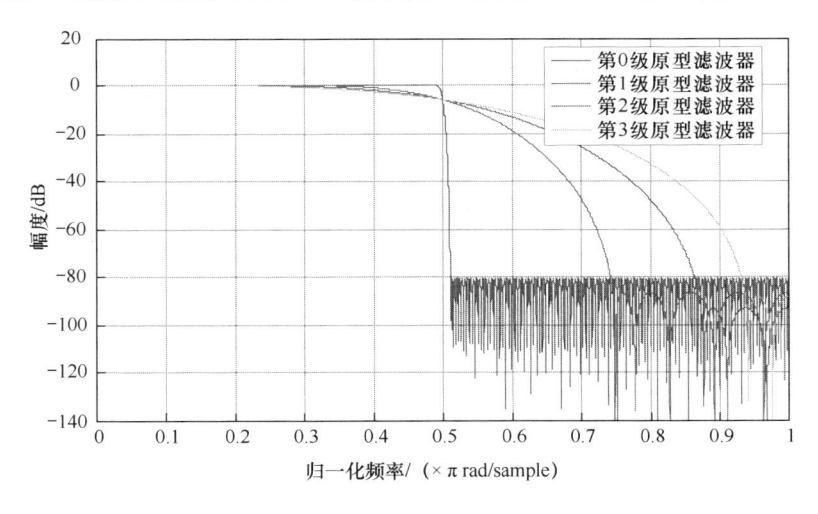

图 2.35 16 通道 AFFB 各级原型滤波器的频率响应

设置仿真信号 $s(n)$ 为 4 个实信号同时输入，采样率为 960kHz，信号的参数设置如表 2.5 所示。经分析可知，信号 LFM1 应单信道输出，子信号频率为 100～120kHz；信号 LFM2 跨信道输出，第 1 个信道的子信号频率为 310～330kHz，第 2 个信道的子信号频率为 330～380kHz；信号 sine1 单信道输出，子信号频率为 20kHz；信号 sine2 单信道输出，子信号频率为 290kHz。

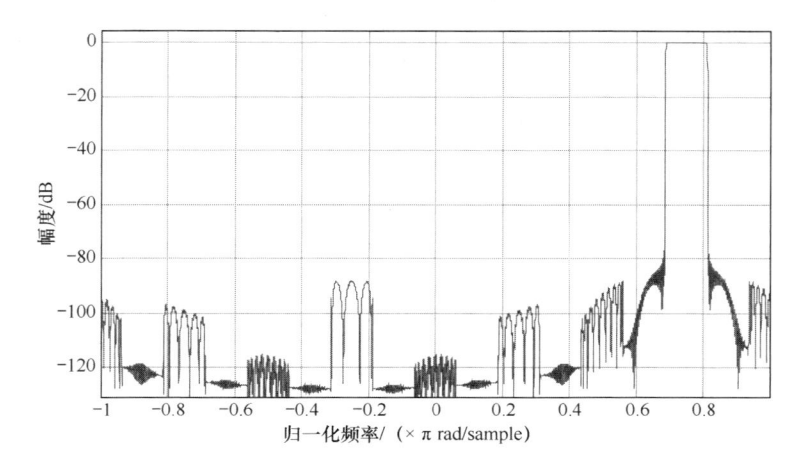

图 2.36 通道 6 的频率响应

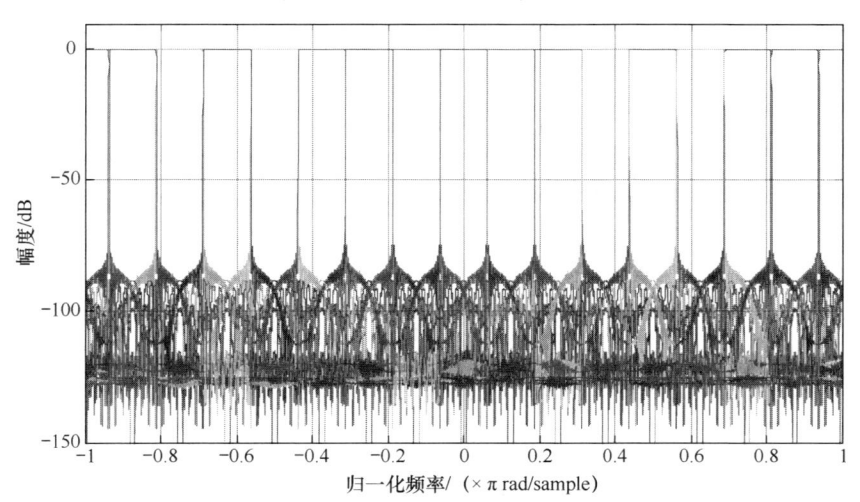

图 2.37 16 通道 AFFB 的频率响应

表 2.5 输入信号参数

调制方式	信号中心频率/kHz	调制频率/kHz	理论输出实信道编号
LFM1	110	−10～10	2
LFM2	345	−35～35	5、6
sine1	20	0	0
sine2	290	0	5

如图 2.38 所示为输入信号幅频响应。如图 2.39 所示为通道 6 信号经过各级的幅频响应。经过本节所设计的 AFFB 结构，16 个子信道的输出频域波形如图 2.40 所示。经过与理论输出结果进行对比，可以发现仿真结果与理论相符，验证了此 AFFB 结构的正确性。同时，可以从如图 2.40 所示的仿真结果看出，采用 AFFB 方法实现的子信道的带宽变为原信号的 $1/N$，但信号的频率没有发生变化，因此，此 AFFB 方法不适合对频率过高的信号进行处理。

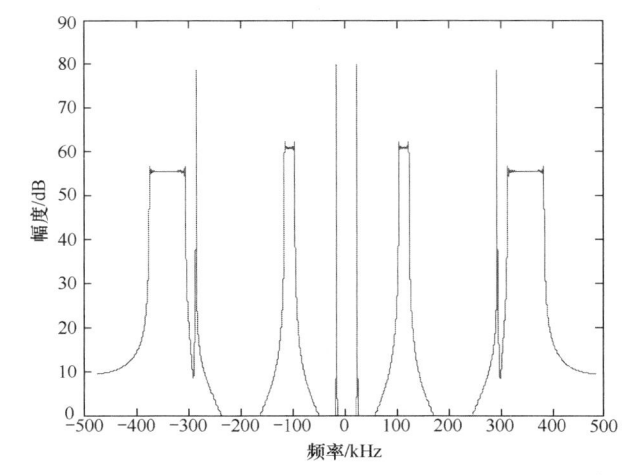

图 2.38　输入信号幅频响应

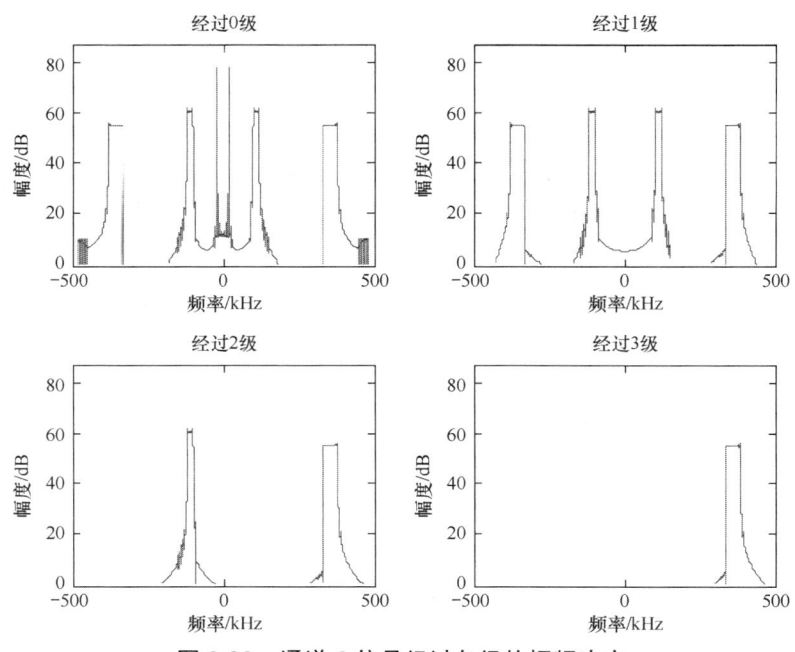

图 2.39　通道 6 信号经过各级的幅频响应

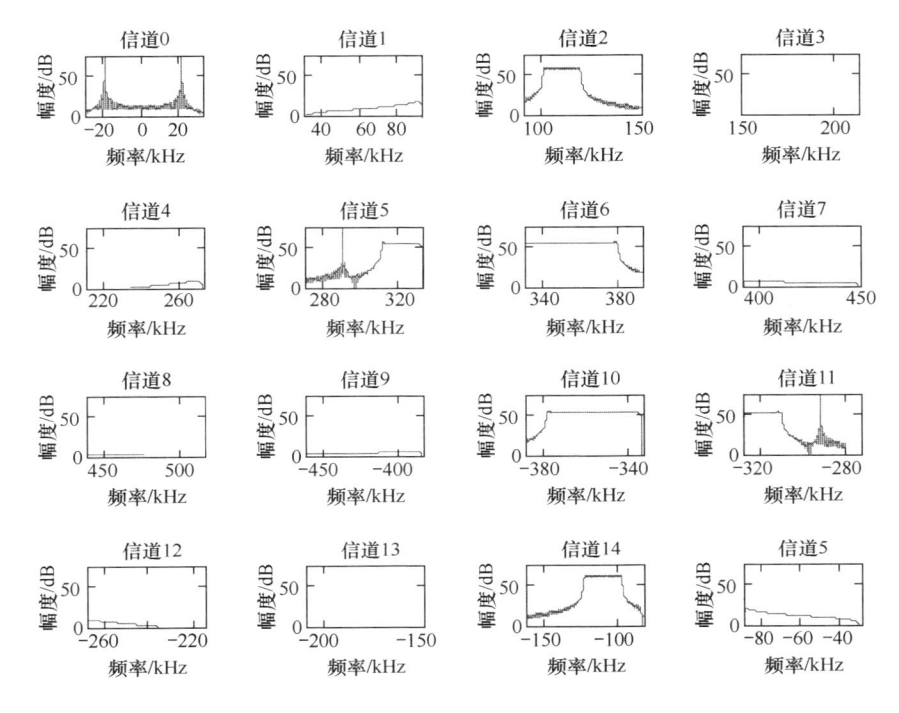

图 2.40　16 个子信道的输出频域波形

2.7　本章小结

本章主要介绍了数字滤波器组的基本理论与设计方法，对信号采样理论、临界抽取、非临界抽取、信道划分方式等内容进行讨论，并对实信号与复信号调制滤波器组的结构进行了对比分析，对信号的重构条件及快速滤波器组的知识点进行了讨论、分析和仿真实验，为后续章节研究提供了理论基础。

本章参考文献

[1] TANAKA Y. Spectral domain sampling of graph signals[J]. IEEE Transactions on Signal Processing, 2018, 66(14): 3752-3767.

[2] ZENG Z, LIU J, YUAN Y. a generalized nyquist-shannon sampling theorem using the koopman operator. IEEE Transactions on Signal Processing, 2024, 72: 3595-3610.

[3] SI W, ZHUGE, X, et al. Sparse nonuniform frequency sampling for fast sfcw radar imaging[J]. IEEE Access, 2020, 8: 126573-126581.

[4] LESNIKOV V, NAUMOVICH T. Sub-nyquist sampling of bandpass signals. 2024 Systems of Signals Generating and Processing in the Field of on Board

Communications, Moscow, Russian Federation, 2024. 1-9.

[5] WAHAB M, LEVY B C. Quadrature filter approximation for reconstructing the complex envelope of a bandpass signal sampled directly with a two-channel TIADC. IEEE Transactions on Circuits and Systems II: Express Briefs, 2022, 69(6):3017-3021.

[6] 龙银东，邬江，刘世昌，等. 抽取内插理论在电子战信号处理的典型运用[J]. 电子信息对抗技术，2020，35（2）：17-20，81.

[7] ZHAO J, TAO R, WANG Y. Sampling rate conversion for linear canonical transform[J]. Signal Processing, 2008, 88(11): 2825-2832.

[8] ZHANG Z, ZHANG Y. Skeletonization-scheme sampling for narrow-band pulse radar target detection[C]. 2024 International Applied Computational Electromagnetics Society Symposium (ACES-China), Xi'an, China, 2024, 1-3.

[9] MARTINEZ-NUEVO P. Nonuniform sampling rate conversion:an efficient approach[J]. IEEE Transactions on Signal Processing, 2021, 69: 2913-2922.

[10] Johansson HaKan, Harris Fred. Polyphase decomposition of digital fractional-delay filters[J]. IEEE Signal Processing Letters, 2015, 22(8), 1021-1025.

[11] NADAR N, MEHTA M, BHAT K, et al. Hardware implementation of pipelined FFT using polyphase decomposition[C]. 2021 International Conference on Recent Trends on Electronics, Information, Communication & Technology (RTEICT), Bangalore, India, 2021, 339-343.

[12] 张文旭，崔鑫磊，陆满君. 一种基于 MMF-FRM 的低复杂度信道化接收机结构[J]. 电子学报，2023，51（3）：720-727.

[13] TAY D B. Filter Design for Two-channel filter banks on directed bipartite graphs[J]. IEEE Signal Processing Letters, 2020, 27: 2094-2098.

[14] KUBOTA A, KODAMA K, TAMURA D, et al. Filter bank for perfect reconstruction of light field from its focal stack[J]. IEICE Transactions on Information and Systems, 2023, 106(10): 1650-1660.

[15] ZHANG M, ZHANG H L, ZHANG Y Z, et al. Research on channelization techniques of radio astronomical wideband signal with oversampled polyphase filter banks[J]. Research in Astronomy and Astrophysics, 2023, 23(8): 085012.

[16] JIN W, ZHONG Z Q, JIANG S, et al. Rectangular orthogonal digital filter banks based on extended Gaussian functions[J]. Journal of Lightwave Technology, 2022, 40(12): 3709-3722.

[17] H V, B T S. Analysis of different rational decimated filter banks derived from the same set of prototype filters. IEEE Transactions on Signal Processing, 2020,68: 1923-1936,

[18] GUOAN. Aliased polyphase sampling[J]. Signal Processing, 2010, 90(4): 1323-1326.

[19] JANG Y, KIM G, PARK B, et al. Generalized polyphase digital channelizer[J]. IEEE Transactions on Circuits and Systems II, 2021, 68(10): 3366-3370.

[20] 朱政宇，周宁，梁静，等. 基于 FRM 的 WOLA 滤波器组动态信道化结构[J]. 北京邮电大学学报，2024，47（3）：62-68.

第3章
基于频率响应屏蔽的滤波器设计方法

3.1 引言

在进行数字滤波器组设计时,原型滤波器过渡带宽这一参数指标往往影响着滤波器阶数大小,进而影响着数字滤波器组实现所需的硬件资源消耗。原型滤波器过渡带宽越窄,滤波器阶数越大,消耗的硬件资源越多。在实际系统应用过程中,有些应用场景下需要较大的信道数目和较窄的过渡带宽,这就对具有窄过渡带宽的原型滤波器的设计提出了严格要求。频率响应屏蔽技术作为一种适用于窄过渡带滤波器设计的方法,可推广应用到数字滤波器组优化设计中[1]。本章以频率响应屏蔽技术为研究对象,探讨和分析利用频率响应屏蔽技术进行数字滤波器设计,为后续数字滤波器组应用提供理论基础。

3.2 滤波器组复杂度定义

数字滤波器组在实现过程中需要消耗大量的乘法器、加法器、移位寄存器资源。通常,硬件实现平台的加法器和移位寄存器资源丰富,而乘法器资源相对较少。因此,将数字滤波器组消耗的乘法器数量定义为数字滤波器组的复杂度,即数字滤波器组消耗的乘法器越多,其计算复杂度越高[2]。

为了方便比较数字滤波器组的复杂度,引入了滤波器组的代价函数 C 这一概念。由于滤波器组种类繁多,因此,以分析滤波器组结构为例,定义其基本结构的代价函数为 C_{ba},则其表达式可以写为

$$C_{ba} = \frac{\alpha_{ba} M}{\Delta \omega} \quad (3\text{-}1)$$

式中,α_{ba} 为比例系数,$\Delta \omega$ 为子滤波器的归一化过渡带宽,M 为子滤波器

个数。

采用多相滤波结构设计实现分析滤波器组，定义其结构的代价函数为 C_{pa}，则其表达式可以写为

$$C_{pa} = \frac{\alpha_{pa}}{\Delta\omega} + \frac{M}{2}\log_2 M \quad (3-2)$$

式中，α_{pa} 为比例系数，$\Delta\omega$ 为子滤波器的归一化过渡带宽，M 为子滤波器个数。

采用基于频率响应屏蔽方法实现的分析滤波器组，定义其结构的代价函数为 C_{FRMa}，则其表达式可以写为

$$C_{FRMa} = \alpha_{FRMa}\left(\frac{M}{\Delta\omega_a} + \frac{1}{\Delta\omega_{Ma}} + \frac{1}{\Delta\omega_{Mc}}\right) + \frac{M}{2}\log_2 M \quad (3-3)$$

式中，α_{FRMa} 为比例系数，$\Delta\omega_a$ 为 FRM 滤波器中原型滤波器的归一化过渡带宽，$\Delta\omega_{Ma}$、$\Delta\omega_{Mc}$ 分别为 FRM 滤波器中两个屏蔽滤波器的归一化过渡带宽，M 为子滤波器个数。

采用基于 CEM-FRM 方法实现的分析滤波器组，定义其结构的代价函数为 C_{CEMa}，则其表达式可以写为

$$C_{CEMa} = \alpha_{CEMa}\left(\frac{M}{\Delta\omega_a} + \frac{2}{\Delta\omega_{Ma}}\right) + \frac{M}{2}\log_2 M \quad (3-4)$$

式中，α_{CEMa} 为比例系数，$\Delta\omega_a$ 为 FRM 滤波器中原型滤波器的归一化过渡带宽，$\Delta\omega_{Ma}$ 为 FRM 滤波器中屏蔽滤波器的归一化过渡带宽，M 为子滤波器个数。

3.3 频率响应屏蔽技术

3.3.1 FRM 滤波器基本结构

设 $H_a(z)$ 为线性相位的低通滤波器，ω_{ap} 表示通带截止频率，ω_{as} 表示阻带起始频率，滤波器阶数为 N_a，则过渡带为 $\Delta b = \omega_{as} - \omega_{ap}$。设 $H_c(z)$ 为 $H_a(z)$ 的线性相位的互补滤波器，则有[3]

$$H_c(z) = z^{-(N_a-1)/2} - H_a(z) \quad (3-5)$$

式中，互补滤波器 $H_c(z)$ 的通带截止频率满足 $\omega_{cp}(z) = 1 - \omega_{as}$，阻带起始频率满足 $\omega_{cs} = 1 - \omega_{ap}$。

基于 FRM 的滤波器组结构如图 3.1 所示。

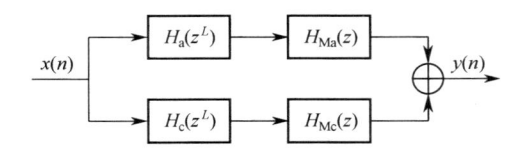

图 3.1 基于 FRM 的滤波器组结构

由图 3.1 可知，FRM 的数字滤波器可以表示为

$$H(z) = H_a(z^L)H_{Ma}(z) + H_c(z^L)H_{Mc}(z) \quad (3\text{-}6)$$

其中，L 是插值因子。图 3.2 所示为原型滤波器的插值过程。$H_{Ma}(z)$ 和 $H_{Mc}(z)$ 是两个屏蔽滤波器。屏蔽滤波器用来屏蔽因插值带来的镜像。当两个屏蔽滤波器的输出相加合成 FRM 的整体滤波器时，要求 $H_{Ma}(z)$ 和 $H_{Mc}(z)$ 有相同的群延时，并且延时尽量相同。

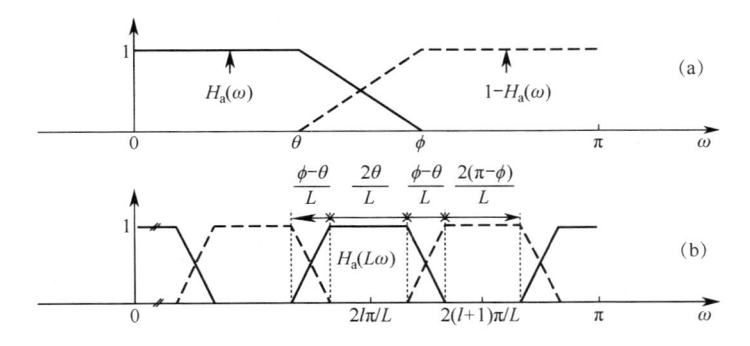

图 3.2 原型滤波器的插值过程

图 3.3 所示为 FRM 滤波器频带合成过程。合成滤波器 $H(z)$ 的过渡带数值由 $H_{Ma}(z)$ 或者 $H_{Mc}(z)$ 控制，通带和阻带起始频率与原型滤波器相关，并且满足

$$\omega_p = (2l\pi + \theta)/L \quad (3\text{-}7)$$

$$\omega_s = (2l\pi + \phi)/L \quad (3\text{-}8)$$

分析图 3.3 可知，原型滤波器的过渡带缩小为原来的 $1/L$，得到合成滤波器的过渡带数值。众所周知，过渡带缩小为原来的 $1/L$，阶数增大 L 倍。这就意味着合成滤波器的阶数是传统滤波器的 $1/L$，即滤波器的计算量及计算复杂度减小为原来的 $1/L$，频率响应屏蔽技术可以极大地减少系统的运算量。

在 FRM 技术中，屏蔽滤波器的作用是去除因插值带来的多余的镜像滤波器。屏蔽滤波器 $H_{Ma}(z)$ 和 $H_{Mc}(z)$ 的通带截止频率和阻带起始频率可以表示为

$$\omega_{\text{Map}} = 2(l-1)\pi + \theta/L, \quad \omega_{\text{Mas}} = (2l\pi - \phi)/L \quad (3\text{-}9)$$

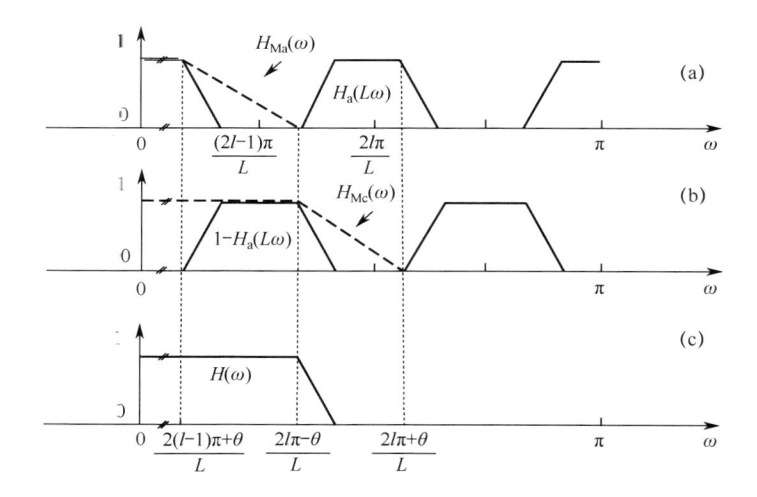

图 3.3 FRM 滤波器频带合成过程

$$\omega_{\mathrm{Mcp}} = \omega_{\mathrm{p}} = (2l\pi - \phi)/L, \qquad \omega_{\mathrm{Mcs}} = (2l\pi + \theta)/L \qquad (3\text{-}10)$$

最后合成的窄过渡带滤波器 $H(z)$ 的通带截止频率和阻带起始频率满足

$$\omega_{\mathrm{p}} = (2l\pi - \phi)/L, \qquad \omega_{\mathrm{s}} = (2l\pi - \theta)/L \qquad (3\text{-}11)$$

因为上支路屏蔽滤波器 $H_{\mathrm{Ma}}(z)$ 的阻带起始频率是 ω_{Mas} 而不是 ω_{p}，下支路屏蔽滤波器 $H_{\mathrm{Mc}}(z)$ 的通带截止频率是 ω_{Mcp} 而不是 ω_{s}，这样就增大了上下支路屏蔽滤波器的过渡带，再次降低滤波器组的计算量。分析图 3.3 可知，下支路屏蔽滤波器通过上支路频移 $(2l-1)/L$ 得到，设计方便。

3.3.2 内插 FRM 滤波器

本节分析 FRM 中内插因子的最优值选取。假设低通滤波器的通带、阻带纹波为 δ_1 和 δ_2，过渡带宽为 βf_s。其中，f_s 是采样率，β 是整个滤波器的过渡带宽，$\beta = \dfrac{\omega_\mathrm{s} - \omega_\mathrm{p}}{f_\mathrm{s}}$。利用 Remez 优化算法设计此滤波器所得到的长度 L_0 为

$$L_0 \approx \frac{\phi_1(\delta_1, \delta_2)}{\beta} - \phi_2(\delta_1, \delta_2)\beta + 1 \qquad (3\text{-}12)$$

其中

$$\begin{aligned}\phi_1(\delta_1, \delta_2) &= [0.005309(\log_{10}\delta_1)^2 + 0.07114\log_{10}\delta_1 - 0.4761]\log_{10}\delta_2 - \\ & \quad 0.00266(\log_{10}\delta_1)^2 - 0.5941\log_{10}\delta_1 - 0.4278 \\ &= 11.01217 + 0.51244(\log_{10}\delta_1 - \log_{10}\delta_2)\end{aligned} \qquad (3\text{-}13)$$

对此公式赋予合适数值，可以发现当 $\beta \leqslant 0.2$ 时，第一项起到了主导作用，因此可以将后面的两项省略，从而对此公式进行简化处理。在一般情况下，长为 L_0 的滤波器有 L_0 个系数，在一半系数相同的情况下，最终设计实现的过程中到底需要 L_0 个还是 $L_0/2$ 个乘法器，主要取决于设计方案。故而，令乘法器的数量 $L_0 \approx \dfrac{\alpha \phi_1 (\delta_1 - \delta_2)}{\beta}$，式中，$\alpha = 1$ 意味着要使用 L_0 个乘法器，$\alpha = 0.5$ 意味着要使用 $L_0/2$ 个乘法器[4]。

在 FRM 算法中，因为 $H_a(z^M)$ 和 $H_{Ma}(z)$ 级联，所以，$H_a(z)$ 的纹波峰值要小于最终生成滤波器 $H(z)$ 的最大纹波。然而，过渡带宽比纹波更容易影响滤波器的长度，因此 FRM 纹波的这一特点并不会显著影响滤波器长度。基于此，设计实现 $H_a(z)$ 所使用的乘法器数量可以表示为 $L_0 \approx \dfrac{L_0}{M}$。

两个屏蔽滤波器的过渡带宽之和为 $2\pi/M$。设两个滤波器的长度为 L_{Ma} 和 L_{Mc}，$H_{Ma}(z)$ 的过渡带宽为 γ。因为滤波器的长度随着过渡带宽的增大而减小，所以有 $L_{Ma} + L_{Mc} \propto \dfrac{1}{\gamma} + \dfrac{1}{\dfrac{2\pi}{M} - \gamma}$。

将此公式关于过渡带宽求导数，并令导数为零，则有 $\gamma = \pi/M$，很容易计算出下分支屏蔽滤波器的过渡带宽也为 π/M。由此可知，当 $L_{Ma} = L_{Mc}$ 达到最小值时，两者的过渡带宽相等，即 $L_{Ma} + L_{Mc}$。在假定两个屏蔽滤波器的纹波峰值与 $H(z)$ 近似相同的前提下，可以推导得到

$$L_{Ma} = L_{Mc} = 2M\beta L_0 \tag{3-14}$$

因此，所用乘法器的总数量为

$$L = L_a + L_{Ma} + L_{Mc} = \left(\dfrac{1}{M} + 4M\beta\right)L_0 \tag{3-15}$$

将其对 M 求导，并让导数为 0，则最优值为

$$M_{opt} = \dfrac{1}{2\sqrt{\beta}} \tag{3-16}$$

从式（3-16）中可以看出，M 的最优值与 α 无关，也就是说内插因子的数值大小并不取决于滤波器脉冲响应的对称性。

研究结果表明，在最优值 M 附近整体设计，复杂度将达到最小值。因此，尽管可能无法给出准确值，但是在其附近尝试对 M 进行取整，最终的计算复杂度较低[5]。

3.3.3 FRM 滤波器改进结构

在屏蔽滤波器 $H_{Ma}(z)$ 与 $H_{Mc}(z)$ 的设计过程中，需要注意的是，如果通过经典 FRM 方法合成一个过渡带很窄的滤波器，插值因子 L 就很大，在这种情形下屏蔽滤波器的过渡带相应很窄，从而导致屏蔽滤波器的阶数过高。这是因为最后获得的屏蔽滤波器过渡带宽 Δ_f 是由原型滤波器 $H_a(z)$ 和插值因子 L 产生的，即 $\Delta_a = L\Delta_f$。可以看出，过渡带宽 Δ_f 与 L 密切相关，一个很大的 L 可以降低原型滤波器 $H_a(z)$ 的复杂度，但是会增加两个屏蔽滤波器的运算量。

为了解决这个问题，将两个屏蔽滤波器分别进行 N 倍插值处理。首先设计两个原型屏蔽滤波器 $H_{Ma}(z)$ 与 $H_{Mc}(z)$，然后 N 倍插值，得到 $H_{Ma}(z^N)$ 和 $H_{Mc}(z^N)$，过渡带宽为插值之前的 $1/N$。N 倍插值后的滤波器系数中每 N 个中只有一个为非零数，因此，内插之后的屏蔽滤波器的乘法器与加法器数量仍与插值前相等，并不会增加计算复杂度，但是过渡带宽变为插值前的 $1/N$。为了消除因为对两个屏蔽滤波器插值而引起的多余的镜像带宽，可以在整个结构的末尾添加一个低通滤波器 $G(z)$ 以屏蔽不需要的镜像带宽，此低通滤波器并不需要很窄的过渡带，因此阶数也很低，并不会增加整个系统的复杂度。经过改进后的 FRM 滤波器结构如图 3.4 所示。经典 FRM 滤波器的结构可以看作改进结构的一种特殊结构，对应的是 $N=1$ 时的情况。在此种情况下，低通滤波器 $G(z)$ 并不需要，故可以舍去[6]。

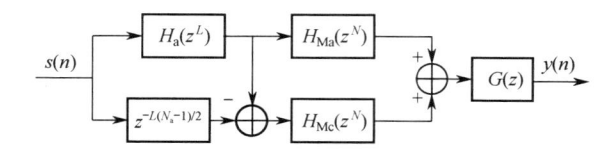

图 3.4 FRM 改进方法基本结构图

与经典 FRM 滤波器结构不同的是，改进结构由 4 个滤波器和 1 个延迟链构成，最后得到的滤波器 $H(z)$ 为

$$H(z) = \{H_a(z^L)H_{Ma}(z^N) + [z^{-L(N_a-1)/2} - H_a(z^L)]H_{Mc}(z^N)\}G(z) \quad (3\text{-}17)$$

与经典 FRM 滤波器的结构类似，改进结构也以主滤波器为上支路屏蔽滤波器或者下支路屏蔽滤波器区分为两种情形。以情形 1 为例，合成的 FIR 滤波器的过渡带是由内插滤波器 $H_a(z^L)$ 提供的，具体的频带合成如图 3.5 所示（$N=2$）[7]。

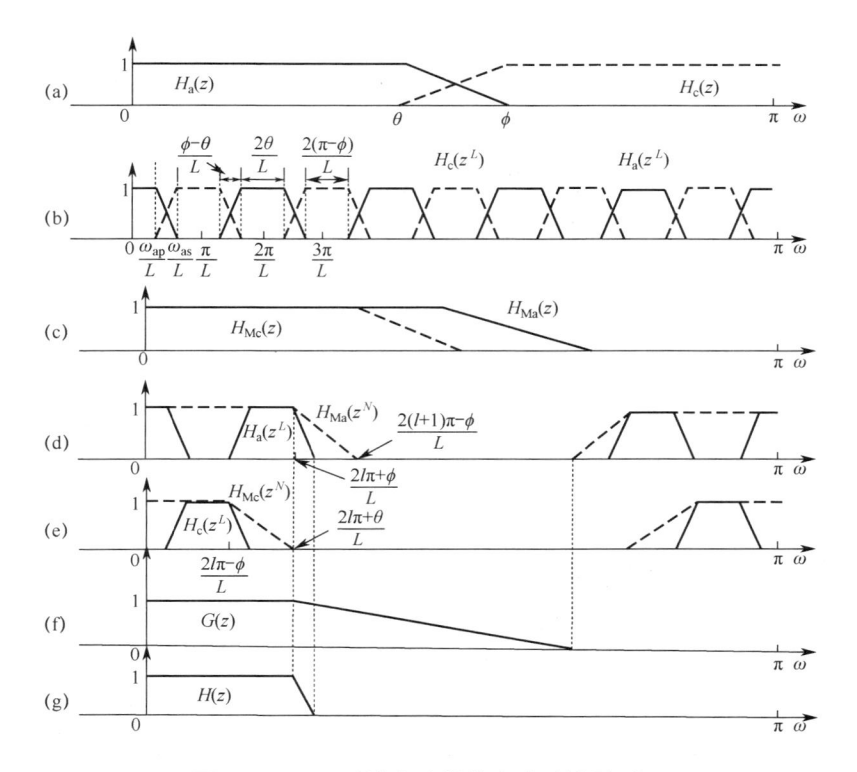

图 3.5　FRM 改进方法频带合成（情形 1）

3.3.4　二阶 FRM 滤波器结构

在实际应用中，FRM 滤波器结构可以拓展到任意级，也就是将原始滤波器 $H_a(z)$ 用 FRM 方法设计表示。对于两级 FRM 滤波器结构，其结构如图 3.6 所示[8]。

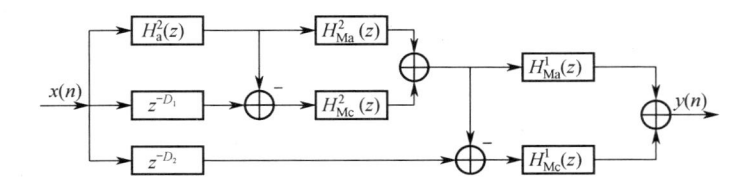

图 3.6　两级 FRM 滤波器结构

其传递函数可以表示为

$$H(z) = H_a^1(z)H_{Ma}^1(z) + H_c^1(z)H_{Mc}^1(z) \tag{3-18}$$

在这里假设每层的内插因子都相同，但实际上每层原型滤波器的延迟因子都是由每层所特有的 M_i 个内插延迟因子所替代的。为了找寻每层内插因子的最优值，进行如下推导，可推知 K 级 FRM 滤波器所使用的乘法器数量可以表示为[9]

$$L(K) = \frac{L_0}{\prod_{i=1}^{K} M_i} + 4\beta L_0 \sum_{i=1}^{K} M_i \qquad (3-19)$$

同样，将式（3-19）对内插因子 M_i（$i=1,2,\cdots,K$）进行求导运算，可以发现当 $M_1 = M_2 = \cdots M_K = M_{opt}(K)$ 时，乘法器的数量已经是最小值，设计复杂度也是最低值。

$$M_{opt}(K) = 4\beta \frac{-1}{K+1} \qquad (3-20)$$

结果显示，其内插因子的最优值与通阻带纹波大小依旧无关。

3.4 窄过渡带 FRM 滤波器类型

同无限长度脉冲响应（Infinite Impulse Response，IIR）相比，有限长度脉冲响应（Finite Impulse Response，FIR）更稳定，运算速度更快，误差小。但同时在设计滤波器时，滤波器阶数与过渡带的带宽成反比，因而在使用常规的 FIR 滤波器实现窄过渡带时，复杂度很高，将消耗大量的硬件资源[10]。如何在不增加硬件复杂度的同时实现窄过渡带的设计，是急需解决的问题。本节首先从滤波器被限制为窄带或宽带时的简单情况开始介绍，之后介绍更一般的情况——中带窄过渡带滤波器[11]。

3.4.1 窄通带窄过渡带 FRM 滤波器

窄带 FRM 滤波器是前文介绍的 FRM 滤波器结构的一种较为简单的情况。如图 3.7 所示为窄带 FRM 滤波器结构示意图。将原型滤波器 $H_a(z)$ 进行 L 倍插值，即 $H_a(z^L)$，得到较窄的过渡带宽，再经过低通滤波器 $G(z)$ 进行低通滤波，滤掉其他部分，这样就得到了阻带边缘被限制在 $\omega_s T$ 的低通滤波器，过渡带宽仅为原型滤波器的 $1/L$ [12]。滤波器的复杂度会随着 L 的增大而增大，但与使用常规的 FIR 滤波器实现同样带宽相比，总体复杂度显著降低[13]。窄带 FRM 滤波器频带合成过程如图 3.8 所示。

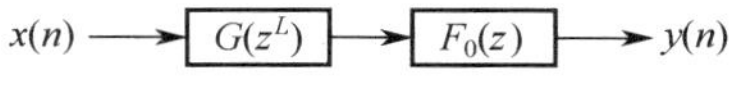

$$x(n) \longrightarrow \boxed{G(z^L)} \longrightarrow \boxed{F_0(z)} \longrightarrow y(n)$$

图 3.7　窄带 FRM 滤波器结构示意图

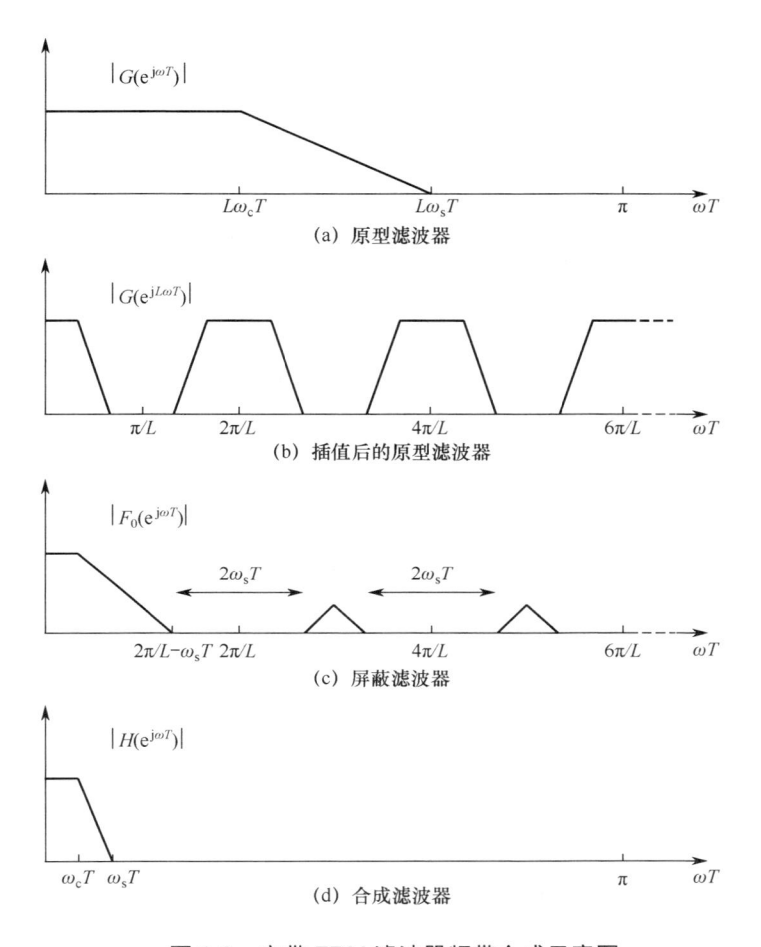

图 3.8 窄带 FRM 滤波器频带合成示意图

3.4.2 宽通带窄过渡带 FRM 滤波器

对于 $L \geqslant 2$，如果目标滤波器的通带截止频率 $\omega_s T$ 大于 $\dfrac{\pi(L-1)}{L}$，那么就可以用纯延迟减去窄带高通滤波器，合成宽带 FRM 滤波器[14]，如图 3.9 所示，传递函数为

$$H(z) = z^{-K} - H_a(z^L)G(z) \quad (3\text{-}21)$$

式中，$K = LK_H + K_G$，K_H 和 K_G 分别是子滤波器 $H_a(z)$ 和 $G(z)$ 的延时[15]。插值倍数 L 为偶数和奇数时的合成滤波器模型是不同的。当 L 为偶数时，低通滤波器 $H_a(z)$ 和高通滤波器

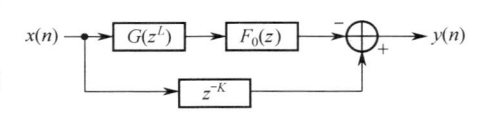

图 3.9 宽带 FRM 滤波器结构

$G(z)$ 的截止频率分别为

$$\omega_c^{(G)}T = L(\pi - \omega_s T) \quad (3\text{-}22)$$

$$\omega_s^{(G)}T = L(\pi - \omega_c T) \quad (3\text{-}23)$$

$$\omega_s^{(F_0)}T = \frac{(L-2)\pi}{L} + \frac{\omega_s^{(G)}T}{L} \quad (3\text{-}24)$$

$$\omega_c^{(F_0)}T = \omega_s T \quad (3\text{-}25)$$

当 L 为奇数时,两个子滤波器都是高通的,它们的截止频率分别为

$$\omega_c^{(G)}T = L(\omega_s T - \pi) + \pi \quad (3\text{-}26)$$

$$\omega_s^{(G)}T = L(\omega_c T - \pi) + \pi \quad (3\text{-}27)$$

$$\omega_s^{(F_0)}T = \frac{(L-1)\pi}{L} + \frac{\omega_s^{(G)}T}{L} \quad (3\text{-}28)$$

$$\omega_c^{(F_0)}T = \omega_s T \quad (3\text{-}29)$$

如图 3.10 所示为宽带 FRM 滤波器频带合成过程,左图是当 L 为偶数时的情况,右图是当 L 为奇数时的情况[16]。

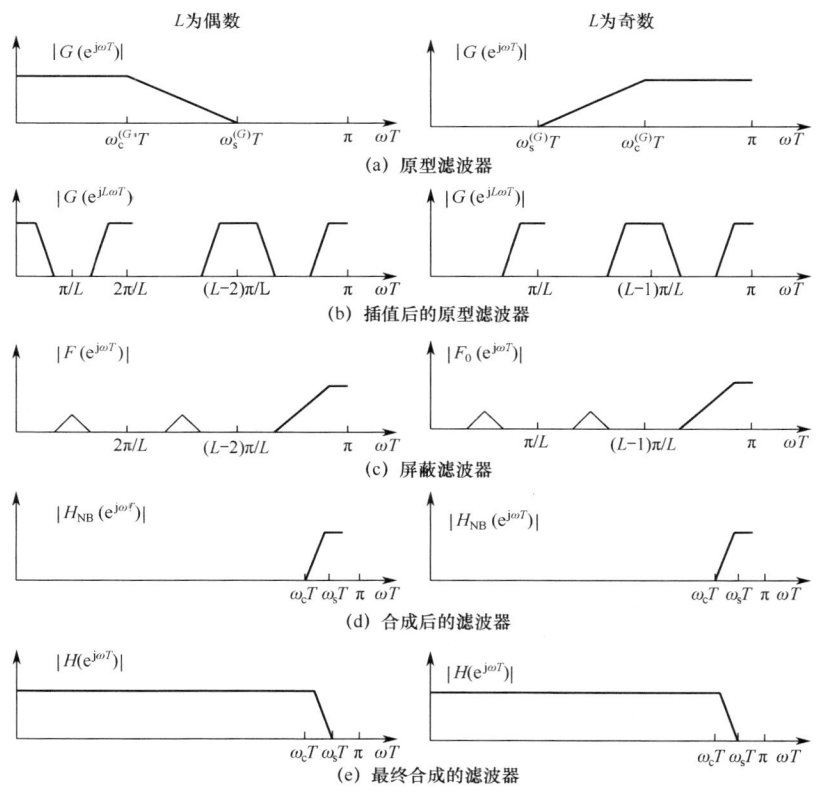

图 3.10 宽带 FRM 滤波器频带合成过程

3.4.3 中通带窄过渡带 FRM 滤波器

前两节介绍的是 FRM 设计窄过渡带滤波器的两个特殊范例,3.3 节介绍的 FRM 滤波器结构是更通用的方法,可以处理任意带宽的滤波器,这里称为中带宽 FRM 滤波器[17]。

现在对中带宽 FRM 滤波器的具体实现过程进行介绍:首先设计一个宽过渡带的原型滤波器 $H_a(z)$,由于半带滤波器的非零系数只有一半,可以大量地节省资源,所以,原型滤波器采用了半带滤波器设计方式,故原型滤波器的通带截止频率 ω_p 和阻带起始频率 ω_s 关于 $\pi/2$ 对称[18]。

假设存在两个 FIR 滤波器 $H_a(z)$ 和 $H_c(z)$,且满足 $|H_a(z)+H_c(z)|=1$,则这两个滤波器就是一组互补的 FIR 滤波器。设原型低通滤波器 $H_a(z)$ 的通带截止频率和阻带起始频率分别为 θ 和 ϕ($0<\theta<\phi<\pi$),滤波器 $H_a(z)$ 和 $H_c(z)$ 的频率响应如图 3.11 所示[19]。

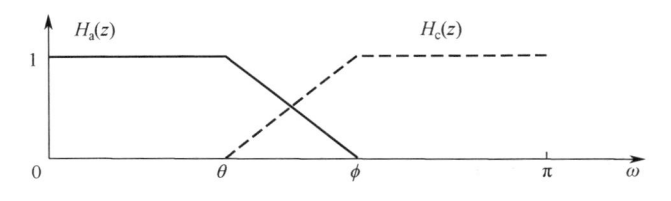

图 3.11 滤波器 $H_a(z)$ 和 $H_c(z)$ 的频率响应

首先对原型滤波器 $H_a(z)$ 及其互补滤波器 $H_c(z)$ 进行 I 倍插值,得到插值后的滤波器 $H_a(z^I)$ 和 $H_c(z^I)$,插值后过渡带变为原来的 $1/I$;然后使用屏蔽滤波器 $H_{Ma}(z)$ 与 $H_a(z^I)$ 相乘,将其通带截止频率设置为第 $2i$ 个滤波器镜像的通带截止频率,将阻带起始频率设置为第 $2i+2$ 个滤波器镜像的阻带起始频率;再使用屏蔽滤波器 $H_{Mc}(z)$ 与 $H_c(z^I)$ 相乘,将其通带截止频率设置为第 $2i-1$ 个滤波器镜像的通带截止频率,将阻带起始频率设置为第 $2i+1$ 个滤波器镜像的阻带起始频率;而 $H_a(z^I)$ 的过渡带便成为最终合成的滤波器 $H(z)$ 的过渡带。具体过程在 3.3 节有详细介绍,这里不再详细阐述[20]。

3.5 窄过渡带 FRM 滤波器仿真

3.5.1 窄通带窄过渡带 FRM 滤波器仿真

利用 MATLAB 可以对 FRM 滤波器组的各个滤波器进行仿真验证。对通

带截止频率为 0.4688π 的原型滤波器进行 24 倍插值，按 3.4.1 节的设计步骤进行仿真，得到窄通带窄过渡带 FRM 滤波器的幅频响应，如图 3.12 所示。

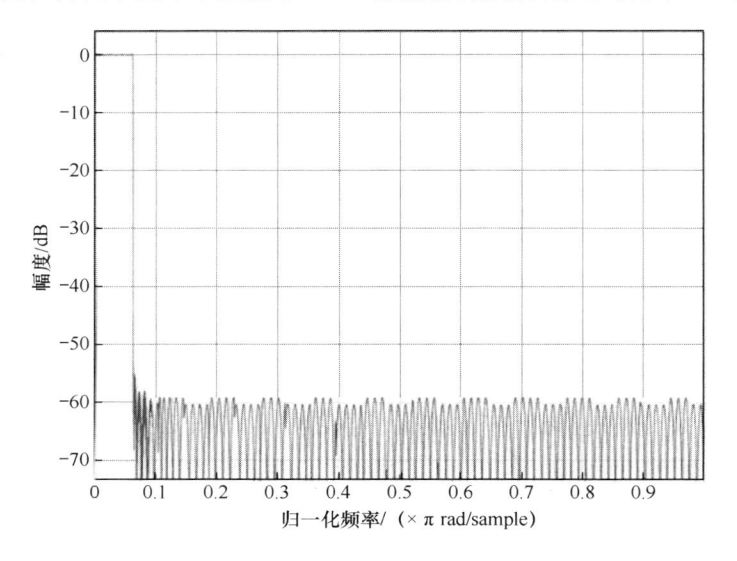

图 3.12 窄通带窄过渡带 FRM 滤波器的幅频响应

3.5.2 宽通带窄过渡带 FRM 滤波器仿真

同样按 3.4.2 节的设计步骤进行仿真，得到宽通带窄过渡带 FRM 滤波器的幅频响应，如图 3.13 所示。

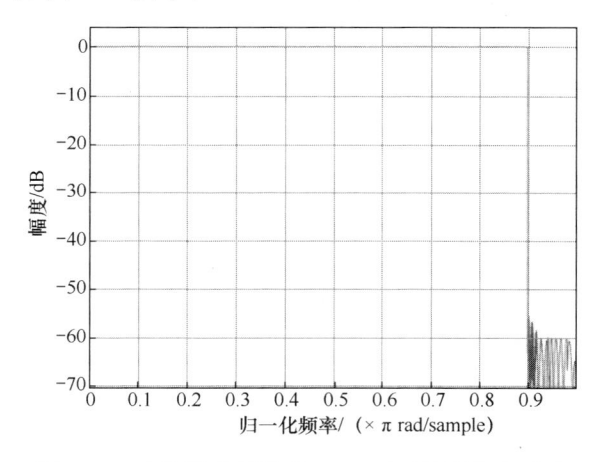

图 3.13 宽通带窄过渡带 FRM 滤波器的幅频响应

3.5.3 中通带窄过渡带 FRM 滤波器仿真

对前文所述的中通带窄过渡带 FRM 滤波器进行仿真验证,将 $H(z^I)$ 的过渡带作为最终合成的 $H(z)$ 的过渡带,希望最终合成的 FRM 滤波器 $H(z)$ 的过渡带宽Δb=0.0026π,通带截止频率为 0.4848π,阻带起始频率为 0.5160π,插值倍数为 24。原型滤波器采用半带滤波器设计方法,因此设计原型半带滤波器 $H_a(z)$ 的通带截止频率为 0.4688π,通带纹波为 0.01dB。设置两个屏蔽滤波器 $H_{Ma}(z)$ 和 $H_{Mc}(z)$ 的通带、阻带起始频率分别为 0.4382π、0.4798π 和 0.4785π、0.5202π,通带纹波都设置为 0.01dB,阻带衰减都设置为 60dB。如图 3.14 所示为原型滤波器 $H_a(z)$ 和互补滤波器 $H_c(z)$ 的幅频响应。如图 3.15 所示为中通带窄过渡带 FRM 滤波器的幅频响应。

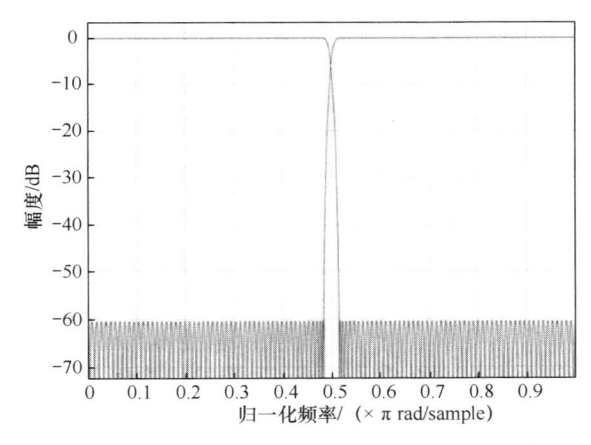

图 3.14 原型滤波器 $H_a(z)$ 和互补滤波器 $H_c(z)$ 的幅频响应

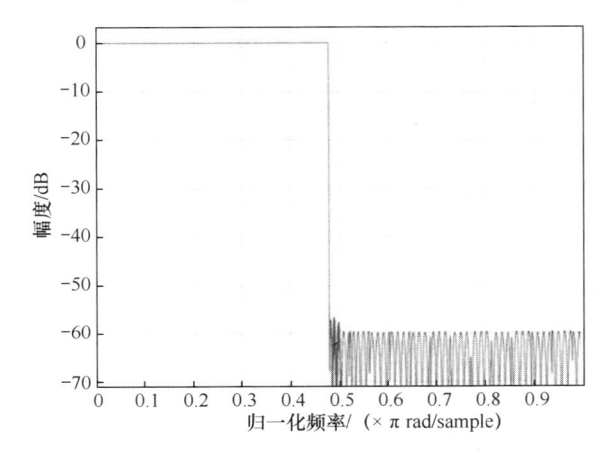

图 3.15 中通带窄过渡带 FRM 滤波器的幅频响应

3.6　本章小结

本章主要介绍了基于频率响应屏蔽技术的滤波器设计方法，对数字滤波器组的复杂度定义进行介绍，并对比了基于多相滤波器组、基于 FRM、基于 CEM-FRM 这 3 种结构滤波器的复杂度；给出了 FRM 的基本原理、内插 FRM 滤波器、FRM 滤波器改进结构及二阶 FRM 结构；结合窄过渡带滤波器应用中存在的窄通带、宽通带、中通带 3 种类型进行介绍，并给出不同带宽的窄过渡带 FRM 滤波器仿真，为数字滤波器组和频率响应屏蔽技术结合提供了基础知识储备。

本章参考文献

[1] ZHANG W, LUO K, ZHAO Z, et al. Design of Optimal Multiplierless FRM-Based Wideband Channelizer With STB[J]. IEEE Transactions on Circuits and Systems II: Express Briefs, 2024, 71(5): 2809-2813.

[2] 李杰，汪海涛. 采用 IFIR 技术的二级 FRM 滤波器的设计[J]. 声学技术，2023，42（5）：689-694.

[3] ZHENG X X, LIAO Z, WEI Y, et al. Design of FRM-based nonuniform filter bank with reduced effective wordlength for hearing aids[J]. IEEE Transactions on Biomedical Circuits and Systems, 2022, 16(6): 1216-1227.

[4] ZHANG W, ZHANG M, ZHAO Z, et al. Design and implementation of FRM-based filter bank With low complexity for RJIA[J]. IEEE Transactions on Circuits and Systems II: Express Briefs, 2023, 70(9): 3614-3618.

[5] PARVATHI A K, VELLAISAMY S. Low complexity adaptive spectrum sensing using modified FRM filter bank[J]. International Journal of Electronics, 2022, 109(12): 2015-2034.

[6] 张文旭，崔鑫磊，陆满君. 一种基于 MMF-FRM 的低复杂度信道化接收机结构[J]. 电子学报，2023，51（3）：720-727.

[7] ZHANG W, CUI X, YU Y, et al. Design of a novel CEM-FRM-based low-complexity channelised radar transmitter[J]. IET Radar, Sonar & Navigation, 2021, 15(12): 1643-1655.

[8] VARGHESE R C, AMIR A, INBANILA K. A multiplier-less frm-based reconfigurable regulated bank of filter for spectrum hole detection in IoT[J]. IETE Journal of Research, 2024, 70(8): 6560-6571.

[9] ZHANG W, et al. Unified FRM-based complex modulated filter bank structure with low complexity[J]. Electronics Letters, 2018, 54(1): 18-19.

[10] ZHANG W, ZHAO X, LU M, et al. Generalized FRM-based PL band multi-channel

channelizers for array signal processing system[J]. IEEE Transactions on Circuits and Systems Ⅰ: Regular Papers, 2023, 70(9): 3665-3675.

[11] WEI Y, LIU D. Improved design of frequency-response masking filters using band-edge shaping filter with non-periodical frequency response[J]. IEEE Transactions on Signal Processing, 2013, 61(13): 3269-3278.

[12] WEI Y, LIAN Y. Frequency-response masking filters based on serial masking schemes[J]. IEEE Transactions on Circuits Systems and Signal Processing, 2010, 29(1): 7-24.

[13] SHRIVASTAV A, BHANDARI S, KOLTE M. Enhanced hearing aid performance with an african buffalo optimization-based frequency response masking filter[J]. Traitement du Signal, 2024, 41(1): 51-61.

[14] ZHANG W, et al. Design of optimal multiplierless FRM-based wideband channelizer with stb[J]. IEEE Transactions on Circuits and Systems II-Express Briefs, 2024, 71(5): 2809-2813.

[15] ZHANG W, et al. Design and low complexity implementation of FRM-based OMFB With STB[J]. IEEE Transactions on Circuits and Systems II-Express Briefs, 2023, 70(8): 3059-3063.

[16] 朱政宇, 周宁, 梁静, 等. 基于 FRM 的 WOLA 滤波器组动态信道化结构[J]. 北京邮电大学学报, 2024, 47（3）: 62-68.

[17] ZHANG W, et al. A conjugate frequency modulation FRM method: Applications in polyphase DFT filter bank[J]. Digital Signal Processing, 2024, 145: 11.

[18] SUDHARMAN S, BINDIYA T S. Design of power efficient variable bandwidth non-maximally decimated frm filters for wideband channelize[J]. IEEE Transactions on Circuits and Systems II, 2018, 66(9): 1597-1601.

[19] SUDHARMAN S, BINDIYA T S. Design of reconfigurable frm channelizer using resource shared non-maximally decimated masking filters[J]. Journal of Signal Processing Systems for Signal Image and Video Technology, 2021, 93(8): 913-922.

[20] ZHAO R, et al. An alternating variable technique for the constrained minimax design of frequency-response-masking filters[J]. IEEE Transactions on Circuits Systems and Signal Processing, 2019, 38(2): 827-846.

第 4 章
低复杂度调制滤波器组结构

4.1 引言

对调制滤波器组的结构进行分析可以发现,为了满足实际系统需求,往往需要在设计调制滤波器组时配置较大数量的子带滤波器,同时需要配置具有窄过渡带特性的原型滤波器,上述因素都将增加调制滤波器组结构的计算复杂度。目前,调制滤波器组并行计算的特点,使得利用 FPGA 实现调制滤波器组结构广泛应用,随之带来的 FPGA 硬件资源问题需要针对不同系统应用进行合理性评估。在特定型号 FPGA 资源的基础上,如何降低调制滤波器组结构的乘法器资源需求,实现具有低复杂度的调制滤波器组结构是本章重点讨论的问题[1-6]。其基本思路是利用 FRM 技术优化设计调制滤波器组中的原型滤波器,并将优化设计的原型滤波器进行多相分解,得到适用于各种系统实际需求的低复杂度调制滤波器组结构。由于调制滤波器组技术可广泛应用于电子侦察、多载波通信、语音信号处理等领域,因此,调制滤波器组结构实现也呈现多种结构模型,本章将围绕上述问题进行讨论分析。

4.2 基于改进动态旋转因子的滤波器组无乘法器设计方法

考虑到 FPGA 实现中乘法器数量的限制,而加法器、移位寄存器等资源相对丰富,一种无乘法器的设计思路被广泛使用。该思路主要利用加法器、移位寄存器等硬件资源替代乘法器实现,通过减少调制滤波器组中乘法器的数量,增加加法器、移位寄存器等硬件资源,实现 FPGA 整体硬件资源的平衡[7]。下面针对调制滤波器组无乘法器设计的相关方法进行分析。

4.2.1 动态旋转因子算法及其改进

在多相数字信道化结构与基于 FRM 的数字信道化结构中，IFFT 模块主要对滤波后的混叠基带信号做带旋转因子的线性变换，对相位混叠的基带信号进行分离，恢复得到各个子信道内的信号。在实现过程中会存在一定量的复数乘法运算，这仍会增加数字信道化结构硬件运算延时和乘法器占用资源。本节通过在硬件结构中实施无乘法器设计思想，并结合动态旋转因子算法与动态截位方法对数字信道化结构中的 IFFT 实现进行改进，推导出基于改进动态旋转因子算法的无乘法器定点 IFFT 设计，并用优化后的 IFFT 设计结构取代多相数字信道化中原有的 IFFT 结构，与优化滤波器组结合完成整个数字信道化结构的整体优化[8]。

对于一般的时域信号，可以利用离散傅里叶变换（Discrete Fourier Transform，DFT）公式将其转换成频域样点：

$$X(k) = \text{DFT}[x(n)] = \sum_{n=0}^{N-1} x(n) W_N^{kn} = \sum_{n=0}^{N-1} x(n) e^{-j2\pi kn/N} \quad (4\text{-}1)$$

式中，$x(n)$ 为采样的模拟信号，$X(k)$ 为离散傅里叶变换后的第 k 个数据，N 为采样个数。FFT 算法同样可以应用于逆离散傅里叶变换（Inverse Discrete Fourier Transform, IDFT），转变成为快速傅里叶逆变换，其中 IDFT 公式为

$$x(n) = \text{IDFT}[X(k)] = \frac{1}{N}\sum_{k=0}^{N-1} X(k) W_N^{-kn} = \frac{1}{N}\sum_{k=0}^{N-1} X(k) e^{j2\pi kn/N} \quad (4\text{-}2)$$

IDFT 与 DFT 的区别在于，IDFT 中需要把原 DFT 公式中的系数 W_N^{kn} 换为 W_N^{-kn}，并乘以常数 $1/N$，根据得到的 IDFT 计算公式，IFFT 算法的理论与硬件结构也得以确定。

在 N 点 IDFT 中，存在 N 个旋转因子与数据的乘法运算。通常，旋转因子为复数，实部和虚部的值小于 1，这会给硬件运算带来极大的复杂度，同时消耗大量的硬件资源。

动态旋转因子算法（Dynamic Kernel Function，DKF）是减少 DFT 硬件资源消耗的一种方法，它是传统定点旋转因子算法的延伸技术。在动态旋转因子算法中，旋转因子会被量化成与原旋转因子误差最小，且分子、分母都为整数的分数形式。为了进一步减小数据与旋转因子的处理复杂度，旋转因子的量化系数为 2 的幂次方。例如，对于 8bit 输入数据的情况，旋转因子 W_N^{32}

可量化为（96/128，84/128），其中，数据与实部相乘转化为数据分别向右移一位和两位的加和，数据与虚部的相乘运算与实部相同，这样可使量化后的整数与数据的乘法运算转化为数据自身的移位与加法运算。

在决定旋转因子的量化表达形式时，传统方式会选择与原旋转因子误差最小的量化表达方式。如图4.1所示，传统方式会尽可能选取与原旋转因子的误差最小的取值点。然而，对于大型的IFFT计算，量化后的数值会变得非常大，如果直接使用传统方法，会在硬件实现过程中消耗大量的加法器。为了在保证精度的前提下进一步减少量化过程带来的资源消耗，直接量化后的整数与其临近的量化整数点将进行

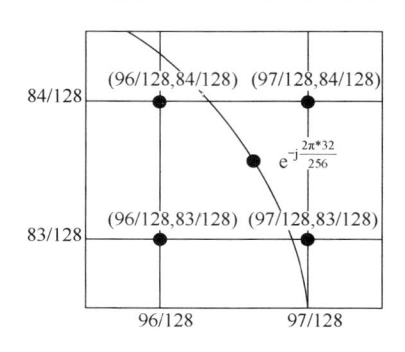

图4.1 传统旋转因子取值与改进DKF算法取值比较

2的幂次分解表示，最后使用加法次数最少的整数取代原来量化的整数。与此同时，更大级别的量化结果能使量化误差控制在一定范围之内。以256点IFFT中的一个旋转因子W_{256}^{32}为例，其复数表达式为

$$W_{256}^{32}=0.757+j0.653 \tag{4-3}$$

将复数表达式的实部和虚部扩大128倍后，可以得到4种量化选择：$(97/128,83/128)$、$(96/128,83/128)$、$(97/128,84/128)$和$(96/128,84/128)$。

在如图4.1所示的4个点中，$(97/128,83/128)$为传统DKF方法量化的结果，其余为邻近的量化坐标点。坐标的实数部分展开式如式（4-4）和式（4-5）所示。可以看出，当选择$96/128$作为量化结果时，能够在保证一定精度的前提下，减少需要使用的加法器数量。虚部的量化选择方法与实部相同，所有的旋转因子在经过优化和重新选择后，整个IFFT流程的硬件资源消耗能得到进一步优化。

$$\frac{97}{128}=\frac{64}{128}+\frac{32}{128}+\frac{1}{128}=\frac{1}{2}+\frac{1}{4}+\frac{1}{128} \tag{4-4}$$

$$\frac{96}{128}=\frac{64}{128}+\frac{32}{128}=\frac{1}{2}+\frac{1}{4} \tag{4-5}$$

4.2.2 传统截位与动态截位

在传统IFFT运算中，数据经过每级后会增加1个比特位以防止数据溢出。但对于多点数IFFT运算过程，过度增加的数据比特位会占用额外的硬件资源，因此，需要利用截位的方法对数据进行截位。一般的截位方法是直

接截取最后一位，这种方法对于大型数据处理比较有效，但对于其他低幅度的弱信号，其有用数据可能在中途被截去，造成 IFFT 运算结果的失真，因此，在改进的 DKF 算法中同时引入动态截位方法（Variable Truncated Scheme，VTS），以有效探测输入中的弱信号。在 8bit 的动态截位方法中，在 IFFT 的每级之后设置一个比较器，比较器会判断每级输出的 9bit 数据是否大于 128（8bit 数据可容纳的最大值）并输出一个标志位。如果输出的数据大小超出 128，标志位则指示后续单元截取数据的高 8 位；如果输出的数据等于或小于 128，则指示后续单元截取数据的低 8 位。这种方法可以在不增加复杂额外设计的情况下更好地对弱输入信号进行处理。

4.2.3 无乘法器定点 IFFT 设计与仿真

本节将利用 MATLAB 对基于改进动态旋转因子算法的无乘法器定点 IFFT 结构进行仿真。为单独验证无乘法器定点 IFFT 优化设计的有效性，首先将输入的已知采样信号进行 FFT，获得的频域数据即可作为无乘法器定点 IFFT 优化设计结构的原始输入进行仿真；然后对结构输出的时域数据进行绘图分析与频谱分析，并与采样数据进行比较，即可验证基于改进动态旋转因子算法的无乘法器定点 IFFT 结构的正确性。根据改进的 DKF 算法结构，本节将首先在 MATLAB 软件中对 256 点 IFFT 进行仿真验证。其中，仿真信号选用 ADC 获取的混合正弦信号，采样率为 1.3GHz，混合正弦信号频率分别为 100MHz 与 330MHz。如图 4.2 所示为输入信号的时域仿真图。

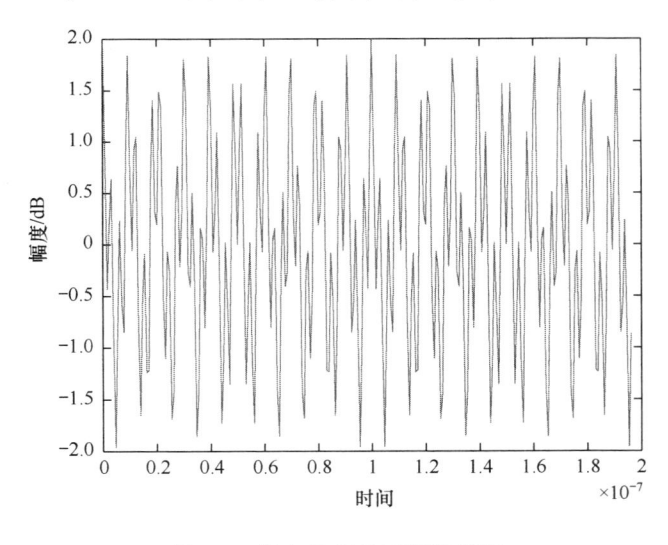

图 4.2 输入信号的时域仿真图

对信号进行 FFT 后，其频谱特性结果如图 4.3 所示。利用原 DKF 算法与改进 DKF 算法对 FFT 数据进行处理后，可以对输出数据进行频谱分析，其中使用普通截位方法与 DKF 算法结合的 IFFT 频谱分析仿真结果如图 4.4 所示。由图 4.4 可知，频率峰值与传统 IFFT 方法的相同。但由于普通截位方法会截取 IFFT 每级计算结果的末位，造成检测到的频谱幅度普遍较低。对于更多点数的 IFFT 运算，这种截位方法会削弱对弱信号的检测能力。使用改进 DKF 算法的频谱分析仿真结果如图 4.5 所示，可以看出检测到的频谱幅度相较传统方法大 1.25dB。从以上结果可以看出，改进 DKF 算法拥有更优的检测性能。

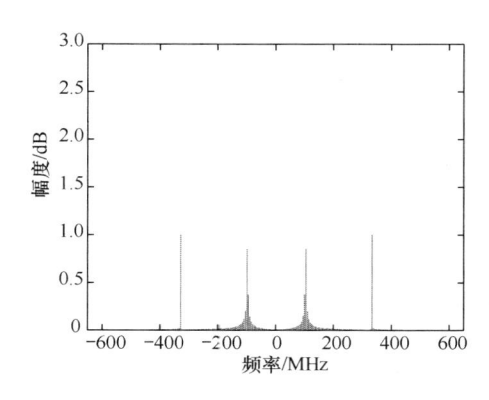

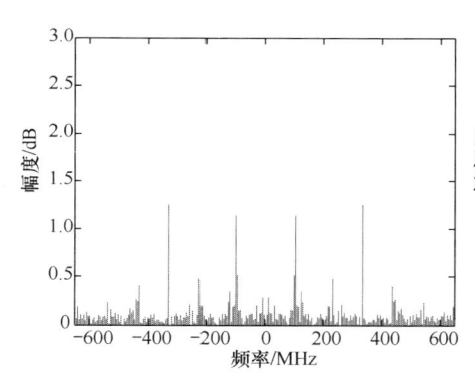

图 4.3　仿真输入信号频谱特性图

图 4.4　使用普通截位方法与 DKF 算法结合的 IFFT 频谱分析仿真结果

图 4.5　使用改进 DKF 算法的频谱分析仿真结果

4.2.4　基于 FPGA 的无乘法器定点 IFFT 实现

本节将利用 Xilinx System Generator（XSG），结合数字信道化优化结构中的基于改进动态旋转因子算法的无乘法器定点 IFFT 结构进行 FPGA 实现设计。将改进后的 IFFT 实现模块替换为数字信道化结构中的原 IFFT 模块，即可构成整个数字信道化优化结构的硬件实现模型，替换后总体数字信道化优化结构硬件实现框图如图 4.6 所示。优化后的 IFFT 模块主要包含以下几个模块：

（1）移位模块。

（2）加法模块。

（3）Mcode 判断模块。

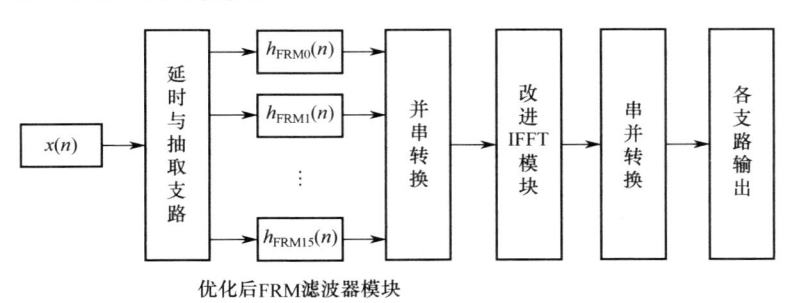

图 4.6　无乘法器 FRM 滤波器组优化结构硬件实现框图

如图 4.7 所示，改进 DKF 算法中的移位加法步骤将利用软件中的移位模块与加法模块搭建。同时算法中的动态截位过程将利用软件中的 Mcode 判断模块进行实现。Mcode 判断模块支持将简单的 MATLAB 语言转换为 FPGA 实现结构，利用这个模块可以使判断截位的设计变得更为简便。完成改进 DKF 硬件结构搭建后，与无乘法器 FRM 信道化 XSG 结构进行整合，最终可以得到数字信道化优化结构分析部分的硬件实现结构。

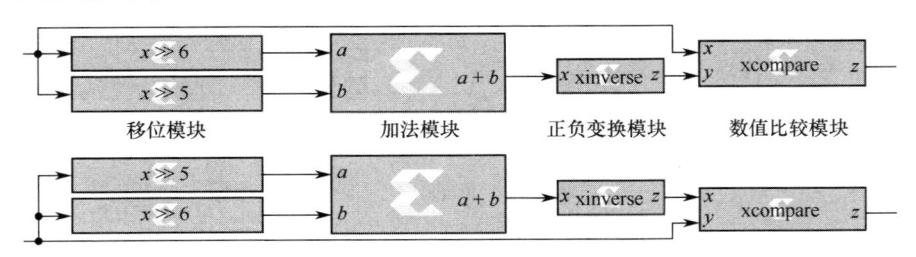

图 4.7　基于 XSG 结构的改进 DKF 算法设计结构图

16 路子信道数据输入改进 IFFT 模块前需要进行 bitshare 模块与并串模块的处理。在改进 IFFT 模块得到计算后的实部和虚部的串行数据后，利用串并转换模块完成单一数据对 16 路子信道数据的转化，单个支路的串并转换模块如图 4.8 所示。搭建好的无乘法器数字信道化优化结构系统模型如图 4.9 所示。

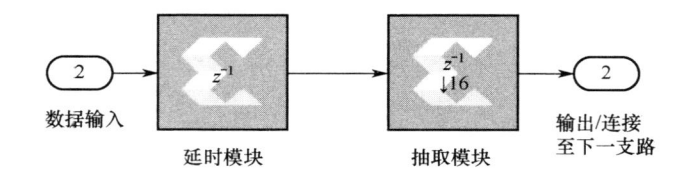

图 4.8 单个支路的串并转换模块

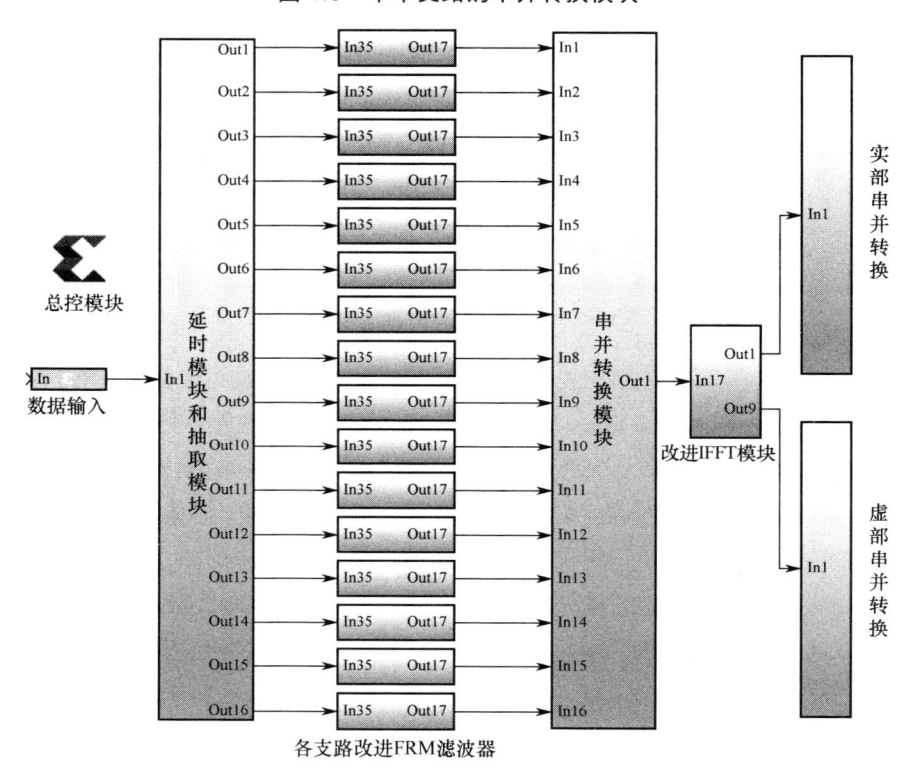

图 4.9 无乘法器数字信道化优化结构系统模型

4.3 基于 CEM-FRM 低复杂度分析滤波器组结构

4.3.1 CEM-FRM 技术原理

FRM 滤波器的各个参数求解方法仅适用于原型低通滤波器 $F_a(z)$ 的通带截止频率 θ 和阻带起始频率 ϕ 满足关系式 $0 < \theta < \phi < \pi$ 的情况。但是，在有些情况下，根据已知的各个参数计算出的原型低通滤波器 $F_a(z)$ 的通带截止频率 θ 和阻带起始频率 ϕ 不满足上述关系式，因此，无法直接利用上述过程直接合成 FRM 滤波器。利用复数调制与 FRM 技术结合的方法可以解决上述问

题[9]。下面介绍基于 CEM-FRM 技术的原理。

原型低通滤波器 $F_a(z)$ 的单位采样响应为 $f_a(n)$，是半带滤波器，它的通带截止频率和阻带起始频率分别为 θ 和 ϕ，且关于 $\pi/2$ 对称，阶数为 N_a。对原型低通滤波器 $F_a(z)$ 进行复数调制，调制因子为 $\mathrm{e}^{\mathrm{j}n\pi/2}$，调制后的滤波器 $F_{ae}(z)$ 表达式为

$$F_{ae}(z) = \sum_{n=0}^{N_a} f_a(n) \mathrm{e}^{\frac{\mathrm{j}\pi n}{2}} z^{-n} \tag{4-6}$$

同样，对于原型低通滤波器 $F_a(z)$ 进行复数调制，也可以得到 $F_{ae}(z)$ 的互补滤波器 $F_{ce}(z)$，调制因子为 $\mathrm{e}^{-\mathrm{j}n\pi/2}$，那么，$F_{ce}(z)$ 的表达式为

$$F_{ce}(z) = \sum_{n=0}^{N_a} f_a(n) \mathrm{e}^{-\frac{\mathrm{j}\pi n}{2}} z^{-n} \tag{4-7}$$

然后，对 $F_{ae}(z)$ 进行 L 倍插值，可以得到插值后的 $F'_{ae}(z)$ 表达式为

$$F'_{ae}(z) = \sum_{n=0}^{N_a} f_a(n) \mathrm{e}^{\frac{\mathrm{j}\pi n}{2}} z^{-Ln} \tag{4-8}$$

同样，对 $F_{ce}(z)$ 进行 L 倍插值，可以得到插值后的 $F'_{ce}(z)$ 表达式为

$$F'_{ce}(z) = \sum_{n=0}^{N_a} f_a(n) \mathrm{e}^{-\frac{\mathrm{j}\pi n}{2}} z^{-Ln} \tag{4-9}$$

插值后得到的滤波器 $F'_{ae}(z)$ 和 $F'_{ce}(z)$ 的单位采样响应分别为 $f'_{ae}(n)$ 和 $f'_{ce}(n)$，它们的所有系数都是复数，并且是共轭的。那么，$f'_{ae}(n)$ 和 $f'_{ce}(n)$ 可以表示为

$$f'_{ae}(n) = f'_{ae,R}(n) + f'_{ae,I}(n) \cdot \mathrm{j} \tag{4-10}$$

$$f'_{ce}(n) = f'_{ae,R}(n) - f'_{ae,I}(n) \cdot \mathrm{j} \tag{4-11}$$

同样，两个屏蔽滤波器 $F_{Mae}(z)$ 和 $F_{Mce}(z)$ 也可以通过对屏蔽滤波器 $F_{Ma}(z)$ 进行复数调制得到。屏蔽滤波器 $F_{Ma}(z)$ 的单位采样响应为 $f_{Ma}(n)$，阶数为 N_{Ma}。屏蔽滤波器 $F_{Ma}(z)$ 的通带截止频率和阻带起始频率分别为 ω_{Mpa} 和 ω_{Msa}。对屏蔽滤波器 $F_{Ma}(z)$ 进行复数调制，调制因子为 $\mathrm{e}^{\mathrm{j}\omega_0 n}$ 和 $\mathrm{e}^{-\mathrm{j}\omega_0 n}$，调制后得到的屏蔽滤波器 $F_{Mae}(z)$ 和 $F_{Mce}(z)$ 的表达式分别为

$$F_{Mae}(z) = \sum_{n=0}^{N_{Ma}} f_{Ma}(n) \mathrm{e}^{\mathrm{j}\omega_0 n} z^{-n} \tag{4-12}$$

$$F_{Mce}(z) = \sum_{n=0}^{N_{Ma}} f_{Ma}(n) \mathrm{e}^{-\mathrm{j}\omega_0 n} z^{-n} \tag{4-13}$$

显然，两个屏蔽滤波器 $F_{Mae}(z)$ 和 $F_{Mce}(z)$ 的单位采样响应 $f_{Mae}(n)$ 和

$f_{\text{Mce}}(n)$ 的系数也都是复数，并且两者是共轭的。那么，可以得到

$$f_{\text{Mae}}(n) = f_{\text{Mae,R}}(n) + f_{\text{Mae,I}}(n) \cdot \text{j} \tag{4-14}$$

$$f_{\text{Mce}}(n) = f_{\text{Mae,R}}(n) - f_{\text{Mae,I}}(n) \cdot \text{j} \tag{4-15}$$

FRM 合成滤波器 $F(z)$ 的表达式为

$$F(z) = F'_{\text{ae}}(z) F_{\text{Mae}}(z) + F'_{\text{ce}}(z) F_{\text{Mce}}(z) \tag{4-16}$$

由式（4-8）和式（4-14），可以将式（4-16）中等号右边第一项表示为

$$F'_{\text{ae}}(z) F_{\text{Mae}}(z) = [F'_{\text{ae,R}}(z) + F'_{\text{ae,I}}(z) \cdot \text{j}] \times [F_{\text{Mae,R}}(z) + F_{\text{Mae,I}}(z) \cdot \text{j}] \tag{4-17}$$

式中，$F'_{\text{ae,R}}(z)$ 和 $F'_{\text{ae,I}}(z)$ 分别是 $f'_{\text{ae,R}}(n)$ 和 $f'_{\text{ae,I}}(n)$ 的 z 变换，$F_{\text{Mae,R}}(z)$ 和 $F_{\text{Mae,I}}(z)$ 分别是 $f_{\text{Mae,R}}(n)$ 和 $f_{\text{Mae,I}}(n)$ 的 z 变换。

由式（4-9）和式（4-15），可以将式（4-16）中等号右边第二项表示为

$$F'_{\text{ce}}(z) F_{\text{Mce}}(z) = [F'_{\text{ae,R}}(z) - F'_{\text{ae,I}}(z) \cdot \text{j}] \times [F_{\text{Mae,R}}(z) - F_{\text{Mae,I}}(z) \cdot \text{j}] \tag{4-18}$$

将式（4-17）和式（4-18）代入式（4-16），可以得到

$$\begin{aligned} F(z) &= [F'_{\text{ae,R}}(z) + F'_{\text{ae,I}}(z) \cdot \text{j}] \times [F_{\text{Mae,R}}(z) + F_{\text{Mae,I}}(z) \cdot \text{j}] + \\ &\quad [F'_{\text{ae,R}}(z) - F'_{\text{ae,I}}(z) \cdot \text{j}] \times [F_{\text{Mae,R}}(z) - F_{\text{Mae,I}}(z) \cdot \text{j}] \\ &= 2[F'_{\text{ae,R}}(z) F_{\text{Mae,R}}(z) - F'_{\text{ae,I}}(z) F_{\text{Mae,I}}(z)] \end{aligned} \tag{4-19}$$

已知 $F'_{\text{ae}}(z) + F'_{\text{ce}}(z) = z^{-L(N_a-1)/2}$，那么

$$F'_{\text{ae,R}}(z) + F'_{\text{ae,I}}(z) \cdot \text{j} + F'_{\text{ae,R}}(z) - F'_{\text{ae,I}}(z) \cdot \text{j} = z^{-\frac{L(N_a-1)}{2}} \tag{4-20}$$

因此，$F'_{\text{ae,R}}(z) = 0.5 \cdot z^{-L(N_a-1)/2}$。

那么，式（4-19）可以化简为

$$\begin{aligned} F(z) &= 2[F'_{\text{ae,R}}(z) F_{\text{Mae,R}}(z) - F'_{\text{ae,I}}(z) F_{\text{Mae,I}}(z)] \\ &= 2 \left[\frac{1}{2} z^{-\frac{L(N_a-1)}{2}} F_{\text{Mae,R}}(z) - F'_{\text{ae,I}}(z) F_{\text{Mae,I}}(z) \right] \\ &= z^{-\frac{L(N_a-1)}{2}} F_{\text{Mae,R}}(z) - 2 F'_{\text{ae,I}}(z) F_{\text{Mae,I}}(z) \end{aligned} \tag{4-21}$$

式（4-21）即基于 CEM-FRM 合成滤波器表达式，基于 CEM-FRM 的滤波器结构图如图 4.10 所示。

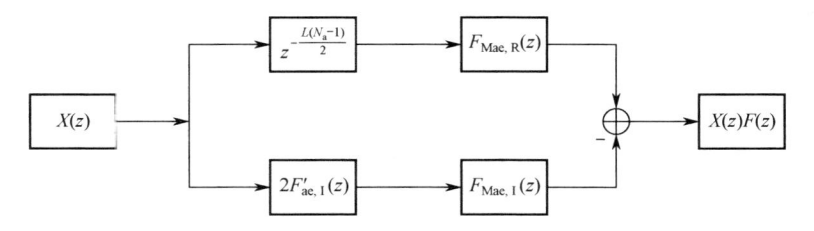

图 4.10 基于 CEM-FRM 的滤波器结构图

下面介绍基于 CEM-FRM 合成滤波器中的各项设计参数是如何计算的。需要根据给定的 ω_p、ω_s 和 L 来求解出原型半带低通滤波器 $F_a(z)$ 的通带截止频率和阻带起始频率，还有屏蔽滤波器 $F_{Ma}(z)$ 的通带截止频率、阻带起始频率和调制因子。基于 CEM-FRM 滤波器的合成过程如图 4.11 所示。首先，可以通过式（4-22）~式（4-24），利用给定的 ω_p、ω_s 和 L 来求解出原型半带低通滤波器 $F_a(z)$ 的通带截止频率 θ 和阻带起始频率 ϕ：

$$l = \text{ceil}(\omega_p L / 2\pi) \tag{4-22}$$

$$\theta = \omega_p L - 2l\pi + \frac{\pi}{2} \tag{4-23}$$

$$\phi = \omega_s L - 2l\pi + \frac{\pi}{2} \tag{4-24}$$

式中，$\text{ceil}(\omega_p L / 2\pi)$ 表示大于或等于 $\omega_p L / 2\pi$ 的最小整数。

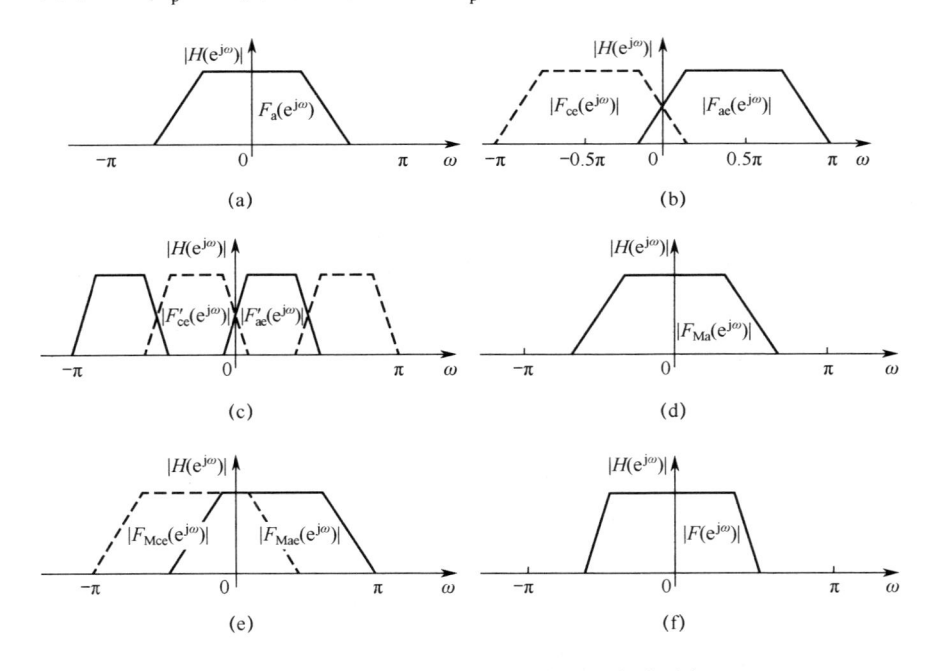

图 4.11 基于 CEM-FRM 滤波器的合成过程

屏蔽滤波器 $F_{Ma}(z)$ 的通带截止频率 ω_{Mpa} 和阻带起始频率 ω_{Msa} 分别为

$$\omega_{Mpa} = \frac{l\pi - \theta}{L} \tag{4-25}$$

$$\omega_{Msa} = \frac{l\pi + \theta}{L} \tag{4-26}$$

当 l 为偶数时，屏蔽滤波器 $F_{Ma}(z)$ 的调制因子 $e^{j\omega_0 n}$ 中的 ω_0 的表达式为

$$\omega_0 = \frac{(l-1)\pi + 4\theta}{4L} \quad (4\text{-}27)$$

当 l 为奇数时，屏蔽滤波器 $F_{\text{Ma}}(z)$ 的调制因子 $\mathrm{e}^{j\omega_0 n}$ 中的 ω_0 的表达式为

$$\omega_0 = -\frac{(l-2)\pi + 4\theta}{4L} \quad (4\text{-}28)$$

4.3.2 基于 CEM-FRM 低复杂度分析滤波器组结构设计

前文中推导的基于 FRM 的分析滤波器组结构，在计算分析滤波器组中的原型半带低通滤波器的通带截止频率和阻带起始频率时，会受到关系式 $0 < \theta < \phi < \pi$ 的限制。当采用滤波器组过渡带全部交叠方式时，计算出的原型半带低通滤波器的通带截止频率和阻带起始频率会关于 0 或 π 对称。因此，需要利用基于 CEM-FRM 技术来合成分析滤波器组中的原型低通滤波器。推导过程是将基于多相结构的分析滤波器组结构中的原型低通滤波器 $H(z)$ 通过 CEM-FRM 技术进行合成，那么

$$H(z) = z^{-\frac{L(N-1)}{2}} F_{\text{Mae,R}}(z) - 2F'_{\text{ae,I}}(z) F_{\text{Mae,I}}(z) \quad (4\text{-}29)$$

式中，$F'_{\text{ae,R}}(z)$ 为对原型低通滤波器 $F_a(z)$ 进行复数调制后再进行插值得到的滤波器 $F'_{\text{ae}}(z)$ 的实部，调制因子为 $\mathrm{e}^{jn\pi/2}$，插值倍数为 L，原型低通滤波器 $F_a(z)$ 的长度为 N_a；$F_{\text{Mae,R}}(z)$ 和 $F_{\text{Mae,I}}(z)$ 分别是屏蔽滤波器 $F_{\text{Ma}}(z)$ 进行复数调制之后得到的滤波器 $F_{\text{Mae}}(z)$ 的实部和虚部，屏蔽滤波器 $F_{\text{Ma}}(z)$ 的长度为 N_{Ma}。

那么，分析滤波器组中的子滤波器 $H_k(z)$ 的表达式为

$$\begin{aligned} H_k(z) &= H(zW_M^k) \\ &= (zW_M^k)^{-\frac{L(N_a-1)}{2}} F_{\text{Mae,R}}(zW_M^k) - 2F'_{\text{ae,I}}(zW_M^k) F_{\text{Mae,I}}(zW_M^k) \end{aligned} \quad (4\text{-}30)$$

式中，$k = 0, 1, \cdots, M-1$，M 为子滤波器的个数。

仍然令插值因子 L 等于 M 的整数倍，那么可以得到

$$F'_{\text{ae}}(zW_M^k) = F'_{\text{ae}}(z) \quad (4\text{-}31)$$

因此，$F'_{\text{ae}}(z)$ 的实部和虚部的频率特性同样不会发生变化，即

$$F'_{\text{ae,R}}(zW_M^k) = F'_{\text{ae,R}}(z) \quad (4\text{-}32)$$

$$F'_{\text{ae,I}}(zW_M^k) = F'_{\text{ae,I}}(z) \quad (4\text{-}33)$$

由式（4-33），可以将 $H_k(z)$ 进一步化简为

$$H_k(z) = z^{-\frac{L(N_a-1)}{2}} F_{\text{Mae,R}}(zW_M^k) - 2F'_{\text{ae,I}}(z) F_{\text{Mae,I}}(zW_M^k) \quad (4\text{-}34)$$

对 $F_{\text{Mae,R}}(z)$ 和 $F_{\text{Mae,I}}(z)$ 进行多相表示，可以得到

$$F_{\text{Mae,R}}(z) = \sum_{m=0}^{M-1} z^{-m} F_{\text{Mae,R},m}(z^M) \qquad (4\text{-}35)$$

$$F_{\text{Mae,I}}(z) = \sum_{m=0}^{M-1} z^{-m} F_{\text{Mae,I},m}(z^M) \qquad (4\text{-}36)$$

由式（4-35）和式（4-36）可以得到

$$F_{\text{Mae,R}}(zW_M^k) = \sum_{m=0}^{M-1} (zW_M^k)^{-m} F_{\text{Mae,R},m}(z^M) \qquad (4\text{-}37)$$

$$F_{\text{Mae,I}}(zW_M^k) = \sum_{m=0}^{M-1} (zW_M^k)^{-m} F_{\text{Mae,I},m}(z^M) \qquad (4\text{-}38)$$

将式（4-37）和式（4-38）代入式（4-34），可以得到

$$\begin{aligned} H_k(z) &= z^{-\frac{L(N_a-1)}{2}} \sum_{m=0}^{M-1} (zW_M^k)^{-m} F_{\text{Mae,R},m}(z^M) - 2F'_{\text{ae,I}}(z) \sum_{m=0}^{M-1} (zW_M^k)^{-m} F_{\text{Mae,I},m}(z^M) \\ &= z^{-m} \left\{ z^{-\frac{L(N_a-1)}{2}} \text{IDFT}[F_{\text{Mae,R},m}(z^M)] - 2F'_{\text{ae,I}}(z) \text{IDFT}[F_{\text{Mae,I},m}(z^M)] \right\} \end{aligned}$$

$$(4\text{-}39)$$

结合式（4-39）并将 D 倍的抽取模块前置，以降低子滤波器的处理速率，这样就可以得到最终的基于 CEM-FRM 分析滤波器组结构，如图 4.12 所示。

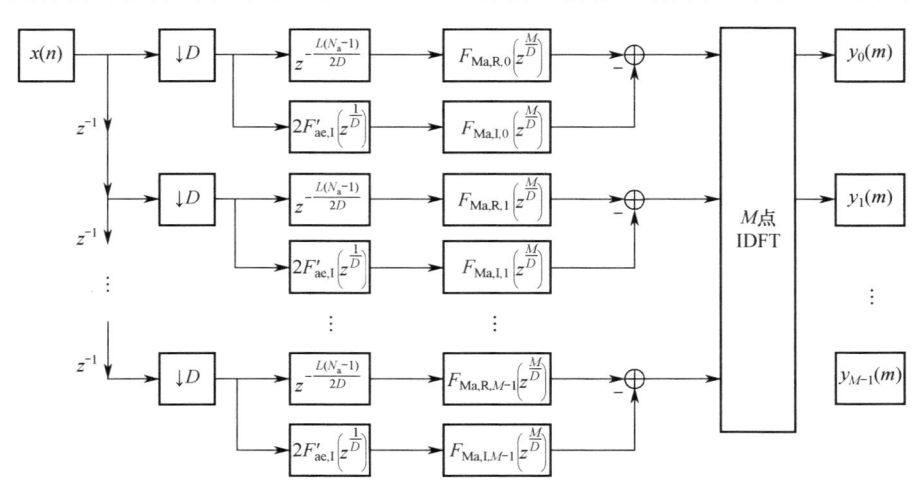

图 4.12 基于 CEM-FRM 的分析滤波器组结构

4.3.3 基于 CEM-FRM 低复杂度分析滤波器组结构的复杂度分析

为了方便比较滤波器组的复杂度，使用实现滤波器组的代价函数 C 这一

概念。首先求解实现分析滤波器组基本结构的代价函数 C_{ba}，它的表达式为

$$C_{ba} = \frac{\alpha_{ba} M}{\Delta \omega} \qquad (4\text{-}40)$$

式中，α_{ba} 为比例系数，$\Delta \omega$ 为子滤波器的归一化过渡带宽，M 为子滤波器个数。

实现基于多相结构的分析滤波器组结构的代价函数 C_{pa} 的表达式为

$$C_{pa} = \frac{\alpha_{pa}}{\Delta \omega} + \frac{M}{2} \log_2 M \qquad (4\text{-}41)$$

式中，α_{pa} 为比例系数，$\Delta \omega$ 为子滤波器的归一化过渡带宽，M 为子滤波器个数。

实现基于 FRM 的分析滤波器组结构的代价函数 C_{FRMa} 的表达式为

$$C_{FRMa} = \alpha_{FRMa} \left(\frac{M}{\Delta \omega_a} + \frac{1}{\Delta \omega_{Ma}} + \frac{1}{\Delta \omega_{Mc}} \right) + \frac{M}{2} \log_2 M \qquad (4\text{-}42)$$

式中，α_{FRMa} 为比例系数，$\Delta \omega_a$ 为 FRM 滤波器中原型滤波器的归一化过渡带宽，$\Delta \omega_{Ma}$ 为 FRM 滤波器中屏蔽滤波器的归一化过渡带宽，$\Delta \omega_{Mc}$ 为 FRM 滤波器中屏蔽滤波器的归一化过渡带宽，M 为子滤波器个数。

实现基于 CEM-FRM 分析滤波器组结构的代价函数 C_{CEMa} 的表达式为

$$C_{CEMa} = \alpha_{CEMa} \left(\frac{M}{\Delta \omega_a} + \frac{2}{\Delta \omega_{Ma}} \right) + \frac{M}{2} \log_2 M \qquad (4\text{-}43)$$

式中，α_{CEMa} 为比例系数，$\Delta \omega_a$ 为 FRM 滤波器中原型滤波器的归一化过渡带宽，$\Delta \omega_{Ma}$ 为 FRM 滤波器中屏蔽滤波器的归一化过渡带宽，M 为子滤波器个数。

根据 MATLAB 仿真中的各项参数，将其代入各个分析滤波器组结构的代价函数中，可以得到具体的复杂度数据，如表 4.1 所示。

表 4.1 分析滤波器组复杂度数据

结　　构	复　杂　度	延时（不含 IDFT）
基本结构	49456	3090
基于多相结构	3123	194
基于 FRM	1304	220
基于 CEM-FRM	1376	217
快速滤波器组	441	2697

由表 4.1 可知，本书推导出的基于 FRM 的分析滤波器组结构和基于 CEM-FRM 的分析滤波器组结构相比基本结构的分析滤波器组分别节省了

97.36%和 97.22%的复杂度,相比基于多相结构的分析滤波器组结构分别节省了 58.25%和 55.94%的复杂度。与快速滤波器组相比,所提结构计算复杂度较高,但是快速滤波器组结构延时较大,且快速滤波器组结构无法降速处理,也在一定程度上限制了快速滤波器组结构的应用。

4.3.4 基于 CEM-FRM 低复杂度分析滤波器组结构仿真

原型低通滤波器 $F_a(z)$ 采用半带滤波器,它的归一化通带截止频率和阻带起始频率分别为 0.468 和 0.532,阻带衰减为 60dB,滤波器阶数为 102,幅频特性如图 4.13 所示。

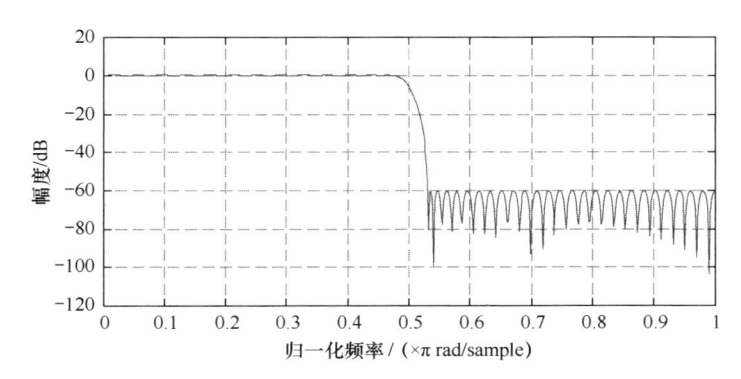

图 4.13 原型半带低通滤波器 $F_a(z)$ 的幅频特性

屏蔽滤波器 $F_{Ma}(z)$ 的归一化通带截止频率和阻带起始频率分别为 0.047875 和 0.1046875,滤波器阶数为 384,调制因子 f_0 为 -0.015625 ($f_0 = \omega_0/2\pi$),屏蔽滤波器 $F_{Ma}(z)$ 的幅频特性如图 4.14 所示。

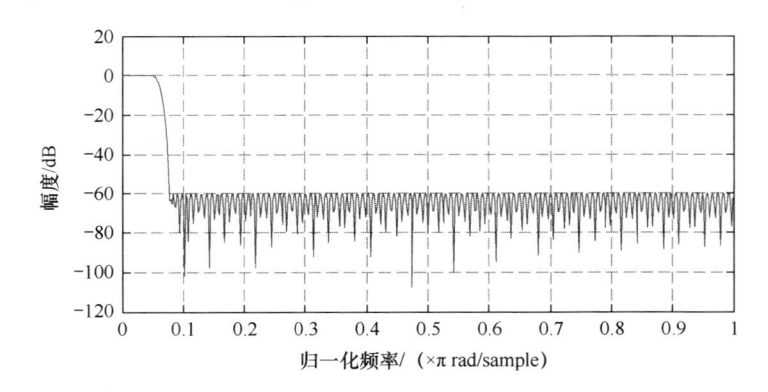

图 4.14 屏蔽滤波器 $F_{Ma}(z)$ 的幅频特性

最终合成的 FRM 滤波器 $H(z)$ 的归一化通带截止频率和阻带起始频率分别为 0.0615 和 0.0635，其幅频特性如图 4.15 所示。

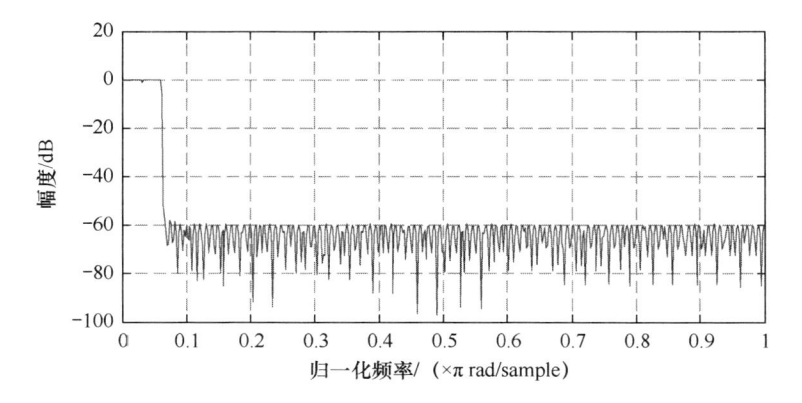

图 4.15 基于 CEM-FRM 合成滤波器的幅频特性

对基于 CEM-FRM 的分析滤波器组结构进行 MATLAB 仿真验证。利用合成的 CEM-FRM 滤波器作为该结构的原型低通滤波器组，仿真参数设置也与前文设置相同，采样率为 960MHz，分析滤波器组的子频带个数 $M=16$，抽取倍数 $D=16$。

仿真输入信号共有 4 个，分别为 2 个 LFM 复信号、2 个余弦实信号，输入信号的类型、参数等信息如表 4.2 所示。输入信号的幅频特性如图 4.16 所示。

表 4.2 输入信号的类型、参数

输入信号类型	中心频率/MHz	频率范围/MHz	信道编号
LFM	50	40～60	1
LFM	150	120～180	2、3
cos	130	—	2、14
cos	300	—	5、11

输出信号的幅频特性如图 4.17 所示。2 个 LFM 信号，其中，一个信号从信道 1 输出，另一个信号为跨信道信号，从信道 2、3 输出。从各个子信道的幅频特性中可以看出，仿真结果正确无误，证明基于 CEM-FRM 的分析滤波器组结构是正确的。

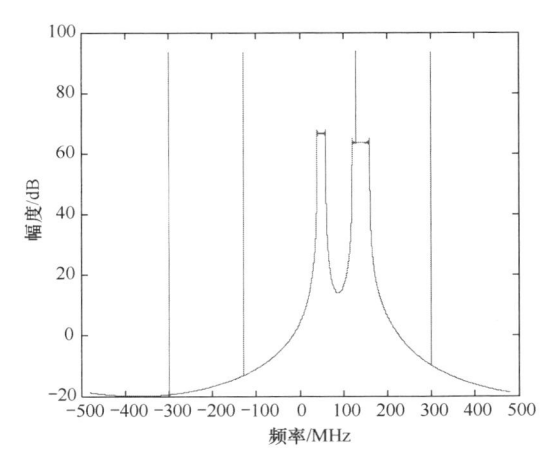

图 4.16 输入信号的幅频特性

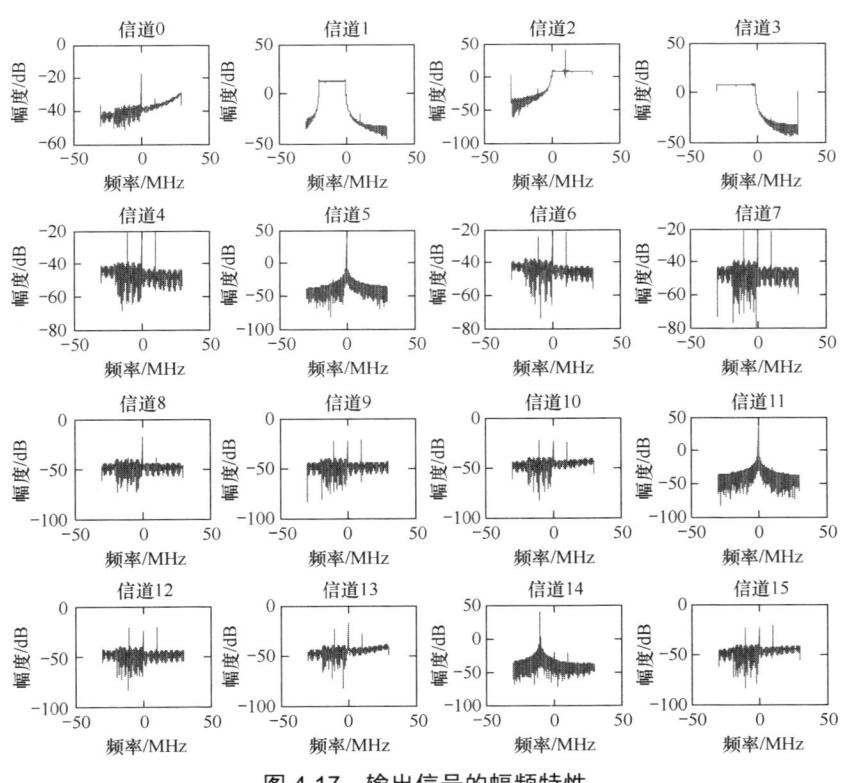

图 4.17 输出信号的幅频特性

4.3.5 基于 XSG 的 FRM 分析滤波器组实现

基于 FRM 技术实现分析滤波器组，在具体实现时可以采用 Xilinx 公司的 FPGA 开发软件，利用 XSG 对基于 FRM 的分析滤波器组结构进行 FPGA

实现。基于 FRM 的分析滤波器组 FPGA 硬件实现结构原理图如图 4.18 所示。整个分析滤波器组系统主要包含以下几个模块：

（1）延时模块和抽取模块。
（2）上支路原型滤波器。
（3）下支路原型滤波器。
（4）上支路屏蔽滤波器组。
（5）下支路屏蔽滤波器组。
（6）16 点 IFFT 模块。

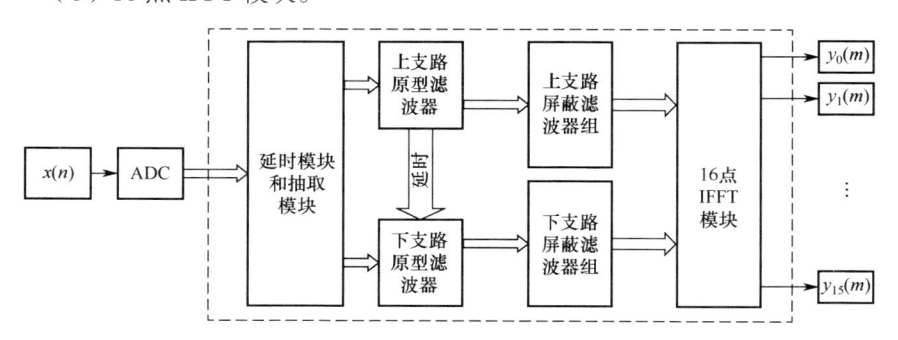

图 4.18　基于 FRM 的分析滤波器组 FPGA 硬件实现结构原理图

系统采样率为 960MHz，输入信号还是量化为 12 位定点的二进制补码。子滤波器个数和抽取倍数都为 16。抽取模块和延时模块的实现分别利用 Down Sample 和 Delay 两个模块来实现。将 Down Sample 的 Sampling rate 设置为 16，抽取后各个子频带的采样率降低为 60MHz。

原型滤波器有两个模块，分别是上支路原型滤波器和下支路原型滤波器，首先利用 MATLAB 设计上支路原型滤波器。之后的操作仍然是将设计好的原型低通滤波器的系数进行量化，系数量化之后成为 12 位二进制补码形式，然后将量化好的系数直接导入 FIR Compiler 5.0 模块中即可。在 FIR Compiler 5.0 模块中将系数类型设置为有符号数，将系数量化设置为整数量化，将输出位宽设置为 16 位。下支路原型滤波器利用延时模块与上支路的输出信号相减得到，如图 4.19 所示。因为上支路原型滤波器会存在延时，所以，为了使上支路、下支路的原型滤波器群延时相同，在下支路中需要将上支路的原型滤波器延时加进去。在信号通过延时模块与上支路原型滤波器的输出相减时，还需要注意信号精度的问题，由于下支路中没有滤波器模块，只有延时模块，所以，全精度相当于上支路原型滤波器的量化位数加上原来信号的量化位数。上支路原型滤波器的全精度可以从 FIR Compiler 5.0 模块中得到，如果不同，则需要进行相应的移位调整。

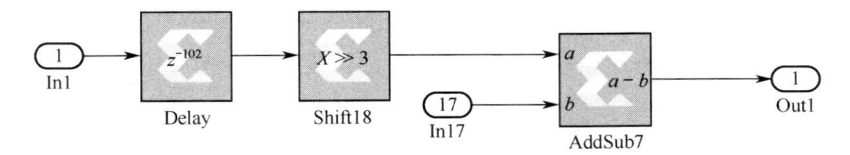

图 4.19　下支路原型滤波器实现框图

然后，还需要设计上支路、下支路屏蔽滤波器组。其中，上支路、下支路屏蔽滤波器组也是先利用 MATLAB 进行设计，然后把得到的上支路、下支路屏蔽滤波器的系数分别进行多相分解，再统一进行量化，导入 FIR Compiler 5.0 模块中，并根据数据精度进行相应的位移调整。

最后，把对应的子频带的上支路、下支路的输出利用 AddSub 模块实现加和处理，再将上支路、下支路合并后的 16 路子信号进行并串转换，转换为一路串行信号输入 IFFT 模块中。然后将 IFFT 模块的输出信号进行串并转换即完成该系统。串并转换是利用 Down Sample 和 Delay 两个模块实现的，如图 4.20 所示为串并转换实现框图。搭建好的基于 FRM 的分析滤波器组系统模型如图 4.21 所示。

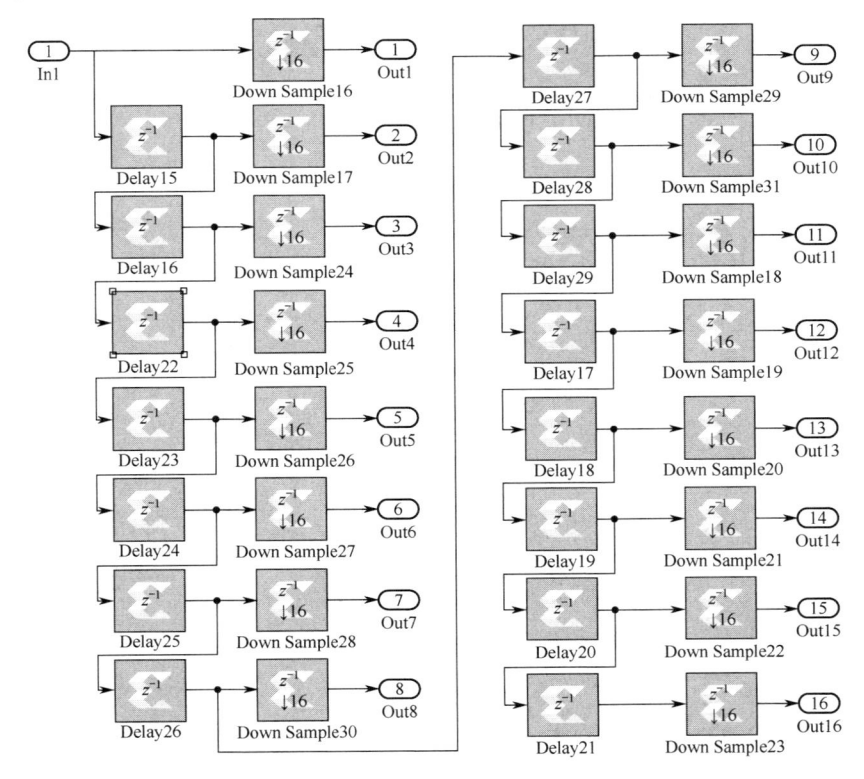

图 4.20　串并转换模块实现框图

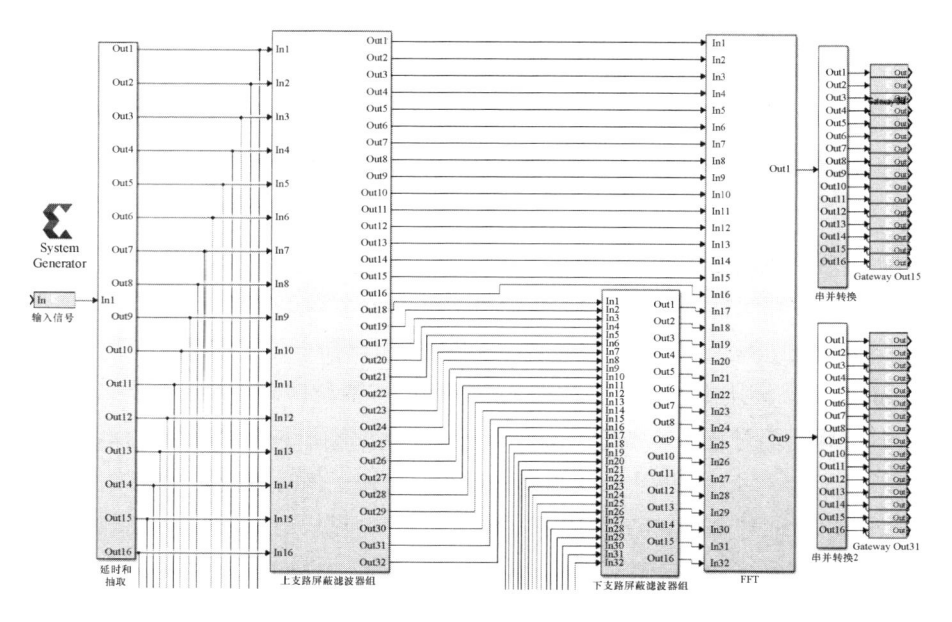

图 4.21 基于 FRM 的分析滤波器组系统模型

4.4 基于 MMF-FRM 低复杂度滤波器组结构

4.4.1 MMF-FRM 方法

FFT 算法可以有效降低并行傅里叶变换的复杂度[10]，多相信道化结构通常选择信道数为 $K = 2^n$（$n \in \mathbf{N}^*$）。在多相信道化结构中，基于 FRM 的滤波器组无法实现完美的多相分解，使得基于 FRM 的信道化结构的实现变得复杂[11]。基于多相信道化结构的以上特征，本节提出了一种基于 MMF-FRM 的原型滤波器设计方法。本书推导的信道化结构选择信道数为 2^n，基于半带滤波器的互补对称特性选择半带滤波器进行原型低通滤波器设计。

如图 4.22 所示，原型低通滤波器 $H_p(z)$ 为半带滤波器，ω_{ap} 和 ω_{as} 分别是其通带截止频率和阻带起始频率，原型屏蔽滤波器 $H_M(z)$ 的通带截止频率和阻带起始频率分别为 ω_{Mp} 和 ω_{Ms}。$H_a(z^L)$、$H_c(z^L)$、$H_{Ma}(z)$ 和 $H_{Mc}(z)$ 分别由原型低通滤波器和原型屏蔽滤波器通过调制得到。$H(z)$ 为合成滤波器，其通带截止频率和阻带起始频率分别为 ω_p 和 ω_s。其中，$\dfrac{\omega_s + \omega_p}{2} = \dfrac{\pi}{K}$，$L = PK$，$K = 2^n$（$n \in \mathbf{N}^*$）。

原型低通滤波器和原型屏蔽滤波器的参数由给定的合成滤波器 $H(z)$ 得到，计算公式如表 4.3 所示。

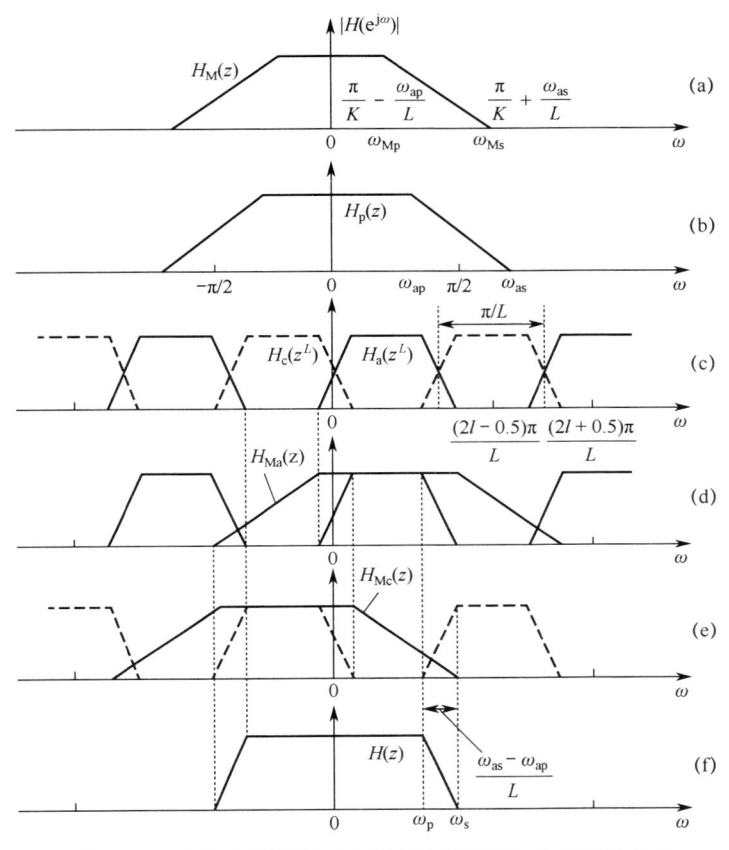

图 4.22 调制屏蔽滤波器频率响应屏蔽技术的频域表示

表 4.3 原型滤波器参数计算公式

	ω_{ap}	ω_{as}	ω_{Mp}	ω_{Ms}
归一化频率	$\dfrac{\pi}{2}-\dfrac{(\omega_s-\omega_p)L}{2}$	$\dfrac{\pi}{2}+\dfrac{(\omega_s-\omega_p)L}{2}$	$\dfrac{\pi}{K}-\dfrac{\omega_{ap}}{L}$	$\dfrac{\pi}{K}+\dfrac{\omega_{as}}{L}$

其中

$$\begin{cases} H_a(z) = \displaystyle\sum_{n=0}^{N_a} h_p(n) e^{-j\frac{\pi}{2}\left(n-\frac{N_a}{2}\right)} z^{-n} \\ H_c(z) = \displaystyle\sum_{n=0}^{N_a} h_p(n) e^{j\frac{\pi}{2}\left(n-\frac{N_a}{2}\right)} z^{-n} \end{cases} \quad (4\text{-}44)$$

式中，$h_p(n)$ 为原型低通滤波器的单位脉冲响应。

$$\begin{cases} H_{Ma}(z) = \displaystyle\sum_{n=0}^{N_M} h_M(n) e^{(-1)^P j\frac{\pi}{2L}\left(n-\frac{N_M}{2}\right)} z^{-n} \\ H_{Mc}(z) = \displaystyle\sum_{n=0}^{N_M} h_M(n) e^{(-1)^{P-1} j\frac{\pi}{2L}\left(n-\frac{N_M}{2}\right)} z^{-n} \end{cases} \quad (4\text{-}45)$$

式中，$h_M(n)$ 为原型屏蔽滤波器的单位脉冲响应，N_M 为原型屏蔽滤波器的阶数，$P = L/K$。

将式（4-45）进一步表示为

$$\begin{cases} H_a(z) = \sum_{n=0}^{N_a} h_p(n) \left[\cos\frac{\pi}{2}\left(n - \frac{N_a}{2}\right) + j\sin\frac{\pi}{2}\left(n - \frac{N_a}{2}\right) \right] z^{-n} = H_R(z) + jH_I(z) \\ H_c(z) = \sum_{n=0}^{N_a} h_p(n) \left[\cos\frac{\pi}{2}\left(n - \frac{N_a}{2}\right) - j\sin\frac{\pi}{2}\left(n - \frac{N_a}{2}\right) \right] z^{-n} = H_R(z) - jH_I(z) \end{cases}$$

（4-46）

因为 $h_p(n)$ 为半带滤波器，所以有 $h_p(n)\cos\frac{\pi}{2}\left(n - \frac{N_a}{2}\right) = \frac{1}{2}\delta\left(n - \frac{N_a}{2}\right)$，$H_R(z) = \frac{1}{2}z^{-\frac{N_a}{2}}$。

同理，式（4-46）也可以表示为

$$\begin{cases} H_{Ma}(z) = H_{MR}(z) + jH_{MI}(z) \\ H_{Mc}(z) = H_{MR}(z) - jH_{MI}(z) \end{cases}$$

（4-47）

式中

$$H_{MR}(z) = \sum_{n=0}^{N_M} h_M(n) \cos\frac{\pi}{2L}\left(n - \frac{N_M}{2}\right) z^{-n}$$

$$H_{MI}(z) = \sum_{n=0}^{N_M} h_M(n)(-1)^P \sin\frac{\pi}{2L}\left(n - \frac{N_M}{2}\right) z^{-n}$$

合成之后的 FRM 滤波器 $H(z)$ 的表达式为

$$\begin{aligned} H(z) &= H'_a(z)H_{Ma}(z) + H'_c(z)H_{Mc}(z) \\ &= [H_R(z^L) + jH_I(z^L)][H_{MR}(z) + \\ &\quad jH_{MI}(z)] + [H_R(z^L) - jH_I(z^L)][H_{MR}(z) - jH_{MI}(z)] \\ &= 2H_R(z^L)H_{MR}(z) - 2H_I(z^L)H_{MI}(z) \\ &= z^{-\frac{N_a L}{2}} H_{MR}(z) - 2H_I(z^L)H_{MI}(z) \end{aligned}$$

（4-48）

如图 4.23 所示为滤波器的 MMF-FRM 实现框图。

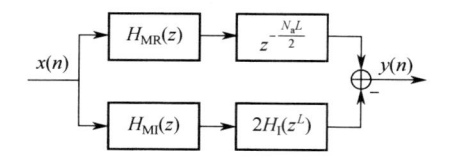

图 4.23 滤波器的 MMF-FRM 实现框图

4.4.2 MMF-FRM 滤波器纹波特性

设 $H_a(e^{j\omega L})$、$H_c(e^{j\omega L})$、$H_{Ma}(e^{j\omega})$ 和 $H_{Mc}(e^{j\omega})$ 分别为滤波器 $H_a(z^L)$、$H_c(z^L)$、$H_{Ma}(z)$ 和 $H_{Mc}(z)$ 的零相位响应。设 $H_a(\omega)$ 和 $\delta_a(\omega)$ 为零相位响应 $H_a(e^{j\omega L})$ 的期望值和纹波。在零相位响应 $H_a(e^{j\omega L})$ 的通带 $H_a(\omega)=1$，阻带 $H_a(\omega)=0$，过渡带 $H_a(\omega)$ 与 $H_a(e^{j\omega L})$ 相等。同理，设 $H_c(\omega)$ 和 $\delta_c(\omega)$ 为零相位响应 $H_c(e^{j\omega L})$ 的期望值和纹波；设 $H_{Ma}(\omega)$、$H_{Mc}(\omega)$、$\delta_{Ma}(\omega)$ 和 $\delta_{Mc}(\omega)$ 分别为零相位响应 $H_{Ma}(e^{j\omega})$ 和 $H_{Ma}(e^{j\omega})$ 的期望值和纹波。进一步将通带纹波记作 $\delta_{Map}(\omega)$ 和 $\delta_{Mcp}(\omega)$，将阻带纹波记作 $\delta_{Mas}(\omega)$ 和 $\delta_{Mcs}(\omega)$。

因为半带滤波器频谱的互补特性，在零相位响应 $H_a(e^{j\omega L})$ 和 $H_c(e^{j\omega L})$ 的通带与阻带，$\delta_a(\omega)+\delta_c(\omega)=0$；在零相位响应 $H_a(e^{j\omega L})$ 和 $H_c(e^{j\omega L})$ 的过渡带，$H_a(\omega)+H_c(\omega)=1$。

设 $H(\omega)$ 和 $\delta(\omega)$ 为零相位响应 $H(e^{j\omega})$ 的期望值和纹波，由式（4-48）可得

$$H(\omega)+\delta(\omega)=[H_a(\omega)+\delta_a(\omega)][H_{Ma}(\omega)+\delta_{Ma}(\omega)]+ \\ [H_c(\omega)+\delta_c(\omega)][H_{Mc}(\omega)+\delta_{Mc}(\omega)] \quad (4\text{-}49)$$

如图 4.24 所示，将 MMF-FRM 过程的频谱划分成 6 个频段，下面将分别讨论在这 6 个频段中 $H_a(z)$、$H_c(z)$、$H_{Ma}(z)$ 和 $H_{Mc}(z)$ 的纹波与合成滤波器 $H(z)$ 的纹波的关系。另外，下面的讨论中不考虑二阶及更高阶项的影响。

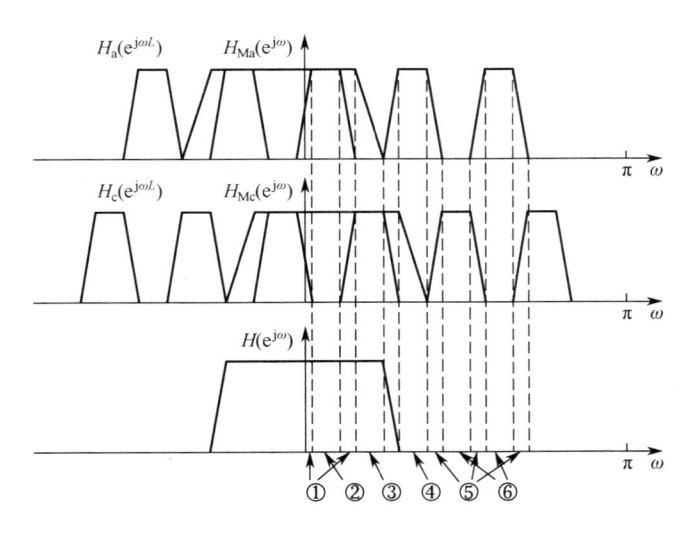

图 4.24 MMF-FRM 方法频域分段示意图

频段 1：$H(\omega)=1$，式（4-49）可以化简为

$$\delta(\omega) = H_a(\omega)\delta_{\text{Map}}(\omega) + H_c(\omega)\delta_{\text{Mcp}}(\omega)$$
$$= H_a(\omega)[\delta_{\text{Map}}(\omega) - \delta_{\text{Mcp}}(\omega)] + \delta_{\text{Mcp}}(\omega) \qquad (4\text{-}50)$$

因为 $0 < H_a(\omega) < 1$，则有

$$|\delta(\omega)| \leqslant \max\{|\delta_{\text{Map}}(\omega)|, |\delta_{\text{Mcp}}(\omega)|\} \qquad (4\text{-}51)$$

频段 2：$H(\omega) = 1$，式（4-49）可以化简为

$$\delta(\omega) = \delta_a(\omega) + \delta_{\text{Map}}(\omega) + \delta_c(\omega) \qquad (4\text{-}52)$$

因为 $\delta_a(\omega) + \delta_c(\omega) = 0$，则有

$$\delta(\omega) = \delta_{\text{Map}}(\omega) \qquad (4\text{-}53)$$

频段 3：$H(\omega) = 1$，式（4-49）可以化简为

$$\delta(\omega) = H_{\text{Ma}}(\omega)\delta_a(\omega) + \delta_c(\omega) + \delta_{\text{Mcp}}(\omega)$$
$$= [1 - H_{\text{Ma}}(\omega)]\delta_c(\omega) + \delta_{\text{Mcp}}(\omega) \qquad (4\text{-}54)$$

因为 $0 < H_{\text{Ma}}(\omega) < 1$，则有

$$|\delta(\omega)| \leqslant |\delta_c(\omega)| + |\delta_{\text{Mcp}}(\omega)| \qquad (4\text{-}55)$$

频段 4：$H(\omega) = 0$，式（4-49）可以化简为

$$\delta(\omega) = \delta_{\text{Mas}}(\omega) + H_{\text{Mc}}(\omega)\delta_c(\omega) \qquad (4\text{-}56)$$

因为 $0 < H_{\text{Mc}}(\omega) < 1$，则有

$$|\delta(\omega)| \leqslant |\delta_{\text{Mas}}(\omega)| + |\delta_c(\omega)| \qquad (4\text{-}57)$$

频段 5：$H(\omega) = 0$，式（4-49）可以化简为

$$\delta(\omega) = H_a(\omega)\delta_{\text{Mas}}(\omega) + H_c(\omega)\delta_{\text{Mcs}}(\omega)$$
$$= H_a(\omega)[\delta_{\text{Mas}}(\omega) - \delta_{\text{Mcs}}(\omega)] + \delta_{\text{Mcs}}(\omega) \qquad (4\text{-}58)$$

因为 $0 < H_a(\omega) < 1$，则有

$$|\delta(\omega)| \leqslant \max\{|\delta_{\text{Mas}}(\omega)|, |\delta_{\text{Mcs}}(\omega)|\} \qquad (4\text{-}59)$$

频段 6：与频段 2 相同，当 $H_a(\omega) = 1$，$H_c(\omega) = 0$ 时，有

$$\delta(\omega) = \delta_{\text{Mas}}(\omega) \qquad (4\text{-}60)$$

当 $H_a(\omega) = 0$，$H_c(\omega) = 1$ 时，有

$$\delta(\omega) = \delta_{\text{Mcs}}(\omega) \qquad (4\text{-}61)$$

通过上述推导可知，在频段 1、2、5、6，原型低通滤波器 $H(z)$ 的纹波只与 $\delta_{\text{Ma}}(\omega)$ 或 $\delta_{\text{Mc}}(\omega)$ 有关；在频段 3、4，原型低通滤波器 $H(z)$ 的纹波与 $\delta_{\text{Ma}}(\omega)$ 或 $\delta_{\text{Mc}}(\omega)$ 和 $\delta_a(\omega)$ 或 $\delta_c(\omega)$ 有关。

设 $\delta_p(\omega)$ 和 $\delta_M(\omega)$ 为滤波器 $H_p(e^{j\omega L})$ 和 $H_M(e^{j\omega})$ 的纹波，由 2.2 节可知，

$\delta_a(\omega)$ 和 $\delta_c(\omega)$ 是由 $\delta_p(\omega)$ 通过频移得到的，$\delta_{Ma}(\omega)$ 和 $\delta_{Mc}(\omega)$ 是由 $\delta_M(\omega)$ 通过频移得到的。在其他参数不变的情况下，选取不同的 δ_p 和 δ_{Ms} 来设计滤波器，如图 4.25 所示。

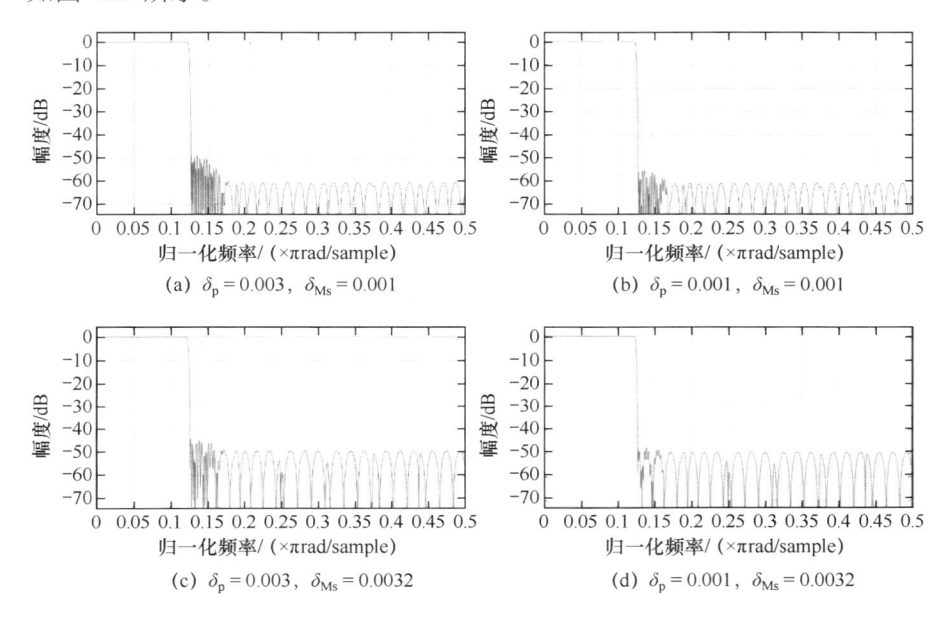

(a) $\delta_p = 0.003$，$\delta_{Ms} = 0.001$

(b) $\delta_p = 0.001$，$\delta_{Ms} = 0.001$

(c) $\delta_p = 0.003$，$\delta_{Ms} = 0.0032$

(d) $\delta_p = 0.001$，$\delta_{Ms} = 0.0032$

图 4.25　不同子滤波器纹波时的 $H(z)$

在图 4.25（a）中，屏蔽滤波器的阻带纹波 δ_{Ms} 为 0.001，原型低通滤波器的纹波 δ_p 为 0.003；在图 4.25（b）中，屏蔽滤波器的阻带纹波 δ_{Ms} 为 0.001，原型低通滤波器的纹波 δ_p 为 0.001；在图 4.25（c）中，屏蔽滤波器的阻带纹波 δ_{Ms} 为 0.0032，原型低通滤波器的纹波 δ_p 为 0.003；在图 4.25（d）中，屏蔽滤波器的阻带纹波 δ_{Ms} 为 0.0032，原型低通滤波器的纹波 δ_p 为 0.001。由图 4.25 可知，$\delta_p(\omega)$ 会影响滤波器 $H(e^{j\omega})$ 过渡带附近的频段 3、4，其他频段由 $\delta_M(\omega)$ 决定。

4.4.3　基于 MMF-FRM 的滤波器组结构推导

如图 4.26 所示的信道化结构中第 k 信道的信道化输出如下：

$$\begin{aligned} y_k(m) &= x(n)e^{j\omega_k n} \otimes h(n)|_{n=mD} \\ &= \sum_{i=0}^{N_h} x(n-i)e^{j\omega_k(n-i)} h(i)|_{n=mD} \\ &= \sum_{i=0}^{N_h} x(mD-i)e^{j\omega_k(mD-i)} h(i) \end{aligned} \quad (4\text{-}62)$$

式中，$\omega_k = \dfrac{2\pi}{K}$，$K$ 为信道数量；D 为信号降采样的倍数 K。

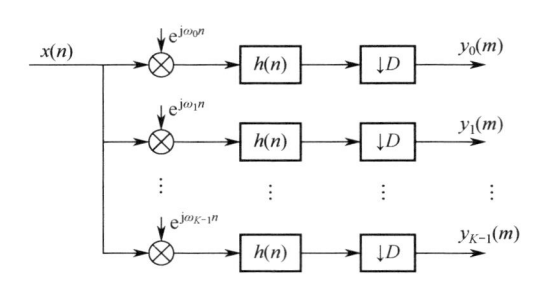

图 4.26　信道化结构

式（4-48）的时域表示为

$$h(n) = 2h'_R(n) \otimes h_{MR}(n) - 2h'_I(n) \otimes h_{MI}(n) \quad (4\text{-}63)$$

式中，$h(n)$、$h_{MR}(n)$、$h_{MI}(n)$ 分别为滤波器 $H(z)$、$H_{MR}(z)$、$H_{MI}(z)$ 的单位脉冲响应，$h'_R(n)$、$h'_I(n)$ 是由 $h_R(n)$、$h_I(n)$ 经过 L 倍插值得到的，$h_R(n)$、$h_I(n)$ 分别为 $H_R(z)$、$H_I(z)$ 的单位脉冲响应。

将式（4-63）代入式（4-62），得

$$\begin{aligned}
y_k(m) &= x(n)\mathrm{e}^{j\omega_k n} \otimes [2h'_R \otimes h_{MR} - 2h'_I \otimes h_{MI}]\big|_{n=mD} \\
&= \sum_{i=0}^{N_h} x(n-i)\mathrm{e}^{j\omega_k(n-i)}[2h'_R(i) \otimes h_{MR}(i) - 2h'_I(i) \otimes h_{MI}(i)]\big|_{n=mD} \\
&= 2\left\{ \sum_{i=0}^{N_h} x(n-i)\mathrm{e}^{j\omega_k(n-i)}[h'_R(i) \otimes h_{MR}(i)] - \sum_{i=0}^{N_h} x(n-i)\mathrm{e}^{j\omega_k(n-i)}[h'_I(i) \otimes h_{MI}(i)] \right\}\bigg|_{n=mD}
\end{aligned}$$

（4-64）

令

$$\begin{cases} r_k(m) = \displaystyle\sum_{i=0}^{N_h} x(n-i)\mathrm{e}^{j\omega_k(n-i)}[h'_R(i) \otimes h_{MR}(i)]\big|_{n=mD} \\ i_k(m) = \displaystyle\sum_{i=0}^{N_h} x(n-i)\mathrm{e}^{j\omega_k(n-i)}[h'_I(i) \otimes h_{MI}(i)]\big|_{n=mD} \end{cases}$$

则

$$y_k(m) = 2r_k(m) - 2i_k(m) \quad (4\text{-}65)$$

$$\begin{aligned}
r_k(m) &= \sum_{i=0}^{N_h} x(n-i)\mathrm{e}^{j\omega_k(n-i)}[h'_R(i) \otimes h_{MR}(i)]\big|_{n=mD} \\
&= \sum_{i=0}^{N_h} x(n-i)\mathrm{e}^{j\omega_k(n-i)} \sum_{l=0}^{N_a L} h'_R(l) h_{MR}(i-l)\big|_{n=mD}
\end{aligned}$$

$$= \sum_{i=0}^{N_h} x(mD-i)\mathrm{e}^{\mathrm{j}\omega_k(mD-i)} \sum_{l=0}^{N_a L} h'_\mathrm{R}(l) h_\mathrm{MR}(i-l) \qquad (4\text{-}66)$$

令 $i = iK + p$，对滤波器进行多相分解，设 $K = FD(F \in \{1,2\})$，则

$$\begin{aligned} r_k(m) &= \sum_{p=0}^{K-1} \sum_{i=0}^{N'_h} x(mD-iK-p)\mathrm{e}^{\mathrm{j}\omega_k(mD-iK-p)} \sum_{l=0}^{N_a L} h'_\mathrm{R}(l) h_\mathrm{MR}(iK+p-l) \\ &= \sum_{p=0}^{K-1} \sum_{i=0}^{N'_h} x[(m-iF)D-p]\mathrm{e}^{\mathrm{j}\omega_k(m-iF)D} \sum_{l=0}^{N_a L} h'_\mathrm{R}(l) h_\mathrm{MR}(iK+p-l)\mathrm{e}^{-\mathrm{j}\omega_k p} \end{aligned} \qquad (4\text{-}67)$$

由于 $h'_\mathrm{R}(n)$ 的插值倍数 $L = PK$，因此可以得到

$$\sum_{l=0}^{N_a L} h'_\mathrm{R}(l) h_\mathrm{MR}(iK+p-l) = h'_\mathrm{R}(iK) \otimes h_\mathrm{MR}(iK+p)$$

令 $h_\mathrm{MR}(iK+p) = h_{\mathrm{MR},p}(i)$，式（4-67）可以写作

$$\begin{aligned} r_k(m) &= \sum_{p=0}^{K-1} \sum_{i=0}^{N'_h} x[(m-iF)D-p]\mathrm{e}^{-\mathrm{j}\omega_k(m-iF)D} h'_\mathrm{R}(iK) \otimes h_{\mathrm{MR},p}(i) \mathrm{e}^{-\mathrm{j}\omega_k p} \\ &= \sum_{p=0}^{K-1} x(mD-p) \otimes h'_\mathrm{R}(mD) \otimes h_{\mathrm{MR},p}\left(\frac{m}{F}\right) \mathrm{e}^{-\mathrm{j}\omega_k mD} \mathrm{e}^{-\mathrm{j}\omega_k p} \\ &= \sum_{p=0}^{K-1} x(mD-p) \otimes h_\mathrm{R}\left(\frac{mD}{L}\right) \otimes h_{\mathrm{MR},p}\left(\frac{m}{F}\right) \mathrm{e}^{-\mathrm{j}\omega_k p} (-1)^{Fmk} \end{aligned} \qquad (4\text{-}68)$$

同理，$i_k(m) = (-1)^{Fmk} \sum_{p=0}^{K-1} x(mD-p) \otimes h_\mathrm{I}\left(\frac{mD}{L}\right) \otimes h_{\mathrm{MI},p}\left(\frac{m}{F}\right) \mathrm{e}^{-\mathrm{j}\omega_k p}$，则

$$\begin{aligned} y_k(m) &= 2r_k(m) - 2i_k(m) \\ &= 2(-1)^{Fmk} \left\{ \sum_{p=0}^{K-1} x(mD-p) \otimes \left[h_\mathrm{R}\left(\frac{mD}{L}\right) \otimes h_{\mathrm{MR},p}\left(\frac{m}{F}\right) \right] - \right. \\ &\quad \left. \sum_{p=0}^{K-1} x(mD-p) \otimes \left[h_\mathrm{I}\left(\frac{mD}{L}\right) \otimes h_{\mathrm{MI},p}\left(\frac{m}{F}\right) \right] \right\} \mathrm{e}^{-\mathrm{j}\omega_k p} \\ &= (-1)^{Fmk} \sum_{p=0}^{K-1} x(mD-p) \otimes \left[2h_\mathrm{R}\left(\frac{mD}{L}\right) \otimes h_{\mathrm{MR},p}\left(\frac{m}{F}\right) - 2h_\mathrm{I}\left(\frac{mD}{L}\right) \otimes h_{\mathrm{MI},p}\left(\frac{m}{F}\right) \right] \mathrm{e}^{-\mathrm{j}\omega_k p} \end{aligned}$$
$$(4\text{-}69)$$

由式（4-69）可得，基于 MMF-FRM 的多相信道化结构如图 4.27 所示，滤波过程完全工作在数据降采样之后，更易于工程实现。

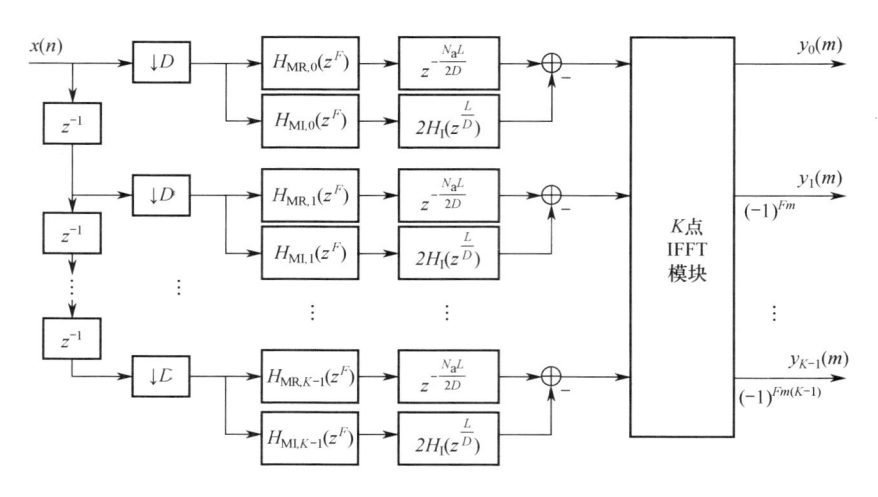

图 4.27 基于 MMF-FRM 的多相信道化结构

4.4.4 基于 MMF-FRM 的多相分支屏蔽滤波器

$H_{MR}(z)$ 和 $H_{MI}(z)$ 由同一个原型屏蔽滤波器通过余弦、正弦调制得到，MMF-FRM 滤波器组进行多相分解后，多相分支屏蔽滤波器可以表示为

$$\begin{cases} H_{MR,p} = \sum_{m=0}^{N_M/K} h_M(mK+p)\cos\frac{\pi}{2L}\left(mK+p-\frac{N_M}{2}\right)z^{-n} \\ H_{MI,p} = \sum_{m=0}^{N_M/K} h_M(mK+p)(-1)^P \sin\frac{\pi}{2L}\left(mK+p-\frac{N_M}{2}\right)z^{-n} \end{cases} \quad (4\text{-}70)$$

由式（4-70）可知，进行多相分解后子屏蔽滤波器的正弦、余弦调制因子是周期性的。多相分支屏蔽滤波过程可以表示为

$$\begin{aligned} y_{R,p}(n) &= \sum_{i=0}^{N_{M,p}} h_{MR,p}(i)x(n-i) \\ &= \sum_{i=0}^{N_{M,p}} h_M(iK+p)\cos\frac{\pi}{2L}\left(iK+p-\frac{N_M}{2}\right)x(n-i) \\ &= \sum_{i=0}^{N_{M,p}} s(i)\cos\frac{\pi}{2L}\left(iK+p-\frac{N_M}{2}\right) \\ &= \sum_{k=0}^{2P-1}\sum_{i=0}^{\lfloor N_{M,p}/2P\rfloor} s(2Pi+k)\cos\frac{\pi}{2L}\left(2Li+Kk+p-\frac{N_M}{2}\right) \\ &= \sum_{k=0}^{2P-1}\left[\sum_{i=0}^{\lfloor N_{M,p}/2P\rfloor} (-1)^i s(2Pi+k)\right]\cos\frac{\pi}{2L}\left(Kk+p-\frac{N_M}{2}\right) \end{aligned} \quad (4\text{-}71)$$

其中，$s(i) = h_M(iK+p)x(n-i)$，$\lfloor\cdot\rfloor$ 为向下取整，同理有

$$\begin{aligned}y_{\mathrm{I},p}(n) &= \sum_{k=0}^{2P-1}\left[\sum_{i=0}^{\lfloor N_{\mathrm{M},p}/2P\rfloor}(-1)^{i}s(2Pi+k)\right](-1)^{P}\sin\frac{\pi}{2L}\left(Kk+p-\frac{N_{\mathrm{M}}}{2}\right)\\ &=(-1)^{P}\sum_{k=0}^{2P-1}\left[\sum_{i=0}^{\lfloor N_{\mathrm{M},p}/2P\rfloor}(-1)^{i}s(2Pi+k)\right]\sin\frac{\pi}{2L}\left(Kk+p-\frac{N_{\mathrm{M}}}{2}\right)\end{aligned} \quad (4\text{-}72)$$

由式（4-71）和式（4-72）可知，当输入信号相同时，$y_{\mathrm{R},p}(n)$ 和 $y_{\mathrm{I},p}(n)$ 的计算过程都包含数据与原型屏蔽滤波器系数相乘的过程，只需要保证输入信号相同就可以一起实现。

为提供上述分析所需要的条件，将原型屏蔽滤波器置于原型插值滤波器之前，以保证屏蔽滤波过程中有相同的输入信号。多相分支屏蔽滤波过程的具体实现结构如图 4.28 所示。

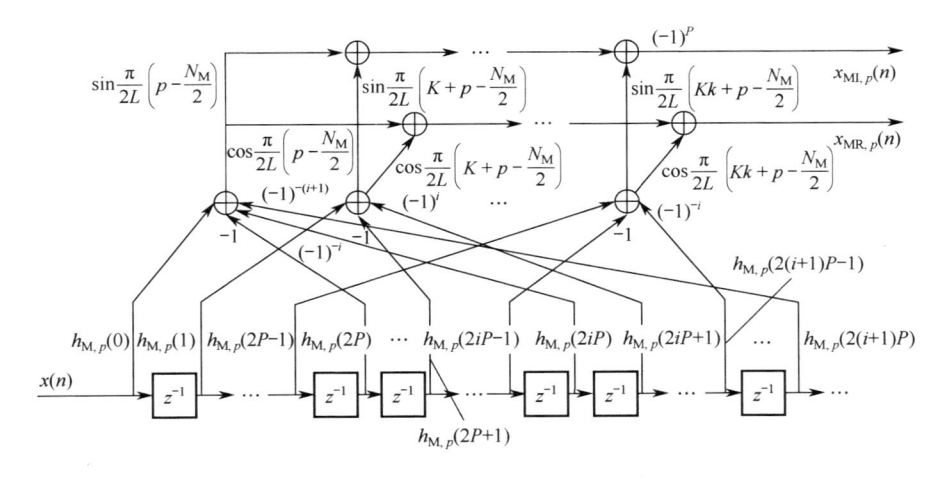

图 4.28 多相分支屏蔽滤波过程的具体实现结构

4.4.5 基于 MMF-FRM 滤波器组结构复杂度分析

本节对几种窄过渡带信道化接收机结构的实现复杂度进行了对比分析。在滤波器的硬件实现中，乘法器是最紧缺的资源，因此，本书所考虑的复杂度为乘法器数量。针对 8 信道的情况，在不同过渡带宽的情况下对比了几种窄过渡带信道化接收机结构的复杂度。以下各 FRM 结构的复杂度都是用半带滤波器实现原型滤波器时计算的，延时是在信号采样率为 1GHz 的情况下给出的。

如表 4.4 所示为过渡带宽为 0.005π 时几种窄过渡带信道化结构的复杂度对比分析，如表 4.5 所示为过渡带宽为 0.004π 时的复杂度对比分析。通过比较可以看出，FRM 技术可以有效降低窄过渡带信道化结构的实现复杂度，但是相比多相结构会带来滤波延时的增加。通过各种 FRM 技术的比较可以看出，提出的 MMF-FRM 技术在几乎不增加延时的情况下可以获得更低的实现复杂度。

表 4.4　过渡带宽为 0.005π 时信道化结构复杂度

信道化结构	复杂度	延时/ns
多相结构	1390	695
FRM 结构	416	704
CEM-FRM 结构	400	712
MMF-FRM 结构	360	716

表 4.5　过渡带宽为 0.004π 时信道化结构复杂度

信道化结构	复杂度	延时/ns
多相结构	1550	775
FRM 结构	472	872
CEM-FRM 结构	440	872
MMF-FRM 结构	384	876

4.4.6　基于 MMF-FRM 的滤波器组结构仿真分析

在多相信道化接收机的实现中，原型滤波器的设计是重要一步。设计原型滤波器需要提供信道数、过渡带宽、纹波系数等参数；然后根据给定的滤波器参数选取合适的 MMF-FRM 子滤波器设计方案；最后进行滤波器的多相分解和信道化接收机结构的搭建。

本节在采样率为 1GHz 的情况下进行了 8 信道的最大抽取多相信道化结构仿真。原型滤波器的参数如下：过渡带宽为 0.005π、通带纹波为 0.01dB、阻带衰减为 60dB。如表 4.6 所示为满足设计要求的子滤波器的设计方案。在滤波器的设计过程中，在相同条件下会有不同的设计方案，在不同条件下会有不同的最优选择 L。由表 4.6 可以看出，在给定的参数下，当 $L=16$ 时，该信道化滤波器组乘法器消耗最少，当 $L=8$ 时延时最短，本节选择当 $L=16$ 时的设计方案进行仿真。

按如表 4.6 所示当 $L=16$ 时的参数要求设计原型低通滤波器和原型屏蔽滤波器。原型低通滤波器的幅频特性如图 4.29 所示，过渡带宽为 0.08π，滤波器阶数为 54，因为采用半带滤波器进行设计，所以，原型低通滤波器只有 28 个非零系数。如图 4.30 所示为插值滤波器和相应的屏蔽滤波器的幅频响应。如图 4.31 所示为合成后的窄过渡带滤波器 $H(z)$ 的幅频响应，合成后的滤波器满足过渡带宽为 0.005π、通带纹波为 0.01dB、阻带衰减为 60dB 的设计要求。

表 4.6　满足设计要求的子滤波器的设计方案

L	ω_{ap} $/\times\pi$	δ_a	$H_p(z)$	ω_{Mp} $/(\times\pi rad$ $/sample)$	ω_{Ms} $/(\times\pi rad$ $/sample)$	R_{Mp} $/dB$	R_{Ms} $/dB$	$H_M(z)$ 阶数	复杂度	延时
8	0.48	0.00056	166	0.065	0.19	0.01	65	63	440	704
16	0.46	0.00056	82	0.09625	0.15875	0.01	65	119	360	716
24	0.44	0.00056	54	0.10667	0.48333	0.01	65	191	408	744
32	0.42	0.00056	42	0.111875	0.143125	0.01	65	263	488	804
40	0.40	0.00056	34	0.115	0.14	0.01	65	343	584	852
48	0.38	0.00056	26	0.117083	0.137917	0.01	65	439	696	844

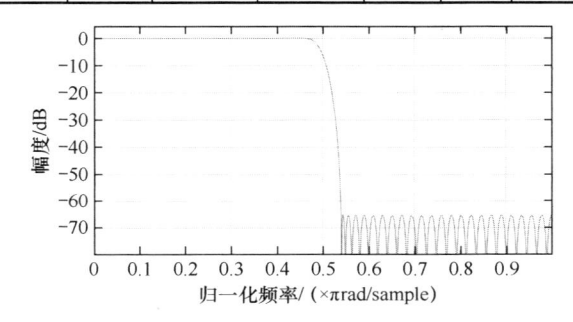

图 4.29　原型低通滤波器的幅频特性

(a) $H_a(z^L)$ 和 $H_{Ma}(z)$ 的幅频响应

(b) $H_c(z^L)$ 和 $H_{Mc}(z)$ 的幅频响应

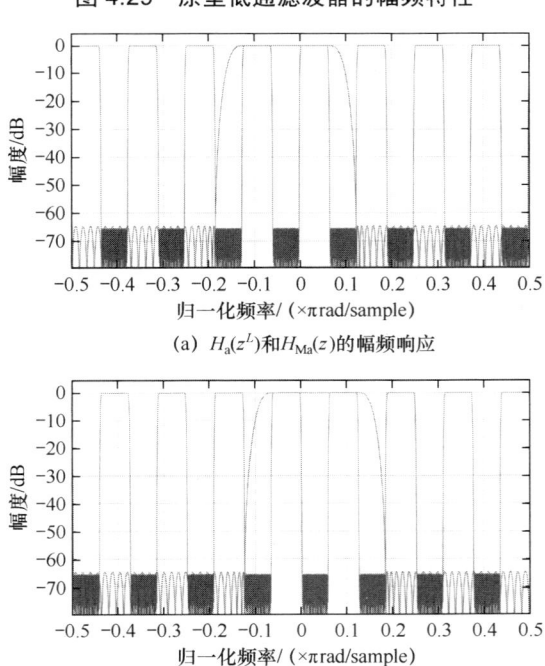

图 4.30　插值滤波器和相应的屏蔽滤波器的幅频响应

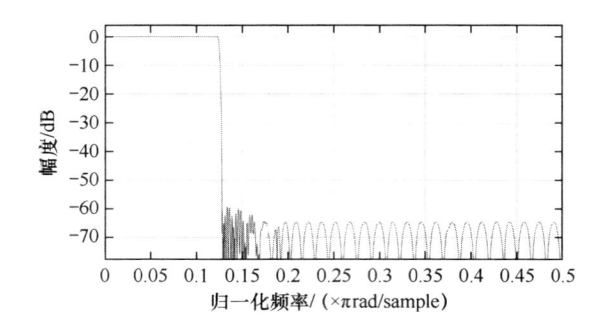

图 4.31 合成后的窄过渡带滤波器的 $H(z)$ 的幅频响应

为了验证推导的信道化接收机结构的正确性和信号接收的实际效果，下面进行基于 MATLAB 的仿真，输入频率分别为 160MHz 和 300MHz 的两个正弦信号。如图 4.32 所示为输入信号与信道化滤波器组的幅频特性。如图 4.33 所示为 8 个信道的信号输出，与图 4.32 相对应，信道 2、3、7、8 有信号输出，同时输出信号的阻带衰减达到了 60dB，可以证明该信道化结构的正确性和可行性。

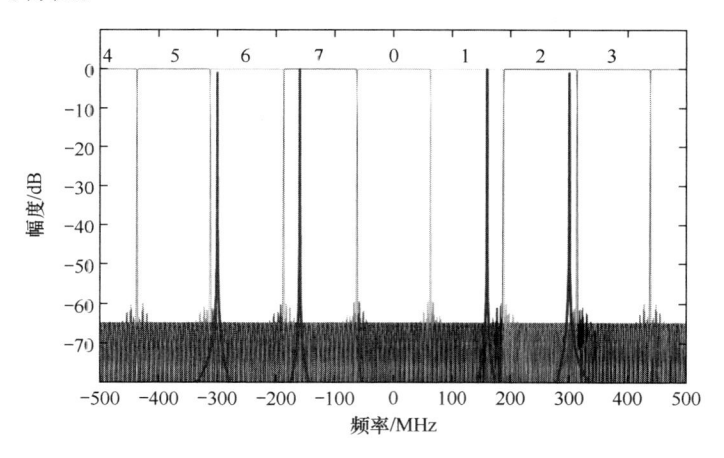

图 4.32 输入信号与信道化滤波器组的幅频特性

下面介绍基于 XSG 的信道化结构的硬件实现及仿真，硬件实现平台选择 Virtex7 xc7vx690t-1ffg1761。滤波器系数采用 14bit 字长来实现，如图 4.34 所示为直接设计的滤波器和基于 MMF-FRM 的滤波器在有限字长情况下的幅频响应。由图 4.34 可以看出，直接设计的滤波器对有限字长更加敏感。有限字长带来的影响可以通过增加字长或用更加严格的设计参数来弥补，但是会增加滤波器的实现复杂度。基于 MMF-FRM 的滤波器在有限字长实现时的优势是，相对于直接设计的滤波器，实现复杂度较小。

图 4.33　8 个信道的信号输出

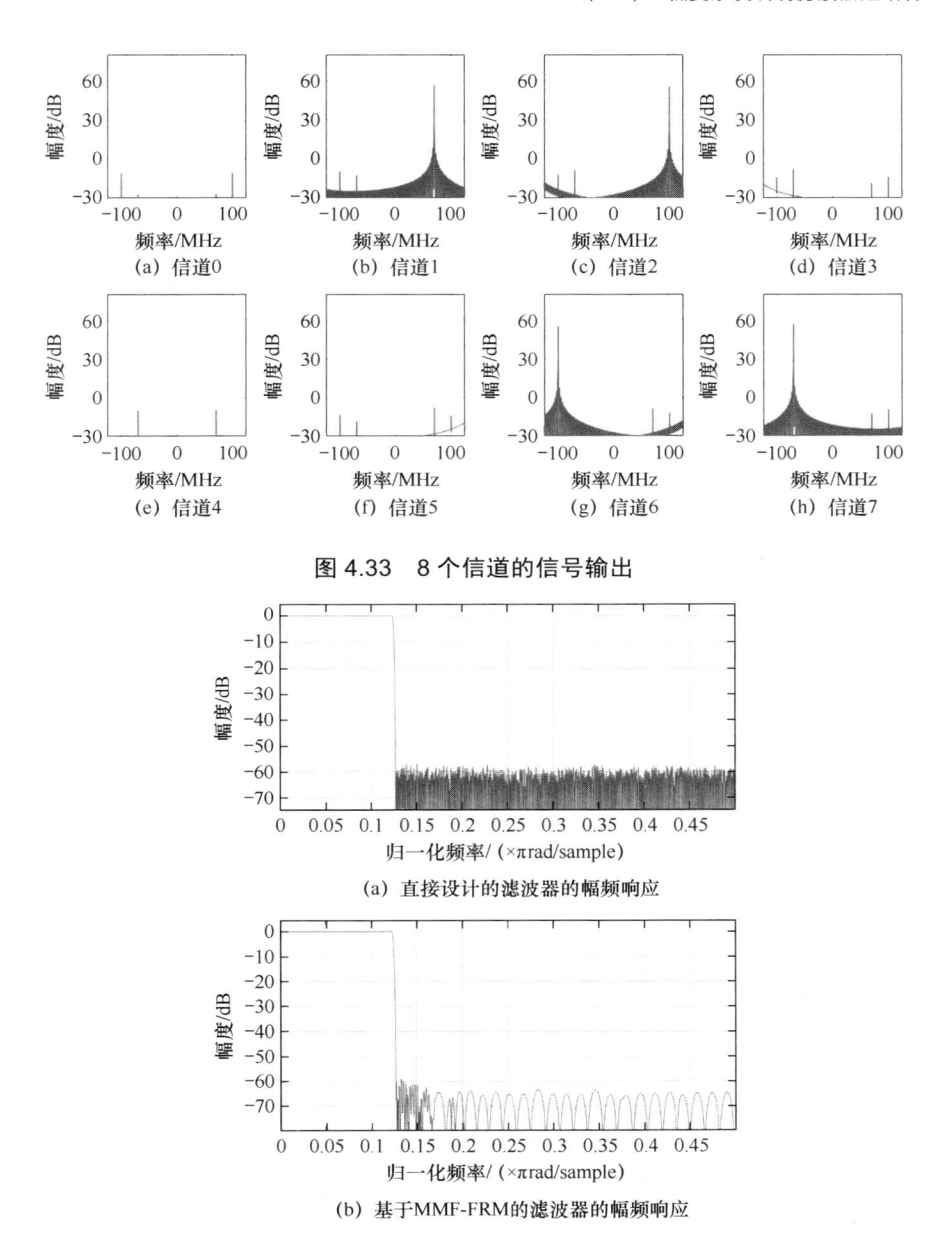

图 4.34　在有限字长情况下滤波器的幅频响应

如图 4.27 所示的数字信道化接收机按照数据速率可以分为信号延时抽取和信道化滤波两部分，信号采样率为 1GHz，滤波和 IFFT 过程工作频率为 125MHz。在工程实现过程中，延时模块和抽取模块常根据 ADC 芯片的工作模式进行数据同步与串并转换。串并转换后的数据按倒序输入信道化滤波模块，进行信道化接收。如图 4.35 所示为数字接收机的信道化滤波模块的硬件结构，其由 8 路多相子滤波器组和 IFFT 模块构成。每路滤波器组的具体结构如图 4.36 所示，其中，屏蔽滤波器采用如图 4.28 所示的结构实现，这样的实现方式可以有效降低硬件实现的乘法器资源消耗。

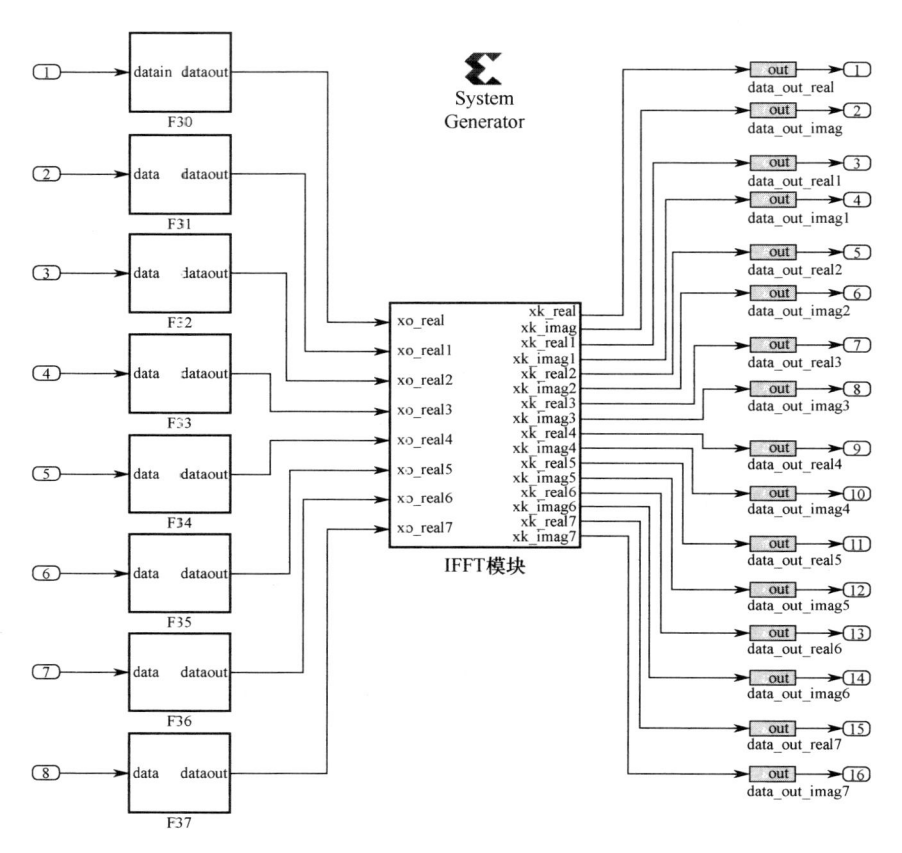

图 4.35 数字接收机的信道化滤波模块的硬件结构

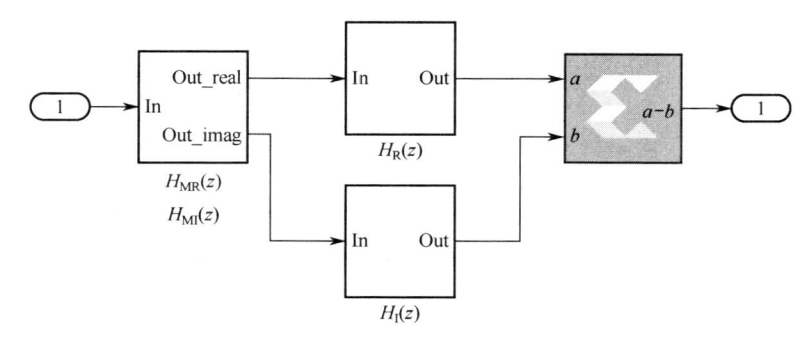

图 4.36 每路滤波器组的具体结构

向信道化接收机输入频率分别为 160MHz 和 300MHz 的两个正弦信号，得到如图 4.37 所示的 8 信道输出信号的频谱。通过子信道信号的频谱可知，该硬件结构仿真满足 60dB 阻带衰减和频带划分的要求。

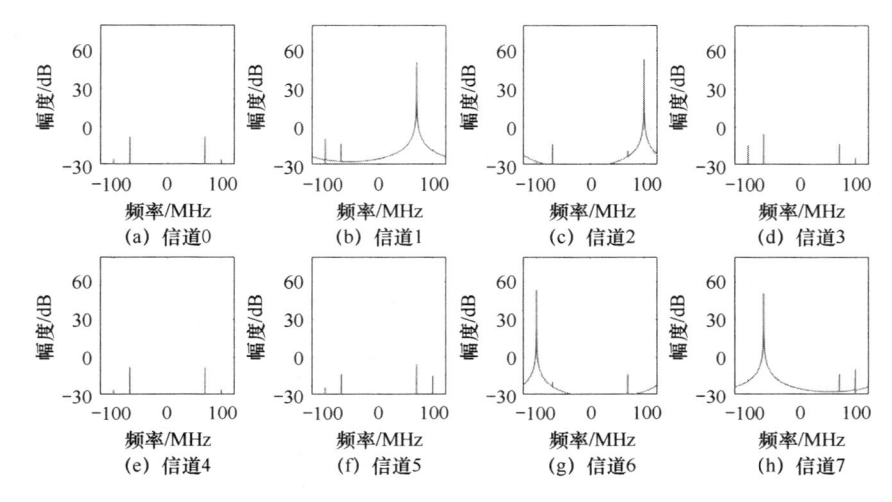

图 4.37 硬件仿真子信道信号频谱

如表 4.7 所示为不同多相信道化接收机硬件资源比较。其中，DSPs 表示乘法器数量，本书提出的 MMF-FRM 信道化接收机与 CEM-FRM 信道化接收机相比，可以节省约 10%的乘法器资源；与多相信道化接收机相比，可以节省约 74%的乘法器资源，更有利于信道化接收机在阵列信号处理等系统中的应用。

表 4.7 不同多相信道化接收机硬件资源比较

资源	多相信道化接收机	CEM-FRM 信道化接收机	MMF-FRM 信道化接收机
寄存器	33313/866400（3.9%）	29480/866400（3.4%）	29352/866400（3.4%）
查找表	32499/433200（7.5%）	46381/433200（10.7%）	52149/433200（12.0%）
DSPs	1394/3600（38.7%）	403/3600（11.2%）	363/3600（10.1%）

注：表中 A/B（C%）含义为，A 为实际资源消耗数，B 为资源总数，C% 为消耗资源的百分比。

4.5 基于 CEM-FRM 的动态综合滤波器组结构

实现非均匀滤波器组主要有两种方法：直接法和间接法。直接法是根据所需非均匀滤波器组中各个子滤波器的中心频率和带宽，计算出通带截止频率和阻带起始频率等参数，然后根据这些参数直接设计各个子滤波器[12]。间接法是利用分析滤波器组与综合滤波器组相结合的方法实现的，首先利用分析滤波器组对整个频带进行均匀划分，然后利用综合滤波器组合并分析滤波器组的子频带，从而实现非均匀滤波器组[13]。本节对实现非均匀滤波器组的间接法进行了研究，并且推导得出了一种基于 CEM-FRM 的动态综合滤波器组。

4.5.1 基于 CEM-FRM 低复杂度综合滤波器组结构设计

为了实现子信号的综合，首先介绍 M 通道滤波器组的信号重建的相关理论。M 通道滤波器组的基本结构如图 4.38 所示。M 通道滤波器组包含分析滤波器组、中间处理环节和综合滤波器组。

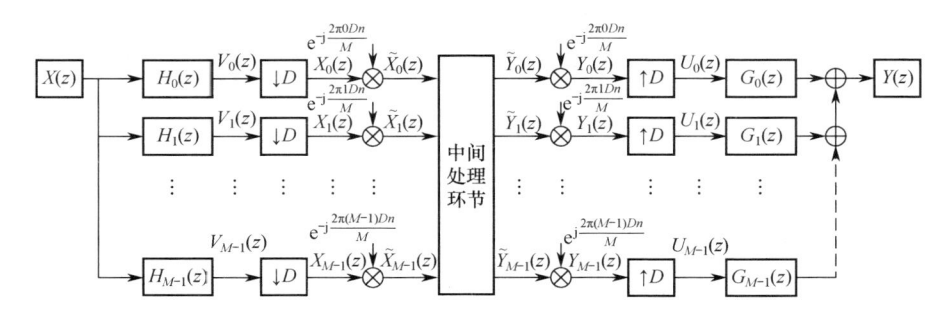

图 4.38 M 通道滤波器组的基本结构

分析滤波器组包含 M 个子滤波器 $H_k(z)$ ($k=0,1,\cdots,M-1$)，这 M 个子滤波器将整个频带进行均匀划分[14]，子滤波器的中心频率 $\omega_k = 2\pi k/M$ ($k=0,1,\cdots,M-1$)。其中，原型低通滤波器 $H_0(z)$ 的单位采样响应为 $h_0(n)$。其余的子滤波器的单位采样响应可以通过对原型低通滤波器 $H_0(z)$ 进行复数调制得到，第 k 个子滤波器 $H_k(z)$ 的单位采样响应可以表示为

$$h_k(n) = h_0(n) e^{j\frac{2\pi kn}{M}} \qquad (4\text{-}73)$$

那么，可以得到

$$H_k(z) = H_0\left(z e^{-j\frac{2\pi k}{M}}\right) = H_0(z W_M^k) \qquad (4\text{-}74)$$

同样，在综合滤波器组中也可以得到

$$g_k(n) = g_0(n) e^{j\frac{2\pi kn}{M}} \qquad (4\text{-}75)$$

$$G_k(z) = G_0\left(z e^{-j\frac{2\pi k}{M}}\right) = G_0(z W_M^k) \qquad (4\text{-}76)$$

式中，$g_k(z)$ ($k=0,1,\cdots,M-1$) 为子滤波器 $G_k(z)$ 的单位采样响应。

输入信号 $x(n)$ 通过第 k 个子滤波器 $H_k(z)$ 之后，可以得到输出 $v_k(n) = x(n) * h_k(n)$。$v_k(n)$ 经过 D 倍抽取之后，可以得到 $x_k(n) = v_k(nD)$。这 M

个子信号 $x_k(n)$（$k=0,1,\cdots,M-1$）在进行中间处理环节之前需要调制到零中频，因此，需要乘以一个复数调制因子 $\mathrm{e}^{-\mathrm{j}2\pi kDn/M}$，调制之后的 $\tilde{x}_k(n)$ 的 z 变换的表达式为

$$\tilde{X}_k(z) = \frac{1}{D}\sum_{m=0}^{D-1} X\left(z^{\frac{1}{D}}W_D^m W_M^{-k}\right) H_0\left(z^{\frac{1}{D}}W_D^k\right) \tag{4-77}$$

设中间处理环节的传递函数为 $P(z)$，通过中间处理环节之后得到的 k 个输出 $\tilde{Y}_k(z) = P(z)\tilde{X}_k(z)$。在子信号通过综合滤波器组之前要将调制到零中频的子信号恢复到原来的频带，因此需要乘以一个复数调制因子 $\mathrm{e}^{\mathrm{j}2\pi kDn/M}$，那么有 $Y_k(z) = \tilde{Y}_k(zW_M^{kD}) = P(zW_M^{kD})\tilde{X}_k(zW_M^{kD})$。将式（4-77）代入 $Y_k(z)$ 的表达式中，可以得到

$$Y_k(z) = \frac{1}{D} P(zW_M^{kD}) \sum_{m=0}^{D-1} X\left(z^{\frac{1}{D}}W_D^m\right) H_0\left(z^{\frac{1}{D}}W_D^m W_M^k\right) \tag{4-78}$$

$Y_k(z)$ 经过 D 倍插值之后表示为 $Y_k(z^D)$，将综合滤波器组中的各个子滤波器的输出信号进行求和，就可以得到最终的综合信号 $Y(z)$，则 $Y(z)$ 的表达式为

$$Y(z) = \frac{1}{D}\sum_{m=0}^{D-1} X(zW_D^m) \times \sum_{k=0}^{M-1} P(z^D W_M^{kD}) H_0(zW_D^m W_M^k) G_0(zW_M^k) \tag{4-79}$$

为了将式（4-79）表示为矩阵形式，令

$$\boldsymbol{G}(z) = [G_0(zW_M^0) \quad G_0(zW_M^1) \quad \cdots \quad G_0(zW_M^{M-1})]^\mathrm{T} \tag{4-80}$$

$$\boldsymbol{H}(z) = [H_0(zW_M^0 W_D^0) \quad H_0(zW_M^1 W_D^0) \quad \cdots \quad H_0(zW_M^{M-1} W_D^0)]^\mathrm{T} \tag{4-81}$$

$$\boldsymbol{X}_\mathrm{A}(z) = [X(zW_D^1) \quad X(zW_D^2) \quad \cdots \quad X(zW_D^{D-1})]^\mathrm{T} \tag{4-82}$$

$$\boldsymbol{X}(z) = [X(zW_D^0) \quad \boldsymbol{X}_\mathrm{A}(z)]^\mathrm{T} = [X_\mathrm{S}(z) \quad \boldsymbol{X}_\mathrm{A}(z)]^\mathrm{T} \tag{4-83}$$

$$\boldsymbol{H}(z) = \begin{bmatrix} H_0(zW_M^0 W_D^0) & \cdots & H_0(zW_M^0 W_D^{D-1}) \\ \cdots & \cdots & \cdots \\ H_0(zW_M^{M-1} W_D^0) & \cdots & H_0(zW_M^{M-1} W_D^{D-1}) \end{bmatrix}_{M \times D} \tag{4-84}$$

$$= [H(z) | \boldsymbol{H}_{M \times (D-1)}(z)]_{M \times D}$$

$$\boldsymbol{P} = \mathrm{diag}[P(z^D W_M^0) \quad \cdots \quad P(z^D W_M^{(M-1)D})]$$

$$= \begin{bmatrix} P(z^D W_M^0) & \cdots & 0 \\ \vdots & \vdots & \vdots \\ 0 & \cdots & P(z^D W_M^{(M-1)D}) \end{bmatrix}_{M \times M} \tag{4-85}$$

那么，式（4-79）的矩阵形式可以表示为

$$Y(z) = \frac{1}{D} \boldsymbol{G}_{1\times M}^{\mathrm{T}}(z) \boldsymbol{P}_{M\times M}(z) \boldsymbol{H}_{M\times D}(z) \boldsymbol{X}_{D\times 1}(z) \quad (4\text{-}86)$$

令 $\boldsymbol{T}_{1\times D}(z)$ 为 M 通道滤波器组的总传递函数，表达式为

$$\boldsymbol{T}_{1\times D}(z) = \boldsymbol{G}_{1\times M}^{\mathrm{T}}(z) \boldsymbol{P}_{M\times M}(z) \boldsymbol{H}_{M\times D}(z) = [T_{\mathrm{S}}(z) \, \boldsymbol{T}_{\mathrm{A}}(z)] \quad (4\text{-}87)$$

其中，$T_{\mathrm{S}}(z)$ 为重建信号的传递函数；$\boldsymbol{T}_{\mathrm{A}}(z)$ 为混叠信号的传递函数。

$$\begin{aligned} T_{\mathrm{S}}(z) &= \boldsymbol{G}_{1\times M}^{\mathrm{T}}(z) \boldsymbol{P}_{M\times M}(z) \boldsymbol{H}(z) \\ &= \begin{bmatrix} G_0(zW_M^0) \\ \vdots \\ G_0(zW_M^{M-1}) \end{bmatrix} \begin{bmatrix} P(z^D W_M^0) & \cdots & 0 \\ \vdots & \vdots & \vdots \\ 0 & \cdots & P(z^D W_M^{(M-1)D}) \end{bmatrix} \begin{bmatrix} H_0(zW_M^0 W_D^0) \\ \vdots \\ H_0(zW_M^{M-1} W_D^0) \end{bmatrix} \end{aligned} \quad (4\text{-}88)$$

$$\begin{aligned} \boldsymbol{T}_{\mathrm{A}}(z) &= \boldsymbol{G}_{1\times M}^{\mathrm{T}}(z) \boldsymbol{P}_{M\times M}(z) \boldsymbol{H}_{M\times (D-1)}(z) \\ &= \begin{bmatrix} G_0(zW_M^0) \\ \vdots \\ G_0(zW_M^{M-1}) \end{bmatrix} \begin{bmatrix} P(z^D W_M^0) & \cdots & 0 \\ \vdots & \vdots & \vdots \\ 0 & \cdots & P(z^D W_M^{(M-1)D}) \end{bmatrix} \begin{bmatrix} H_0(zW_M^0 W_D^1) & \cdots & H_0(zW_M^0 W_D^{D-1}) \\ \vdots & \vdots & \vdots \\ H_0(zW_M^{M-1} W_D^1) & \cdots & H_0(zW_M^{M-1} W_D^{D-1}) \end{bmatrix} \end{aligned}$$
$$(4\text{-}89)$$

那么，式（4-86）可以表示为

$$\begin{aligned} Y(z) &= \frac{1}{D} \boldsymbol{T}_{1\times D}(z) \boldsymbol{X}(z) \\ &= \frac{1}{D} T_{\mathrm{S}}(z) X_{\mathrm{S}}(z) + \frac{1}{D} \boldsymbol{T}_{\mathrm{A}} \boldsymbol{X}_{\mathrm{A}}(z) \end{aligned} \quad (4\text{-}90)$$

如果混叠信号的传递函数 $\boldsymbol{T}_{\mathrm{A}}(z) = 0_{1\times (D-1)}$，那么可以有效地消除混叠失真，即

$$\sum_{k=0}^{M-1} P(z^D W_M^{kD}) H_0(z W_D^m W_M^k) G_0(z W_M^k) = 0, \quad \forall m = 1,2,\cdots,D-1 \quad (4\text{-}91)$$

那么，混叠失真消除的条件应该为

$$\sum_{k=0}^{M-1} H_0(z W_D^m W_M^k) G_0(z W_M^k) = 0, \quad \forall m = 1,2,\cdots,D-1 \quad (4\text{-}92)$$

因为分析滤波器组和综合滤波器组都是由原型低通滤波器进行复数调制得到的，所以可以去掉调制因子和 M 次求和。那么，确保消除混叠失真的条件可以表示为

$$H_0(z W_D^m) G_0(z) = 0, \quad \forall m = 1,2,\cdots,M-1 \quad (4\text{-}93)$$

可以注意到：式（4-92）与 $P(z)$ 无关，也就是说，M 通道滤波器组如果满足混叠消除的条件，无论中间处理环节的传递函数是什么，式（4-92）都成立。这个特点是分析滤波器组和综合滤波器组采用复数调制

的方式产生的[15]。

在确保消除混叠失真的情况下，考虑式（4-89）中的第一项，为了使综合后的信号是输入信号的纯延时形式，那么

$$T_S(z) = \sum_{k=0}^{M-1} P(z^D W_M^{kD}) H_0(zW_M^k) G_0(zW_M^k) = z^{-n_0} \quad (4\text{-}94)$$

式中，n_0 为正整数，代表整个 M 通道滤波器组的延时；不需要中间处理环节的矩阵 $\boldsymbol{P}_{M \times M}$ 参与到信号的重建中来，令 $\boldsymbol{P}_{M \times M} = \boldsymbol{E}_{M \times M}$，其中，$\boldsymbol{E}_{M \times M}$ 为 M 阶单位矩阵。那么，式（4-92）变为

$$\sum_{k=0}^{M-1} H_0(zW_M^k) G_0(zW_M^k) = z^{-n_0} \quad (4\text{-}95)$$

因此，在不考虑中间处理环节的情况下，M 通道滤波器组的信号准确重建的条件是同时满足式（4-93）和式（4-94）。式（4-93）要求分析滤波器组中除原型低通滤波器的各子滤波器与综合滤波器组中的原型低通滤波器没有交叠。式（4-94）要求分析滤波器组与综合滤波器组具有线性相位的全通特性。事实上，在实际设计分析滤波器组和综合滤波器组时，由于滤波器具有过渡带和纹波等，很难满足式（4-93）和式（4-94），因此在大多数情况下只需要设计出近似满足这两个公式的分析滤波器组和综合滤波器组即可。将这两个公式中的等号换为约等号，就可以得到近似准确重构的条件：

$$H_0(zW_D^m) G_0(z) \approx 0, \quad \forall m = 1, 2, \cdots, M-1 \quad (4\text{-}96)$$

$$\sum_{k=0}^{M-1} H_0(zW_M^k) G_0(zW_M^k) \approx z^{-n_0} \quad (4\text{-}97)$$

4.5.2 基于 CEM-FRM 低复杂度综合滤波器组结构复杂度分析

基于多相结构的动态综合滤波器组和基于 CEM-FRM 的动态综合滤波器组都不需要将全部子信号输入综合滤波器组中，只需要将检测出的有用信号的子频带进行综合，这样必然会节约大量的硬件资源[16]。下面分别对这两个动态综合滤波器组结构进行复杂度分析[17]，即利用代价函数对各综合滤波器组的复杂度进行表示。基于多相结构的综合滤波器组的代价函数 C_{ps} 的表达式为

$$C_{ps} = \frac{\alpha_{ps}}{\Delta \omega} + \frac{M}{2} \log_2 M \quad (4\text{-}98)$$

式中，α_{ps} 为比例系数，$\Delta \omega$ 为子滤波器的归一化过渡带宽，M 为子滤波器

个数。

基于 CEM-FRM 的综合滤波器组的代价函数 C_{CEMs} 的表达式为

$$C_{CEMs} = \alpha_{CEMs}\left(\frac{M}{\Delta\omega_a}+\frac{2}{\Delta\omega_{Ma}}\right)+\frac{M}{2}\log_2 M \quad (4\text{-}99)$$

式中，α_{CEMs} 为比例系数，$\Delta\omega_a$ 为 FRM 滤波器中原型滤波器的归一化过渡带宽，$\Delta\omega_{Ma}$ 为 FRM 滤波器中屏蔽滤波器的归一化过渡带宽，M 为子滤波器个数。

下面对基于多相结构的动态综合滤波器组的复杂度进行分析，得到它的代价函数的表达式为

$$C_{pds} = \frac{\alpha_p K}{\Delta\omega M}+\frac{K}{2}\log_2 K \quad (4\text{-}100)$$

式中，α_p 为比例系数，$\Delta\omega$ 为原型低通滤波器的归一化过渡带宽，M 为子滤波器个数，K 为需要综合的子频带个数。

最后，对基于 CEM-FRM 的动态综合滤波器组的复杂度进行分析，它的代价函数表达式为

$$C_{cfds} = \frac{\alpha_{CEM} K}{M}\left(\frac{M}{\Delta\omega_a}+\frac{2}{\Delta\omega_{Ma}}\right)+\frac{K}{2}\log_2 K \quad (4\text{-}101)$$

式中，α_p 为比例系数，$\Delta\omega$ 为原型低通滤波器的归一化过渡带宽，M 为子滤波器个数，K 为需要综合的子频带个数。

将前面 MATLAB 仿真中的各项参数代入代价函数中，可以得到复杂度数据，如表 4.8 所示。

表 4.8 综合滤波器组复杂度数据

结　　构	复　杂　度	延时（不含 IDFT）
基本结构的综合滤波器组	49456	3090
基于多相结构的综合滤波器组	3123	194
基于多相结构的动态综合滤波器组	893	194
基于 CEM-FRM 的综合滤波器组	1376	217
基于 CEM-FRM 的动态综合滤波器组	497	217

从表 4.8 中明显看出，动态的综合滤波器组的复杂度低于非动态的综合滤波器组的复杂度，基于 CEM-FRM 的综合滤波器组的复杂度低于基于多相结构的综合滤波器组的复杂度，基于 CEM-FRM 的动态综合滤波器组的复杂度是最低的。虽然动态的综合滤波器组的复杂度低，但是其需要中间检测环

节，才能实现综合滤波器组的非均匀划分。

4.5.3 基于 CEM-FRM 低复杂度综合滤波器组结构仿真

FRM 技术可以应用于信道化发射机中，能有效地降低信道化发射机中过渡带的带宽，有效地提高频谱利用率。对基于复指数调制 FRM 的实信号输出信道化发射机结构进行仿真，仿真参数如表 4.9 所示。

表 4.9 基于复指数调制 FRM 的实信号输出信道化发射机结构仿真参数

参　数	表示符号及单位	取　　值	备　注　说　明
子信道数量	K	8	—
子信道采样率	f_s / MHz	50	输入信号为 I、Q 两路
子信道采样时间	T / μs	2	输入信号为 4000 个采样点
插值倍数	I	16	—
输出信号采样率	F_s / MHz	800	输出信号为实信号

信道化发射机设计 8 个子信道，每个子信道的采样率为 50MHz，每个信道的输入为复信号，输出信号 $y(n)$ 的采样率为 800MHz，为实信号。发射机采用的复指数调制 FRM 滤波器合成仿真参数如表 4.10 所示。

表 4.10 复指数调制 FRM 滤波器合成仿真参数

滤　波　器	通带截止频率/×π	阻带起始频率/×π	通带纹波/dB	阻带衰减/dB	阶　　数
原型插值滤波器 $H_a(z)$	0.46	0.54	0.1	−50	58
原型屏蔽滤波器 $H_M(z)$	0.046875	0.078125	0.1	−55	164

原型插值滤波器采用半带滤波器设计，原型插值滤波器幅频特性曲线如图 4.39（a）所示，原型插值滤波器插值因子 $L=32$，插值后原型插值滤波器的幅频特性曲线如图 4.39（b）所示，原型插值滤波器频移因子 $\omega_0 = \pi/64$。原型屏蔽滤波器幅频特性曲线如图 4.39（c）所示，原型屏蔽滤波器根据上述参数计算得到，原型屏蔽滤波器频移因子 $\omega_0 = -0.46\pi/32$。根据原型插值滤波器、原型屏蔽滤波器及频移因子等参数即可求得各自的实部和虚部。

最后，合成的复指数调制 FRM 滤波器幅频特性曲线如图 4.39（d）所示。合成滤波器的参数如下。

(1) 通带截止频率 ω_{ap}: 0.06125π。

(2) 阻带起始频率 ω_{as}: 0.06375π。

(3) 原型滤波器通带纹波 δ_p: 0.6dB。

(4) 原型滤波器阻带衰减 δ_s: −54.1dB。

(a) 原型插值滤波器幅频特性曲线

(b) 插值后原型插值滤波器幅频特性曲线

(c) 原型屏蔽滤波器幅频特性曲线

(d) 合成的复指数调制FRM滤波器幅频特性曲线

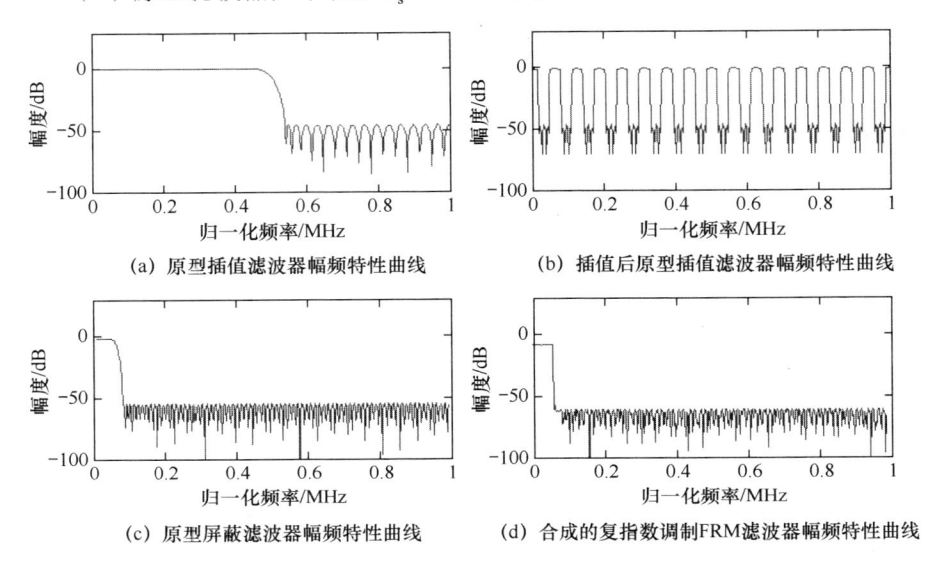

图 4.39 复指数调制 FRM 滤波器合成各滤波器幅频曲线

最终合成的 FRM 滤波器归一化过渡带的带宽仅为 0.0025π，变为原来的 1/32。将合成的复指数调制 FRM 低通滤波器调制成如图 4.40 所示的滤波器组，信道划分采用实信号输出信道划分方式 1。由于实信号输出的信号在信号对称位置存在镜像，因此，在 $0\sim\pi$，信道排布顺序依次为 1、8、2、7、3、6、4、5。将 FRM 滤波器组应用于信道化发射机中，8 个输入子信道的采样率均为 50MHz，8 个子信道输入 7 个信号。8 个子信道的输入信号参数及占用的信道如表 4.11 所示。其中，LFM 信号 LFM1 占用 2、7 两个子信道，其余信号只占用 1 个子信道。

最终输出信号为实信号 $y(n)$，基于复指数调制 FRM 信道化发射机输出的实信号幅频响应示意图如图 4.41 所示。通过与表 4.11 对比可知，各信道输入信号幅频响应图能一一对应，信道次序也可一一对应，与理论情况相符，因此，仿真验证了以上基于复指数调制 FRM 信道化发射机结构的正确性。从图 4.41 中可见，线性调频信号 LFM1 占用信道 2、7，线性调频信号 LFM1 在 2 个信道之间仍存在少许失真，因此，基于 FRM 的信道化发射机技术可以将信道设计得非常窄,在一定程度上可以减少失真,但是不能完全避免失真的存在。

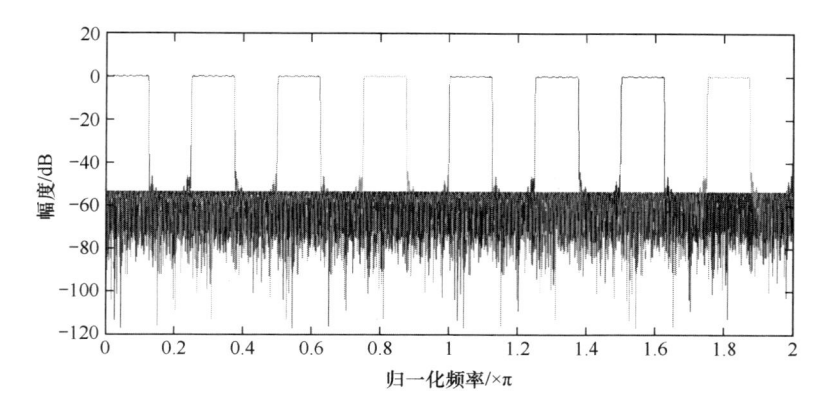

图 4.40　复指数调制 FRM 合成的滤波器组(信道划分方式 1)

表 4.11　8 个子信道的输入信号参数及占用的信道

输入信号	中心频率/MHz	调制频率/MHz	占用信道
正弦信号	25	7.5	1
线性调频信号 LFM1	150	$-20\sim 20$	2、7
线性调频信号 LFM2	225	$-12.5\sim 12.5$	3
AM 复信号	275	5	6
FM 复信号	325	5	4
ASK 信号	375	7.5	5
AM 信号	75	10	8

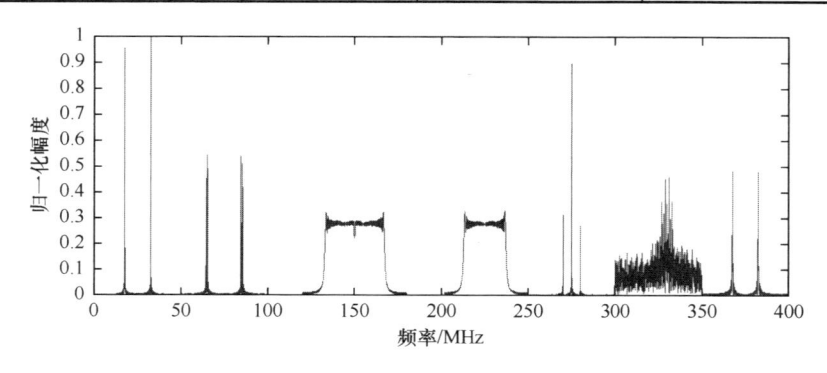

图 4.41　基于复指数调制 FRM 信道化发射机输出的实信号幅频响应示意图

滤波器的硬件主要由乘法器和加法器实现。由于乘法器实现比加法器实现占用的资源更多,所以,对比滤波器的计算复杂度一般是通过对比其所需的乘法器数量来实现的。下面在控制相同过渡带、相同通带纹波和系统阻带衰减的条件下,分析计算各个信道化结构中所需的乘法器数量。本节设计的基于复指数调制 FRM 滤波器组 8 信道的信道化发射机结构与其他类型信道化发射机结构的指标对比如表 4.12 所示。

表 4.12 不同设计方法信道化发射机结构的指标对比

设 计 方 法	乘法器资源数量/个	系统延时/个单位	是否受采样率限制
CEM-FRM 设计方法	776	253	否
直接频移法	6317	198	是
多相滤波设计方法	1579	198	否
综合 FFB 设计方法	191	2378	是
统一化 FRM 设计方法[18]	714	509	否

在表 4.12 中,乘法器资源数量表示实数乘法器数量,后面都称为乘法器资源数量。滤波器系数为实数,若滤波器输入为复数信号,则一个系数需要两个实数乘法器。如表 4.12 所示,采用本节的复指数调制 FRM 信道化发射机 MATLAB 仿真参数,原型插值滤波器采用半带滤波器设计,阶数 $N_a = 58$,非零系数为 29,并且其中一半系数是相同的,因此,在实现时只需要 15 个乘法器。原型屏蔽低通滤波器阶数 $N_M = 164$,因此,CEM-FRM 设计方法信道化发射机结构需要的乘法器资源数量为 $164 \times 4 + 15 \times 8 = 776$ 个,滤波器部分带来的系统延时为 253 个单位。采用 FIR 直接设计一个相同的滤波器,阶数 $N = 1579$,因此,直接频移法实现这样的信道化发射机所需乘法器资源数量为 6317。通过多相滤波设计方法实现的信道化发射机,需要的乘法器资源数量为 1579 个。采用统一化 FRM 设计方法实现相同的信道化发射机需要的乘法器资源数量为 $164 \times 4 + 29 \times 2 = 714$ 个。采用综合快速滤波器组(Fast Filter Bank,FFB)设计方法需要的乘法器资源数量最少,为 $290/2+10/2 \times 2+6/2 \times 4+6/2 \times 8=191$ 个,但系统延时最高,为 2378 个单位。

系统延时与系统处理速率、滤波器长度有关。一般来说,系统处理速率越高,系统延时越低;滤波器长度越长,系统延时越高。设在 100MHz 时钟下,每个滤波器系数产生 1 个单位延时,那么在 800MHz 时钟下,每个滤波器系数产生的延时为 1/8 个单位。根据表 4.12 中的对比可知,直接频移法由于每条支路在 800MHz 时钟高速率下进行处理,因此,多相滤波设计方法带来的系统延时是最低的。CEM-FRM 设计方法带来的系统延时次之,为 253 个单位,采用统一化 FRM 设计方法设计的信道化发射机结构中,存在较多的延时因子，因此系统延时较高。

通过以上分析可知，采用直接频移法和多相滤波设计方法实现的信道化发射机系统延时最低，但是计算复杂度较高。采用综合 FFB 设计方法计算复杂度得以降低，但是系统延时最高，同时该设计方法受到采样率的限制。采用统一化 FRM 设计方法实现的信道化发射机，由于采用了 FRM 设计滤波器组，计算复杂度得到降低，但该设计方法的系统延时依然较高。CEM-FRM 设计方法是统一化 FRM 设计方法的改进，既降低了计算复杂度，又不受系统采样率的限制。

4.5.4 基于 XSG 的低复杂度 CEM-FRM 综合滤波器组实现

本节主要阐述实信号输出的基于复指数调制 FRM 信道化发射机结构通过 XSG 工具如何搭建。多相滤波信道化发射机结构相对于直接实现结构，能节省许多乘法器资源，但是仍然占用一大部分乘法器资源。滤波器过渡带越窄，信道化发射机覆盖的频谱范围越广，频谱利用率越高。当原型滤波器过渡带足够窄时，FPGA 实现耗费的硬件资源也将急剧增加。本节采用 CEM-FRM 技术对原型滤波器进行优化设计，降低 FPGA 实现消耗的硬件资源。通过 XSG 工具搭建实信号输出的基于复指数调制 FRM 信道化发射机 FPGA 结构，并且发射机参数设计与 4.5.3 节中多相滤波信道化发射机参数相同。

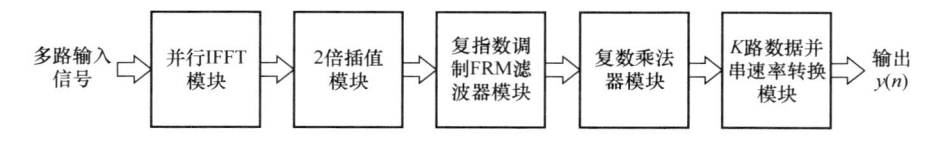

基于 XSG 工具搭建的复指数调制 FRM 信道化发射机结构框图如图 4.42 所示，整个结构包括并行 IFFT 模块、2 倍插值模块、复指数调制 FRM 滤波器模块、复数乘法器模块和 K 路数据并串速率转换模块 5 个主要部分。下面通过 XSG 工具搭建 CEM-FRM 信道化发射机结构，设置子信道数 $K=8$，各支路信道采样率 $f_s=50\mathrm{MHz}$，最后的合成信号 $y(n)$ 采样率 $F_s=800\mathrm{MHz}$。

图 4.42 基于 XSG 工具搭建的复指数调制 FRM 信道化发射机结构框图

其中，并行 IFFT 模块、2 倍插值模块、复数乘法器模块和 K 路数据并串速率转换模块设计与多相结构设计相同，本节重点介绍复指数调制 FRM 滤波器模块的 XSG 设计实现。采用复指数调制 FRM 设计中相应的原型插值滤波器、原型屏蔽滤波器参数如表 4.13 所示，原型插值滤波器的插值系数 $L=16$，理论上复指数调制 FRM 滤波器需要 $11\times 8+64\times 4=344$ 个实数乘法器，多相结构的滤波器实现需要 $511\times 2=1022$ 个实数乘法器。

表 4.13　复指数调制 FRM 滤波器参数

滤波器	通带截止频率/×π	阻带起始频率/×π	通带纹波/dB	阻带衰减/dB	阶数
原型插值滤波器 $H_a(z)$	0.44	0.56	0.1	−46	42
原型屏蔽滤波器 $H_M(z)$	0.03125	0.09375	0.5	−52	64

复指数调制 FRM 滤波器分为原型插值滤波器与原型屏蔽滤波器两部分。原型屏蔽滤波器可多相分解成 8 路系数，在设计时可采用 IP 核设计实现，滤波器系数可先在 MATLAB 中设计完成，将系数全归一化成定点数，滤波器系数量化为 20bit 数据，然后将设计好的滤波器系数从 Workspace 中导入 IP 核模块中，为了获得较高的运算速度，滤波器也配置为定点运算模式，滤波器输出也为 20bit 截位型输出。由于原型插值滤波器经过插值后，滤波器系数中存在许多零值，如果调用 FIR IP 核实现，则零系数也会占用乘法器，消耗不必要的资源。

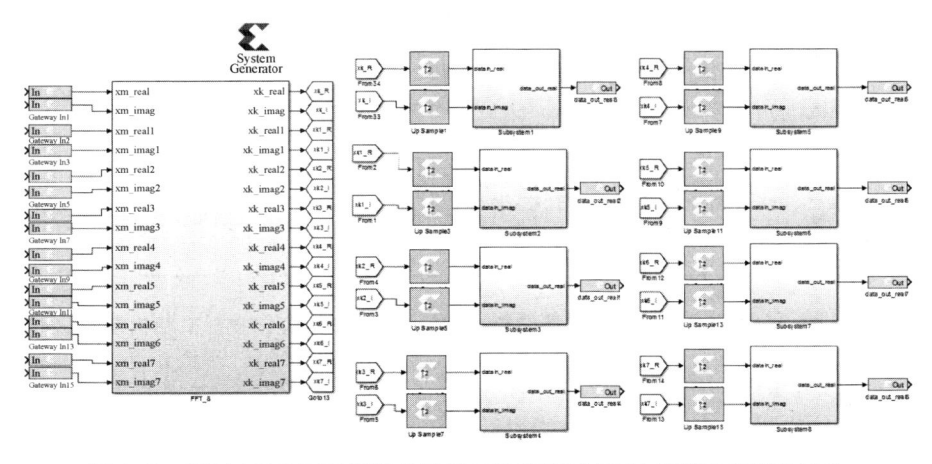

通过 XSG 工具搭建的基于复指数调制 FRM 信道化发射机结构如图 4.43 所示，共 8 路信道输入，每路分 I、Q 两路，每路数据位宽 10bit。输出端是 8 个输出口，每路数据位宽 32bit。最后需要将这 8 路输出接到 OSERDES 并串转换模块，转换成一路信号。图 4.43 只包括并行 IFFT 模块、2 倍插值模块、复数乘法器模块和复指数调制 FRM 滤波器模块。

图 4.43　通过 XSG 工具搭建的基于复指数调制 FRM 信道化发射机结构

为了验证搭建的发射机结构的正确性,下面对系统结构进行输入参数测试。除信道 3 外,各支路信道开始输入信号,数据速率为 50MSPS,长度为 550 点(12μs),将 Simulink 仿真时间设置为 12μs。将 8 个输出端 I/O 口数据通过并串转换模块得到一路 800MHz 数据,即 FPGA 的最终输出 $y(n)$,通过 Simulink 中的 Spectrum Scope 抓取该路数据,得到如图 4.44 所示的幅频特性曲线。由图 4.44 可知,输出信号 $y(n)$ 与 8 个子信道输入信号的幅频特性能对应上。在相同参数输入和相同信号输入条件下,通过 MATLAB 仿真输出的数据幅频特性曲线如图 4.45 所示,通过对比图 4.44 与图 4.45 可知,各信道输入信号幅频特性能一一对应上,信道次序也可一一对应。因此,通过以上 FPGA 输出数据与 MATLAB 仿真数据对比,可验证所搭建复指数调制 FRM 信道化发射机结构的正确性,符合参数设计要求。

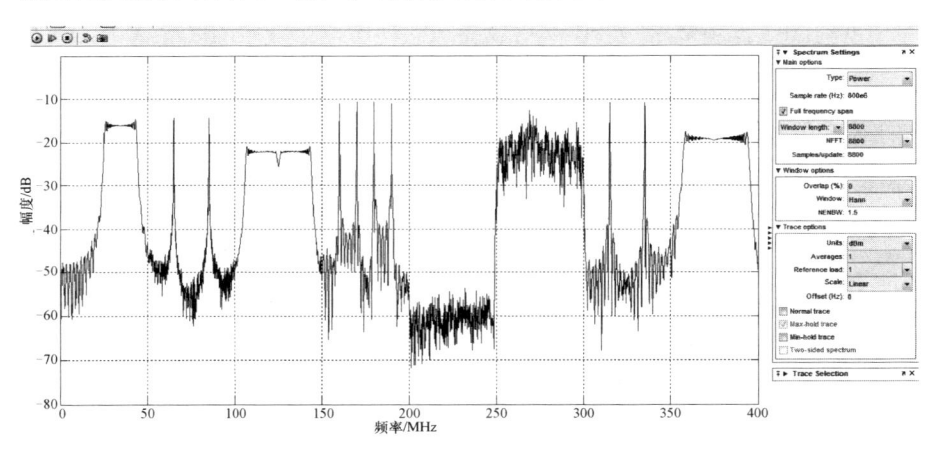

图 4.44 复指数调制 FRM 信道化发射机 FPGA 实现输出幅频特性曲线

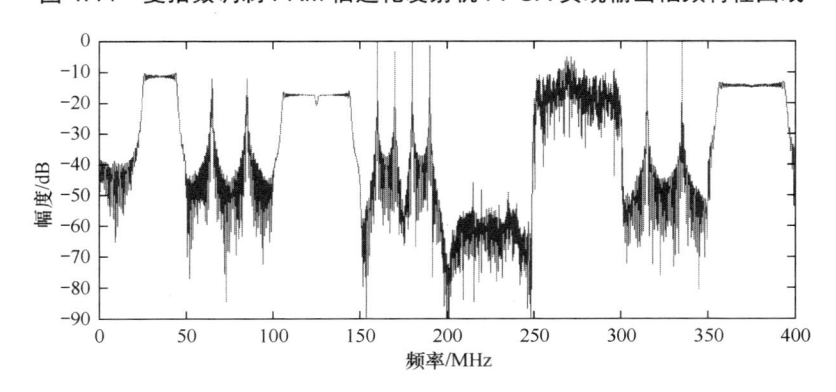

图 4.45 复指数调制 FRM 道化发射机系统 MATLAB 仿真输出幅频特性曲线

将搭建好的复指数调制 FRM 信道化发射机系统生成相应的 ISE 工程，得到 FPGA 资源占用情况如表 4.14 所示，选用的 FPGA 芯片为 Virtex6 xc6vhx380t-3ff1155 型号，并且在信道化发射机设计中保持信道支路数量、原型滤波器阶数、系统参数量化位宽与仿真参数设置相同。由表 4.14 可知，基于复指数调制的 FRM 信道化发射机系统，DSP48E1s 资源消耗率为 32%，其原因是滤波器实现所需的乘法器资源数量对应着 FPGA 内部 DSP48E1s 资源，乘法器资源数量越多，DSP48E1s 资源消耗越多。理论仿真显示，乘法器资源消耗有 66.3%的减少，这主要是因为硬件实现时原型插值滤波器是通过实数乘法器实现的，相对于 FIR 核来说没有进一步优化，而且滤波器 FPGA 实现不能控制两种结构参数完全一致。多相结构系统在 Slice Registers、Slice LUTs、Occupied Slices 和 LUT Flip Flop Pair Used 等方面资源消耗要少许多，这主要是由于复指数调制 FRM 滤波器在实现时存在大量的延时模块，延时模块会占用寄存器。因此，采用复指数调制 FRM 技术对信道化发射机进行 FPGA 实现，相当于通过增加寄存器资源的消耗来减少乘法器的使用。

表 4.14 复指数调制 FRM 信道化发射机系统 FPGA 资源占用情况

资　　源	占 用 情 况
Number of Slice Registers	11898/478080（21%）
Number of Slice LUTs	16967/239040（2%）
Number of DSP48E1s	273/864（32%）
Number of Occupied Slices	5265/59760（8%）
Number of LUT Flip Flop Pair Used	17923

4.6　基于 CFM-FRM 的多尺度可配置滤波器组结构

在实现高性能的信道化滤波的同时，如何降低滤波器组的复杂度是一个棘手的问题。因此，在多相 DFT 滤波器组中，如何同时实现窄过渡带和低复杂度，是一个需要解决的问题。FRM 方法提供了一种窄过渡带滤波器的低复杂度实现方法，但是其在多相 DFT 滤波器组中无法有效地发挥作用。本节提出了一种 CFM-FRM 方法，使其满足多相 DFT 滤波器组的要求，同时给出了基于 CFM-FRM 的多相 DFT 滤波器组的可配置实现方法。

4.6.1　FRM 滤波器组多相分解分析

在多相 DFT 滤波器组中，需要原型滤波器的多相分量。当使用 FRM 滤波器组来优化窄过渡带原型滤波器时,需要确保 FRM 滤波器组的多相分量是可获得的。FRM 滤波器组合成原理如图 4.46 所示。

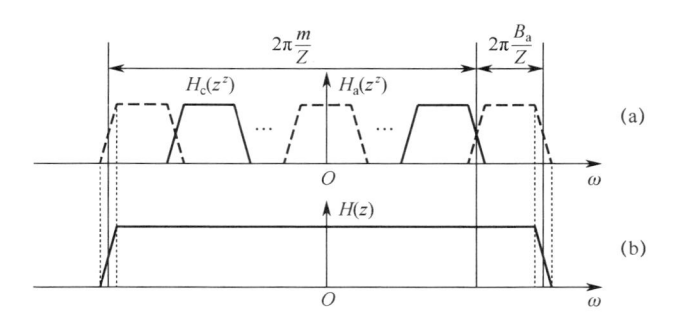

图 4.46 FRM 滤波器组合成原理

合成滤波器通过式（4-102）由 4 个子滤波器实现。

$$h(n) = h_a\left(\frac{n}{Z}\right) * h_{Ma}(n) + h_c\left(\frac{n}{Z}\right) * h_{Mc}(n) \\ = \tilde{h}_a(n) + \tilde{h}_c(n)$$
（4-102）

式中，$h_a(n)$ 和 $h_c(n)$ 的幅频响应是互补的，Z 为插值因子，$h_{Ma}(n)$ 和 $h_{Mc}(n)$ 为两个屏蔽滤波器的脉冲响应。为讨论 FRM 方法在多相 DFT 滤波器组中的应用，首先给出以下定理。

定理 4-1：假设 FRM 滤波器组将分解为 K 个多相分量，则 FRM 滤波器组可多相分解的条件为 FRM 滤波器组的插值因子 Z 与信道数 K 满足 Z/K 为正整数。

证明：通过式（4-102）可得

$$\tilde{h}_a(n) = h_a\left(\frac{n}{Z}\right) * h_{Ma}(n)$$
（4-103）

分别将 $\tilde{h}_a(n)$ 和 $h_{Ma}(n)$ 分解成 K 个子序列 $\tilde{h}_{a,p}(n)$ 和 $\tilde{h}_{Ma,p}(n)$，其中，$p \in \{0,1,\cdots,K-1\}$，可得

$$\tilde{h}_{a,p}(n) = \begin{cases} \tilde{h}_a(n+p), & n = 0, K, 2K, \cdots \\ 0, & \text{其他} \end{cases}$$
（4-104）

$$\tilde{h}_{Ma,p}(n) = \begin{cases} \tilde{h}_{Ma}(n+p), & n = 0, K, 2K, \cdots \\ 0, & \text{其他} \end{cases}$$
（4-105）

当 Z 是 K 的整数倍时，可以进一步得到

$$\tilde{h}_{a,p}(n) = h_a\left(\frac{n}{Z}\right) * \tilde{h}_{\mathrm{Ma},p}(n) \tag{4-106}$$

同理，$\tilde{h}_{c,p}(n) = h_c\left(\dfrac{n}{Z}\right) * \tilde{h}_{\mathrm{Mc},p}(n)$。

然后，合成滤波器 $h(n)$ 的多相分量可以表示为

$$h_p(n) = h_a\left(\frac{nK}{Z}\right) * h_{\mathrm{Ma}}(nK+p) + h_c\left(\frac{nK}{Z}\right) * h_{\mathrm{Mc}}(nK+p) \tag{4-107}$$

因此，只有当 Z 和 K 满足 $Z/K \in \mathbf{N}$ 时，FRM 滤波器组才可以多相分解。

对于 K 信道的均匀信道化滤波器组，子信道的归一化带宽 B 为 $1/K$。合成滤波器和模型滤波器之间的关系如图 4.46 所示，其中，模型滤波器 $h_a(n)$ 的归一化带宽为 B_a。可以得到合成滤波器的带宽满足

$$\frac{1}{K} = \frac{m}{Z} + \frac{B_a}{Z}, \quad m \in \mathbf{N} \tag{4-108}$$

因为 $0 < B_a < 1$，所以可以得到

$$\frac{Z}{K} = m + B_a \notin \mathbf{N} \tag{4-109}$$

因此，满足式（4-108）的 FRM 方法不能被多相分解，这种 FRM 方法无法在多相 DFT 滤波器组中使用，因而无法提高滤波性能。

考虑增加子通道之间的重叠，以满足 $Z/K \in \mathbf{N}$。如果 $B = 1/K + B_a/Z$，其中，B_a/Z 是重叠部分，则可以满足多相分解的条件。但是，这种解决方案为了满足多相分解的要求，将存在明显的信道重叠。随着重叠带宽的增加，干扰功率增大，信道化输出的信噪比降低，这就失去了采用窄过渡带的意义。减小 B_a 或增大 Z 可以减少信道重叠，但基于 FRM 的滤波器的乘法器优化效果随屏蔽滤波器过渡带宽变窄而变得更差。因此，这也不是一个可行的解决方法。

4.6.2　CFM-FRM 方法

为了在多相 DFT 滤波器组中有效使用 FRM 方法优化原型滤波器，需要找到一种在不引入信道重叠的情况下满足 $Z/K \in \mathbf{N}$ 的方法。通过调整 FRM 滤波器组中各子滤波器的形式和实现结构，本节提出了一种共轭频率调制频率响应屏蔽技术，如图 4.47 所示。

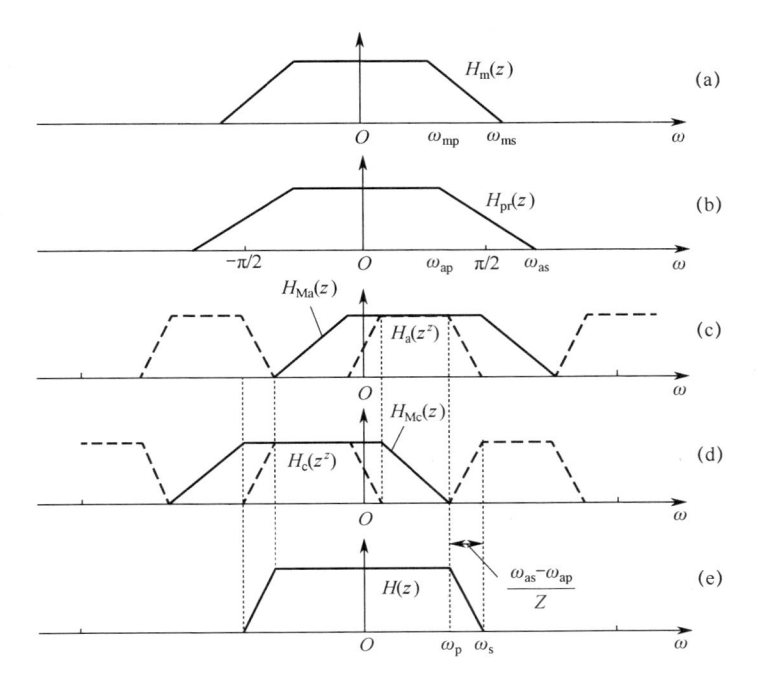

图 4.47 共轭频率调制频率响应屏蔽技术原理图

z 变换 $H_m(z)$、$H_{pr}(z)$、$H_{Ma}(z)$、$H_{Mc}(z)$、$H_a(z)$、$H_c(z)$ 和 $H(z)$ 分别对应于脉冲响应 $h_m(n)$、$h_{pr}(n)$、$h_{Ma}(n)$、$h_{Mc}(n)$、$h_a(n)$、$h_c(n)$ 和 $h(n)$。其中,原型低通滤波器 $h_{pr}(n)$ 为半带滤波器,ω_{ap} 和 ω_{as} 分别是其通带截止频率和阻带起始频率,原型屏蔽滤波器 $h_m(n)$ 的通带截止频率和阻带起始频率分别为 ω_{mp} 和 ω_{ms}。合成滤波器 $h(n)$ 的通带截止频率和阻带起始频率分别为 ω_p 和 ω_s。设 $\Delta = \omega_s - \omega_p$,CFM-FRM 滤波器组的截止频率可以由 ω_p 和 ω_s 计算得到。

$$\omega_{ap} = \frac{\pi}{2} - \frac{\Delta}{2} Z \qquad (4\text{-}110\text{a})$$

$$\omega_{as} = \frac{\pi}{2} + \frac{\Delta}{2} Z \qquad (4\text{-}110\text{b})$$

$$\omega_{mp} = \frac{\pi}{K} - \frac{\omega_{ap}}{Z} \qquad (4\text{-}110\text{c})$$

$$\omega_{ms} = \frac{\pi}{K} + \frac{\omega_{ap}}{Z} \qquad (4\text{-}110\text{d})$$

滤波器 $h_m(n)$ 的阶数为 N_m，$h_{pr}(n)$ 的阶数为 N_{pr}。模型滤波器 $h_a(n)$、$h_c(n)$、$h_{Ma}(n)$ 和 $h_{Mc}(n)$ 由滤波器 $h_{pr}(n)$ 和 $h_m(n)$ 通过共轭频率调制得到。

$$h_a(n) = h_{pr}(n) W_4^{n - \frac{N_{pr}}{2}} \quad (4\text{-}111\text{a})$$

$$h_c(n) = h_{pr}(n) W_4^{-\left(n - \frac{N_{pr}}{2}\right)} \quad (4\text{-}111\text{b})$$

$$h_{Ma}(n) = h_m(n) W_{4Z}^{(-1)^{\frac{Z}{K}} \left(n - \frac{N_m}{2}\right)} \quad (4\text{-}111\text{c})$$

$$h_{Mc}(n) = h_m(n) W_{4Z}^{(-1)^{\left(\frac{Z}{K} - 1\right)} \left(n - \frac{N_m}{2}\right)} \quad (4\text{-}111\text{d})$$

式中，$W_4^{n - \frac{N_{pr}}{2}}$ 和 $W_4^{-\left(n - \frac{N_{pr}}{2}\right)}$ 共轭，$W_{4Z}^{(-1)^{\frac{Z}{K}}(n - \frac{N_m}{2})}$ 和 $W_{4Z}^{(-1)^{\left(\frac{Z}{K} - 1\right)}(n - \frac{N_m}{2})}$ 共轭。设 $h_r(n) = h_{pr}(n) \cos \frac{\pi}{2} \left(n - \frac{N_{pr}}{2}\right)$，$h_i(n) = h_{pr}(n) \sin \frac{\pi}{2} \left(n - \frac{N_{pr}}{2}\right)$，$h_{mr}(n) = h_m(n) \cos \frac{\pi}{2Z} \left(n - \frac{N_m}{2}\right)$，$h_{mi}(n) = h_m(n) (-1)^{\frac{Z}{K}} \sin \frac{\pi}{2Z} \left(n - \frac{N_m}{2}\right)$，可以得到

$$h_a(n) = h_r(n) + j h_i(n) \quad (4\text{-}112\text{a})$$

$$h_c(n) = h_r(n) - j h_i(n) \quad (4\text{-}112\text{b})$$

$$h_{Ma}(n) = h_{mr}(n) + j h_{mi}(n) \quad (4\text{-}112\text{c})$$

$$h_{Mc}(n) = h_{mr}(n) - j h_{mi}(n) \quad (4\text{-}112\text{d})$$

将式（4-112a）～式（4-112d）代入式（4-102），可以得到 CFM-FRM 方法为

$$\begin{aligned} h(n) &= \left[h_r\left(\frac{n}{Z}\right) + j h_i\left(\frac{n}{Z}\right)\right] * [h_{mr}(n) + j h_{mi}(n)] + \left[h_r\left(\frac{n}{Z}\right) - j h_i\left(\frac{n}{Z}\right)\right] * [h_{mr}(n) - j h_{mi}(n)] \\ &= 2 h_r\left(\frac{n}{Z}\right) * h_{mr}(n) - 2 h_i\left(\frac{n}{Z}\right) * h_{mi}(n) \end{aligned} \quad (4\text{-}113)$$

其多相分量可以表示为

$$h_p(n) = 2 h_r\left(\frac{nK}{Z}\right) * h_{mr,p}(n) - 2 h_i\left(\frac{nK}{Z}\right) * h_{mi,p}(n) \quad (4\text{-}114)$$

式中，$h_{mr,p}(n) = h_{mr}(nK + p)$，$h_{mi,p}(n) = h_{mi}(nK + p)$。

当阻带和通带纹波相同时，滤波器 $h_{pr}(n)$ 可以通过半带滤波器设计。然后，滤波器 $h_{pr}(n)$ 可以化简为 $0.5\delta(n - N_{pr}/2)$，从而 CFM-FRM 滤波器组的多相分量可以表示为

$$h_p(n) = h_{\mathrm{mr},p}\left(n - \frac{N_{\mathrm{pr}}}{K}\frac{Z}{2}\right) - 2h_i\left(\frac{nK}{Z}\right) * h_{\mathrm{mi},p}(n) \qquad (4\text{-}115)$$

合成滤波器的纹波由 CFM-FRM 滤波器组的纹波决定。设 $h(n)$、$h_a(n)$、$h_c(n)$、$h_{\mathrm{Ma}}(n)$ 和 $h_{\mathrm{Mc}}(n)$ 的纹波分别为 $\delta(\omega)$、$\delta_a(\omega)$、$\delta_c(\omega)$、$\delta_{\mathrm{Ma}}(\omega)$ 和 $\delta_{\mathrm{Mc}}(\omega)$。由于 $h_{\mathrm{pr}}(n)$ 是半带滤波器,所以存在 $\delta_a(\omega) + \delta_c(\omega) = 0$。原型模型滤波器 $h_{\mathrm{pr}}(n)$ 的归一化过渡带宽记作 Δ_{pr},将归一化频率划分为如下 3 个区间:

(1) $\dfrac{a}{2Z} - \dfrac{\Delta_{\mathrm{pr}}}{2Z} \leqslant |\omega| < \dfrac{a}{2Z} + \dfrac{\Delta_{\mathrm{pr}}}{2Z}$, $a \in \mathbf{Z}$, $a < Z$, $a \neq \dfrac{Z}{K}$;

(2) $\dfrac{a}{2Z} + \dfrac{\Delta_{\mathrm{pr}}}{2Z} \leqslant |\omega| < \dfrac{a+1}{2Z} - \dfrac{\Delta_{\mathrm{pr}}}{2Z}$, $a \in \mathbf{Z}$, $a < Z$, $a \neq \dfrac{Z}{K} - 1, \dfrac{Z}{K}$;

(3) $\dfrac{a}{2Z} + \dfrac{\Delta_{\mathrm{pr}}}{2Z} \leqslant |\omega| < \dfrac{a+1}{2Z} - \dfrac{\Delta_{\mathrm{pr}}}{2Z}$, $a \in \left\{\dfrac{Z}{K} - 1, \dfrac{Z}{K}\right\}$。

如表 4.15 所示为 CFM-FRM 滤波器组中各滤波器纹波的关系。可以看到,频率范围 1 和频率范围 2 中合成滤波器的纹波仅与屏蔽滤波器有关,频率范围 3 中合成滤波器的纹波与模型滤波器和屏蔽滤波器都相关。

表 4.15 CFM-FRM 滤波器组中各滤波器纹波的关系

频率范围	关 系
1	$|\delta(\omega)| \leqslant \max\{|\delta_{\mathrm{Ma}}(\omega)|, |\delta_{\mathrm{Mc}}(\omega)|\}$
2	$\delta(\omega) = \delta_{\mathrm{Ma}}(\omega)$ 或 $\delta_{\mathrm{Mc}}(\omega)$
3	$|\delta(\omega)| \leqslant \{|\delta_a(\omega)| + |\delta_{\mathrm{Mc}}(\omega)|\}$ 或 $\{|\delta_a(\omega)| + |\delta_{\mathrm{Ma}}(\omega)|\}$

4.6.3 基于 CFM-FRM 的多相 DFT 滤波器组

为了获得最佳的多相 DFT 滤波器结构,本节讨论了分析多相 DFT 滤波器组和综合多相 DFT 滤波器组结构,以及基于 CFM-FRM 的低复杂度实现。

分析多相 DFT 滤波器组的输出子信号为

$$y_k(n) = W_{F_\mathrm{A}}^{-kn} \sum_{p=0}^{K_\mathrm{A}-1}\left[x_p(n) * h_p\left(\frac{n}{F_\mathrm{A}}\right)\right] W_{K_\mathrm{A}}^{-kp} \qquad (4\text{-}116)$$

式中,F_A 为插值因子。基于 CFM-FRM 的分析多相信道化结构如图 4.48 所示。

当分析原型滤波器组由 CFM-FRM 滤波器组优化时,可以得到基于 CFM-FRM 的分析多相 DFT 滤波器组为

$$y_k(n) = W_{F_A}^{-kn} \sum_{p=0}^{K_A-1} x_{\mathrm{mod}(\frac{p}{D_A})}(n) * \left[h_r \left(\frac{\left(n - \left\lfloor \frac{p}{D_A} \right\rfloor\right) K_A}{F_A Z} \right) * h_{\mathrm{mr},p}\left(\frac{n}{F_A}\right) - \right.$$
$$\left. h_i \left(\frac{\left(n - \left\lfloor \frac{p}{D_A} \right\rfloor\right) K_A}{F_A Z} \right) * h_{\mathrm{mi},p}\left(\frac{n}{F_A}\right) \right] W_{K_A}^{-kp}$$

(4-117)

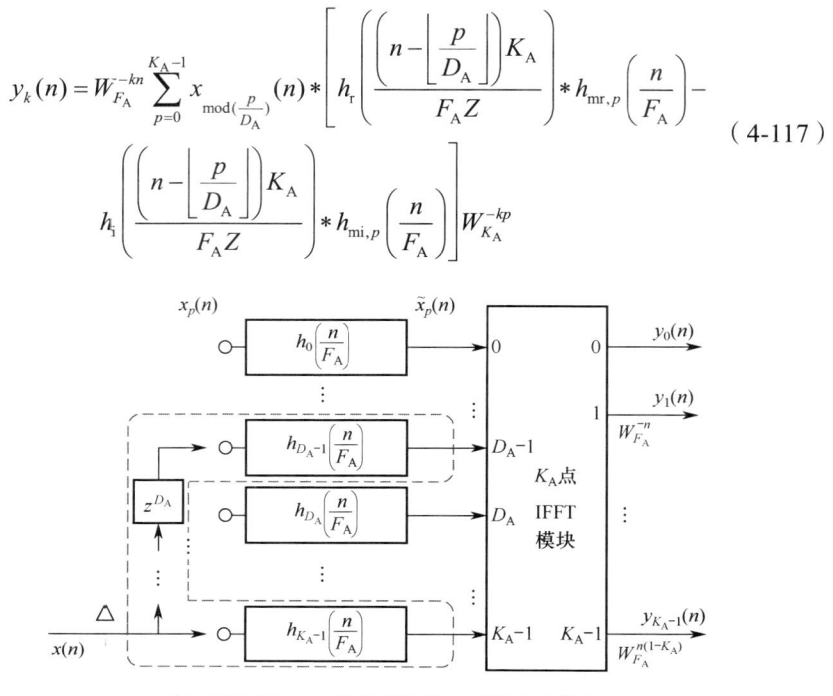

(a) 基于CFM-FRM的分析多相DFT滤波器组结构

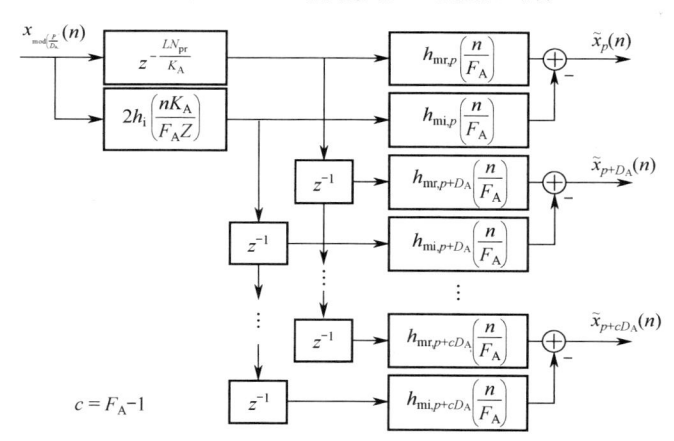

(b) 基于CFM-FRM的子滤波器组的结构

图 4.48 基于 CFM-FRM 的分析多相信道化结构

由式（4-116）可得，分析多相 DFT 滤波器组有 D_A 个滤波器 $h_r(nK_A/(F_A Z))$、D_A 个滤波器 $h_i(nK_A/(F_A Z))$、K_A 个滤波器 $h_{\mathrm{mr},p}(n/F_A)$ 和 K_A 个滤波器 $h_{\mathrm{mi},p}(n/F_A)$。将图 4.48（a）中虚线框中的部分称为多相 DFT 滤波

器组的子滤波器组，子滤波器组由 1 个输入引脚和 F_A 个输出引脚组成。虚线框中基于 CFM-FRM 的子滤波器组的结构如图 4.48（b）所示。基于 CFM-FRM 的子滤波器组包括 1 组模型滤波器、F_A-1 组延迟单元和 F_A 组多相屏蔽子滤波器。

由式（4-117）可得综合多相 DFT 滤波器组的滤波过程为

$$\begin{aligned} y(n) &= \sum_{p=0}^{K_S-1} \tilde{y}_p\left(\frac{n-p}{D_S}\right) * g_p\left(\frac{n-p}{K_S}\right) \\ &= \sum_{p=0}^{K_S-1} \tilde{y}_p(n) * g_p\left(\frac{n}{F_S}\right)\bigg|_{n=\frac{n-p}{D_S}} \end{aligned} \qquad (4\text{-}118)$$

式中，$K_S / D_S = F_S$。基于 CFM-FRM 的综合多相信道化结构如图 4.49 所示。

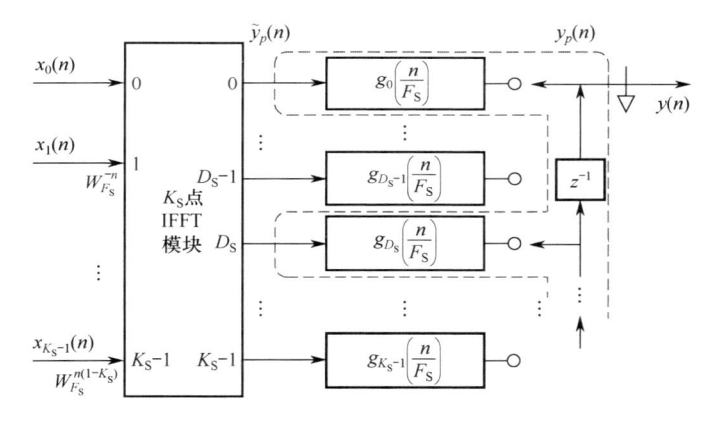

(a) 基于CFM-FRM的综合多相DFT滤波器组结构

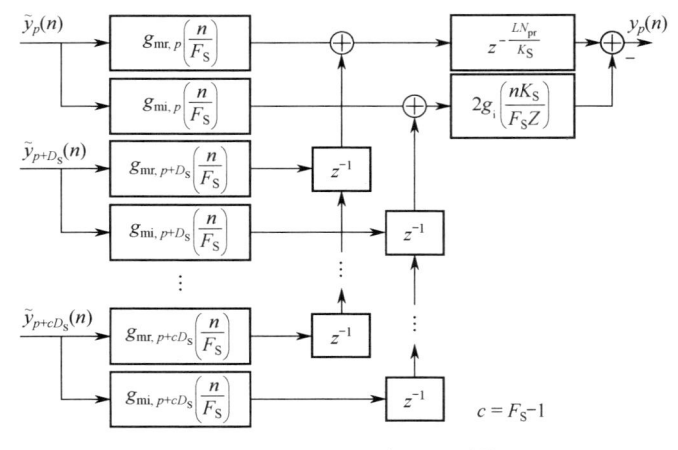

(b) 基于CFM-FRM的子滤波器组结构

图 4.49 基于 CFM-FRM 的综合多相信道化结构

当综合原型滤波器由 CFM-FRM 滤波器组优化时，可以得到基于 CFM-FRM 的综合多相 DFT 滤波过程为

$$y(n) = \sum_{p=0}^{D_S-1}\left[g_r\left(\frac{nK_S}{F_S Z}\right) * \sum_{q=0}^{F_S-1}\tilde{y}_{p+D_S q}(n) * g_{mr,p+D_S q}\left(\frac{n}{F_S}\right) - g_i\left(\frac{nK_S}{F_S Z}\right) * \sum_{q=0}^{F_S-1}\tilde{y}_{p+D_S q}(n) * g_{mi,p+D_S q}\left(\frac{n}{F_S}\right)\right]_{n=\frac{n-p}{D_S}} \quad (4\text{-}119)$$

式中，$g(n)$ 代表综合滤波器组中的滤波器，与具有相同下标的 $h(n)$ 具有相同含义。

根据式（4-119），综合多相 DFT 滤波器组包括 D_S 个滤波器 $g_r(nK/(F_S Z))$、D_S 个滤波器 $g_i(nK_S/(F_S Z))$、K_S 个滤波器 $g_{mr,p}(n/F_S)$ 和 K_S 个滤波器 $g_{mi,p}(n/F_S)$。图 4.49（a）中虚线框内的子滤波器组由 F_S 个输入引脚和 1 个输出引脚组成。用于综合多相 DFT 滤波器组的基于 CFM-FRM 的子滤波器组的结构如图 4.49（b）所示。基于 CFM-FRM 的子滤波器组包括 F_S 组掩蔽多相子滤波器、F_S-1 组延迟单元和 1 组模型滤波器。

由于屏蔽滤波器是由正交频率调制获得的，因此，屏蔽滤波器的多相分量可以表示为

$$h_{mr,p}(n) = h_{m,p}(n)\cos\frac{\pi}{2Z}\left(nK+p-\frac{N_m}{2}\right) \quad (4\text{-}120)$$

$$h_{mi,p}(n) = h_{m,p}(n)(-1)^{\frac{Z}{K}}\sin\frac{\pi}{2Z}\left(nK+p-\frac{N_m}{2}\right) \quad (4\text{-}121)$$

式中，$h_{m,p}(n) = h_m(nK+p)$。

为了直观地看到屏蔽滤波器所消耗的乘法器的数量，定义以下向量和矩阵：

$$\boldsymbol{h}_{mr,p} = [h_{mr,p}(0),\cdots,h_{mr,p}(N'_m)] \quad (4\text{-}122)$$

$$\boldsymbol{h}_{mi,p} = [h_{mi,p}(0),\cdots,h_{mi,p}(N'_m)] \quad (4\text{-}123)$$

$$\boldsymbol{H}_{m,p} = \begin{bmatrix} h_{m,p}(0) & 0 & \cdots & 0 \\ 0 & h_{m,p}(1) & \cdots & 0 \\ \vdots & \vdots & \ddots & \vdots \\ 0 & 0 & \cdots & h_{m,p}(N'_m) \end{bmatrix} \quad (4\text{-}124)$$

$$\boldsymbol{R}_F = \left[\cos\frac{\pi}{2Z}\left(p-\frac{N_m}{2}\right),\cdots,\cos\frac{\pi}{2Z}\left(N'_m K+p-\frac{N_m}{2}\right)\right] \quad (4\text{-}125)$$

$$\boldsymbol{I}_p = \left[\sin\frac{\pi}{2Z}\left(p-\frac{N_\mathrm{m}}{2}\right),\cdots,\sin\frac{\pi}{2Z}\left(N'_\mathrm{m}K+p-\frac{N_\mathrm{m}}{2}\right)\right] \tag{4-126}$$

式中，$N'_\mathrm{m} = \lceil N_\mathrm{m}/K \rceil$。

可以得到

$$\begin{bmatrix}\boldsymbol{h}_{\mathrm{mr},p} \\ \boldsymbol{h}_{\mathrm{mi},p}\end{bmatrix} = \begin{bmatrix}1 & 0 \\ 0 & (-1)^{\frac{L}{K}}\end{bmatrix}\begin{bmatrix}\boldsymbol{R}_p \\ \boldsymbol{I}_p\end{bmatrix}\boldsymbol{H}_{\mathrm{m},p} \tag{4-127}$$

向量 $\boldsymbol{h}_{\mathrm{mr},p}$ 和 $\boldsymbol{h}_{\mathrm{mi},p}$ 中屏蔽滤波器的所有系数都可以通过 $\boldsymbol{H}_{\mathrm{m},p}$、$\boldsymbol{R}_p$ 和 $\boldsymbol{I}_p$ 获得。除 1 和 -1 之外的非零值将消耗乘法器。

$\cos\frac{\pi}{2Z}(n)$ 和 $\sin\frac{\pi}{2Z}(n)$ 是周期为 $4L$ 的周期序列，当忽略正负号时，它们各自具有 $2L$ 个不重复的元素。定义

$$\boldsymbol{R}_p^1 = \begin{bmatrix}\cos\frac{\pi}{2Z}\left(p-\frac{N_\mathrm{m}}{2}\right) \\ \vdots \\ \cos\frac{\pi}{2Z}\left(2Z-K+p-\frac{N_\mathrm{m}}{2}\right)\end{bmatrix}^\mathrm{T}_{2\frac{Z}{K}\times 1} \tag{4-128}$$

$$\boldsymbol{I}_p^1 = \begin{bmatrix}\sin\frac{\pi}{2Z}\left(p-\frac{N_\mathrm{m}}{2}\right) \\ \vdots \\ \sin\frac{\pi}{2Z}\left(2Z-K+p-\frac{N_\mathrm{m}}{2}\right)\end{bmatrix}^\mathrm{T}_{2\frac{Z}{K}\times 1} \tag{4-129}$$

$$\boldsymbol{P}_\mathrm{m} = \begin{bmatrix}1 & 0 & \cdots & 0 & -1 & 0 & \cdots & 0 & \cdots \\ 0 & 1 & \cdots & 0 & 0 & -1 & \cdots & 0 & \cdots \\ \vdots & \vdots & \ddots & \vdots & \vdots & \vdots & \ddots & \vdots & \vdots \\ 0 & 0 & \cdots & 1 & 0 & 0 & \cdots & -1 & \cdots\end{bmatrix}_{2\frac{Z}{K}\times N'_\mathrm{m}} \tag{4-130}$$

式（4-127）可以写为

$$\begin{bmatrix}\boldsymbol{h}_{\mathrm{mr},p} \\ \boldsymbol{h}_{\mathrm{mi},p}\end{bmatrix} = \begin{bmatrix}1 & 0 \\ 0 & (-1)^{\frac{Z}{K}}\end{bmatrix}\begin{bmatrix}\boldsymbol{R}_p^1 \\ \boldsymbol{I}_p^1\end{bmatrix}\boldsymbol{P}_\mathrm{m}\boldsymbol{H}_{\mathrm{m},p} \tag{4-131}$$

考虑如图 4.50（a）和图 4.50（b）所示的屏蔽滤波器的两种情况，分别为屏蔽滤波器的输入不同或输入相同。如图 4.50 所示为对应于输入不同或输入相同的两种屏蔽滤波器的实现结构。

根据式（4-116）和图 4.50，实现两个多相屏蔽滤波器所需的乘法器数量为 $4Z/K + N'_\mathrm{m}$，直接实现所需的乘法器数量为 $2N'_\mathrm{m}$。因此，当 $4Z/K < N'_\mathrm{m}$ 或

$4Z < N_{\mathrm{m}}$ 时，此方法是有效的。算法 4-1 总结了基于 CFM-FRM 的多相 DFT 滤波器组的设计方法。

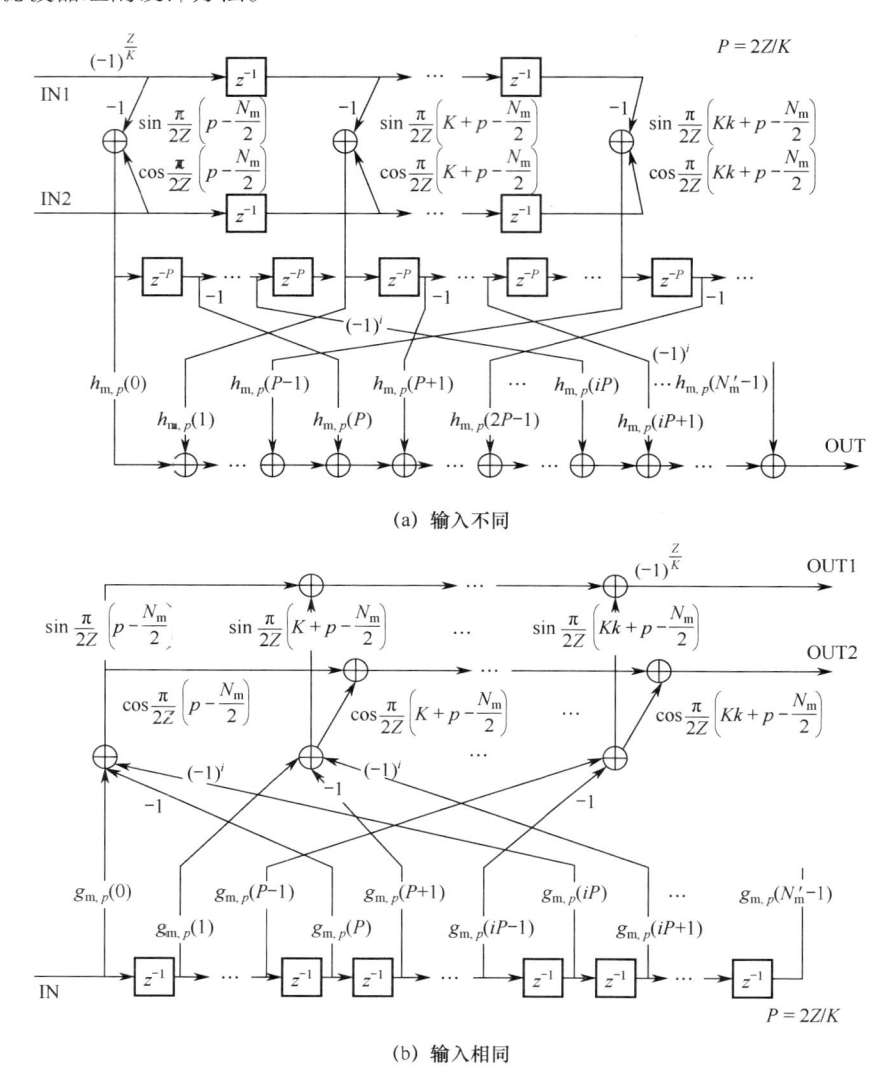

(a) 输入不同

(b) 输入相同

图 4.50　多相分支屏蔽滤波器实现结构

算法 4-1：基于 CFM-FRM 的多相 DFT 滤波器组的设计方法

输入：$K, D, \Delta, \delta(\omega)$，分析/综合

输出：基于 CFM-FRM 的多相 DFT 滤波器组

（1）计算并设计原型滤波器 $h(n)$ 或 $g(n)$，其中，$\omega_{\mathrm{p}} = 1/2K - \Delta/2$，$\omega_{\mathrm{s}} = 1/2K + \Delta/2$。

（2）通过式（4-110）计算并设计原型模型滤波器和原型屏蔽滤波器。

（3）通过式（4-111）和式（4-113）计算 CFM-FRM 滤波器组。
（4）通过式（4-114）获得 CFM-FRM 滤波器组的多相分量。
（5）通过式（4-117）和式（4-119）获得分析多相 DFT 滤波器组或综合多相 DFT 滤波器组，其中，屏蔽滤波器通过式（4-131）实现。

4.6.4 多尺度可配置滤波器组实现方法

为了实现基于 CFM-FRM 的可配置原型滤波器，采用系数抽取方法获得多尺度 CFM-FRM 滤波器组。为说明其设计思路，给出了两种尺度的 CFM-FRM 滤波器组的幅频响应，如图 4.51 所示。由于缺乏对原型滤波器的重新设计，因此，原型滤波器的纹波、过渡带宽与通带带宽的比值等参数不能任意调整。

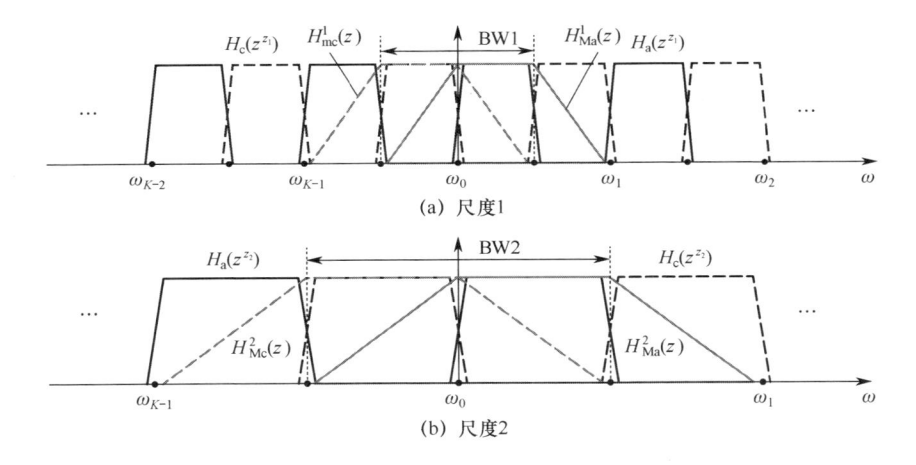

图 4.51 不同尺度 CFM-FRM 滤波器组的幅频响应

在 CFM-FRM 滤波器组中，存在 $Z/K \in \mathbf{N}$。设 Z_1 和 Z_2 为图 4.51（a）和 4.51（b）对应的抽取因子，BW1 和 BW2 为两个不同尺度滤波器组的信道带宽，可以得到 Z_1/Z_2=BW1/BW2。因此，Z/K 在原型滤波器带宽变化时是一个常数。设 BW2/BW1=C_m，可得

$$Z_1 = C_m Z_2 \tag{4-132}$$

$$H_m^2(e^{j\omega}) = \frac{1}{C_m} \sum_{\ell=0}^{C_m-1} H_m^1\left(e^{j\left(\frac{\omega}{C_m} - \frac{2\pi\ell}{C_m}\right)}\right) \tag{4-133}$$

式中，$H_m^1(e^{j\omega})$ 和 $H_m^2(e^{j\omega})$ 是原型屏蔽滤波器的离散傅里叶变换，分别对应图 4.51（a）和图 4.51（b）。

图 4.51（b）中 CFM-FRM 滤波器组的子滤波器可以通过系数抽取由

图 4.51（a）中相应的滤波器获得。因此，当 $K = \hat{K}$ 时设计基本的 CFM-FRM 滤波器组，即可通过系数抽取，从基本的 CFM-FRM 滤波器组获得 $K < \hat{K}$ 的 CFM-FRM 滤波器组。设基础 CFM-FRM 滤波器组的原型屏蔽滤波器为 $\hat{h}_m(n)$，抽取因子为 $\hat{L}$，则 Z 和 $h_m(n)$ 可以表示为

$$Z = \hat{Z} / C_m \quad (4\text{-}134)$$

$$h_m(n) = \hat{h}_m(nC_m + \text{mod}_m) \quad (4\text{-}135)$$

式中，$\text{mod}_m = \text{mod}(N_m / (2C_m))$。

根据式（4-134）和式（4-135），多尺度 CFM-FRM 滤波器组的多相分量可以用基础 CFM-FRM 滤波器组表示为

$$h_p(n) = \hat{h}_{\text{mr},p} C_m + \text{mod}_m \left(n - \frac{N_{\text{pr}} Z}{2K} \right) - 2h_i\left(\frac{nK}{Z}\right) * \hat{h}_{\text{mi},p} C_m + \text{mod}_m(n) \quad (4\text{-}136)$$

根据式（4-136），多尺度 CFM-FRM 滤波器组的多相分量是基础 CFM-FRM 滤波器组多相分量的一部分。还可以说，多尺度多相 DFT 滤波器组的子滤波器组是从基本多相 DFT 滤波器组的子滤波器组中抽取得到的。

对于分析多相 DFT 滤波器组，IFFT 的输入和输出分别为 $\tilde{x}_p(m) = \hat{\tilde{x}}_p C_m + \text{mod}_m(m)$ 和 $y_k(m)$，$\hat{K}$ 点 IFFT 的计算过程可以写为

$$\hat{y}_k(m) = \frac{1}{\hat{K}} \sum_{p=0}^{\frac{\hat{K}}{2}-1} \hat{\tilde{x}}_{2p}(m) W_{\hat{K}/2}^{-pk} + \frac{1}{\hat{K}} \sum_{p=0}^{\frac{\hat{K}}{2}-1} \hat{\tilde{x}}_{2p+1}(m) W_{\hat{K}/2}^{-pk} W_{\hat{K}}^{-k} \quad (4\text{-}137)$$

根据式（4-137），可以看到 $\hat{K}$ 点 IFFT 可以分为两个 $\hat{K}/2$ 点 IFFT。以同样的方式，$\hat{\tilde{x}}_p C_m + \text{mod}_m(m)$ 的 IFFT 可以在不改变输入的情况下通过选择适当的输出节点获得。如果基本 IFFT 流程图的输入顺序为倒序，输出顺序为正序，则 $\tilde{x}_p(m)$ 的输入引脚为 $pC_m + \text{mod}_m$（$p \in \{0, \cdots, K-1\}$），输出是与输入引脚关联的 $\log_2 K$ 级节点。

对于综合多相 DFT 滤波器组，IFFT 的输入和输出分别为 $x_k(m)$ 和 $\tilde{y}_p(m) = \hat{\tilde{y}}_p C_m + \text{mod}_m(m)$，$\hat{K}$ 点基本 IFFT 的输出 $\tilde{y}_{2p}(m)$ 可以表示为

$$\hat{\tilde{y}}_{2p}(m) = \frac{1}{\hat{K}} \sum_{k=0}^{\frac{\hat{K}-1}{2}} [x_k(m) - x_{k+\frac{\hat{K}}{2}}(m)] W_{\hat{K}/2}^{-kp} \quad (4\text{-}138)$$

根据式（4-138），通过选择适当的输入节点而不改变输出，可以获得输出 $\hat{\tilde{y}}_p C_m + \text{mod}_m(m)$。如果基本 IFFT 流程图的输入顺序为正序，输出顺序为倒序，$y_p(m)$ 的输出引脚为 $pC_m + \text{mod}_m$（$p \in \{0, \cdots, K-1\}$），则输入是与输出引脚关联的层级节点。

通过以上分析可以获得基于 CFM-FRM 的可配置分析多相 DFT 滤波器组和综合多相 DFT 滤波器组的结构，如图 4.52 所示。基于 CFM-FRM 的多尺度多相 DFT 滤波器组，可以通过从基本 IFFT 中选择适当的输入节点或输出节点，并控制基本多相子滤波器和串并转换器之间的数据流来实现，而无须改变基本多相子滤波器和 IFFT。算法 4-2 总结了基于 CFM-FRM 的可配置多相 DFT 滤波器组的设计方法。

(a) 多尺度分析多相DFT滤波器组

(b) 多尺度综合多相DFT滤波器组

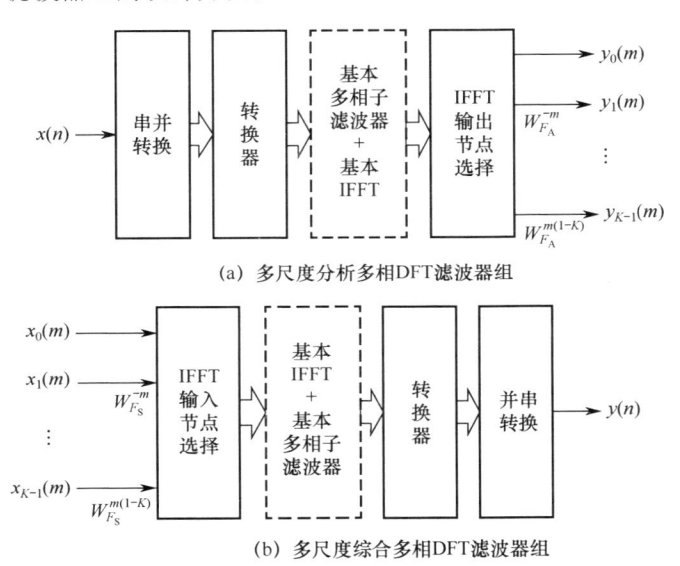

图 4.52　多尺度实现流程图

算法 4-2：基于 CFM-FRM 的可配置多相 DFT 滤波器组的设计方法

输入：$\hat{K}$，K，$\hat{D}$，$\hat{\Delta}$，$\delta(\omega)$，分析或综合

输出：基于 CFM-FRM 的多尺度多相 DFT 滤波器组

（1）根据算法 2-1 得到基于 CFM-FRM 的基本分析多相 DFT 滤波器组或综合多相 DFT 滤波器组。

（2）计算 $C_m = \hat{K}/K$。

（3）在基本多相子滤波器和串并转换器之间选择适当的数据流向。

（4）在基础 IFFT 中选择适当的输入节点或输出节点以实现 K 点 IFFT。

（5）得到基于 CFM-FRM 的 K 信道分析多相 DFT 滤波器组或综合多相 DFT 滤波器组。

4.6.5　多尺度可配置滤波器组仿真验证与分析

本节仿真设计了具有 64 个信道的滤波器组，并对可配置为 64、32、16、8、4、2 信道的均匀滤波器组，以及不多于 64 个信道的非均匀滤波器组的性能进行了比较和分析，以验证高信干比（Signal to Interference Radio，SIR）多尺度滤波的有效性。为了验证提出的基于 CFM-FRM 的滤波器组的性能，本节分析了相关 FRM 方法的有效性，并与可用于多相 DFT 滤波器组的 FRM 方法的乘法器资源进行了比较，然后通过 XSG 仿真对实现资源进行了比较。

多尺度滤波器组的仿真包括均匀滤波器组、非均匀滤波器组的仿真，分别展示了基本滤波器组的仿真和滤波器组多尺度性能的分析。

可配置均匀信道化滤波器组是通过对基本滤波器组进行系数抽取实现的。基本原型滤波器的规格如下：$K = 64$，$D = 32$，过渡带宽为 0.00325π，通带纹波和阻带纹波为 0.001。为了满足这些条件，基本原型模型滤波器和基本原型屏蔽滤波器的阶数分别为 34 和 586。一种最佳的 CFM-FRM 设计是，原型模型滤波器和原型屏蔽滤波器的纹波分别为 0.0009 和 0.00067，基本原型模型滤波器的通带截止频率和阻带起始频率分别为 0.396π 和 0.604π，基本原型屏蔽滤波器的通带截止频率和阻带起始频率分别为 0.0094375π 和 0.0218125π。如图 4.53 所示为 CFM-FRM 滤波器组的幅频响应，其由屏蔽滤波器和插值模型滤波器组成。抽取因子 $Z = 64$，插值模型滤波器 $H_a(\omega Z)$ 和 $H_c(\omega Z)$ 是幅度互补的半带滤波器，可以看到最小阻带衰减为 65dB，截止频率和阻带衰减符合设计要求。

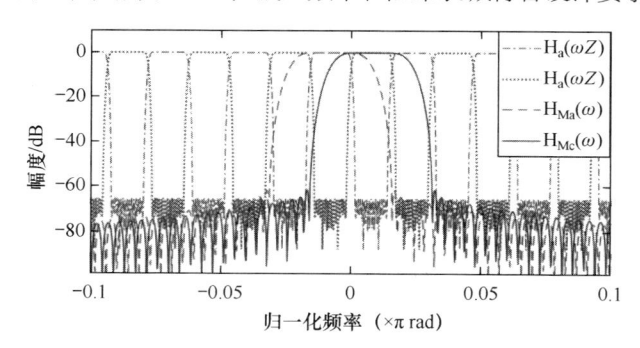

图 4.53 CFM-FRM 滤波器组的幅频响应

从基本原型滤波器获得的多尺度 CFM-FRM 滤波器组的系数如表 4.16 所示。多尺度模型滤波器通过可配置插值实现，多尺度屏蔽滤波器通过抽取实现。CFM-FRM 滤波器组的多相分量由部分 $\hat{h}_{pr}(n/F)$ 和 $\hat{h}_m(\hat{K}n + p)$ 组成。

使用如表 4.16、式（4-119）、式（4-120）所示的滤波器实现可配置的 CFM-FRM 滤波器组，则基于 CFM-FRM 的不同尺度的原型滤波器的幅频响应如图 4.54 所示。可以看到截止频率、通带纹波和阻带衰减都能满足原型滤波器的设计要求。由于各子滤波器都是通过系数抽取实现的，所以，其通带带宽和过渡带宽的比值是一个常数，不会随原型滤波器尺度的变化而变化。

表 4.16　从基本原型滤波器获得的多尺度 CFM-FRM 滤波器组的系数

信道数量	模型滤波器	屏蔽滤波器	CFM-FRM 滤波器组的多相分量
64	$\hat{h}_{pr}(n/64)$	$\hat{h}_m(n)$	$\hat{h}_{pr}(n/2)$，$\hat{h}_m(64n+p)$
32	$\hat{h}_{pr}(n/32)$	$\hat{h}_m(2n+1)$	$\hat{h}_{pr}(n/2)$，$\hat{h}_m(64n+2p+1)$
16	$\hat{h}_{pr}(n/16)$	$\hat{h}_m(4n+1)$	$\hat{h}_{pr}(n/2)$，$\hat{h}_m(64n+4p+1)$
8	$\hat{h}_{pr}(n/8)$	$\hat{h}_m(8n+5)$	$\hat{h}_{pr}(n/2)$，$\hat{h}_m(64n+8p+5)$
4	$\hat{h}_{pr}(n/4)$	$\hat{h}_m(16n+5)$	$\hat{h}_{pr}(n/2)$，$\hat{h}_m(64n+16p+5)$
2	$\hat{h}_{pr}(n/2)$	$\hat{h}_m(32n+5)$	$\hat{h}_{pr}(n/2)$，$\hat{h}_m(64n+32p+5)$

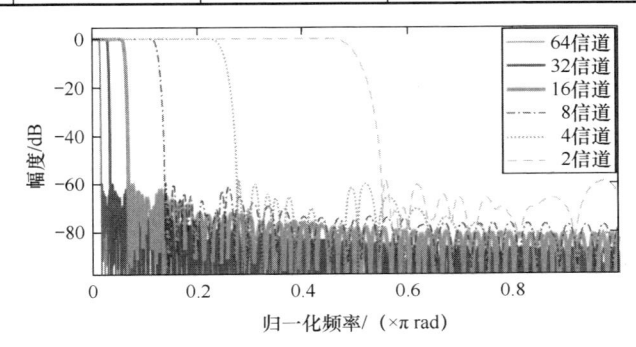

图 4.54　基于 CFM-FRM 的不同尺度的原型滤波器的幅频响应

如表 4.17 所示为多尺度 IFFT 的输入和输出。分析滤波器组的输入引脚和综合滤波器组的输出引脚的选择与多尺度 CFM-FRM 滤波器组多相分量的选择相对应。分析滤波器组的输出层级和综合滤波器组的输入层级的选择与信道数量有关，层级的选择为以 2 为底的信道数量的对数。因此，通过选择 CFM-FRM 滤波器组的多相分量及基本滤波器组中 IFFT 的输入层级或输出层级，即可实现多相 DFT 滤波器组的带宽和信道数量可配置。

表 4.17　多尺度 IFFT 的输入和输出

信道数量	分析滤波器组		综合滤波器组	
	输入引脚	输出层级	输入层级	输出引脚
64	0～63	6	0	0～63
32	1, 3, …, 63	5	1	1, 3, …, 63
16	1, 5, …, 61	4	2	1, 5, …, 61
8	5, 13, …, 61	3	3	5, 13, …, 61
4	5, 21, 37, 53	2	4	5, 21, 37, 53
2	5, 37	1	5	5, 37

实现可配置的均匀信道化滤波后，可以通过可配置的重构实现非均匀的多尺度信道化滤波。为实现窄过渡带重构，基本分析原型滤波器采用窄过渡带滤波器，其参数与 2.3.1 节仿真相同；综合原型滤波器采用宽过渡带滤波器，其通带纹波和阻带纹波为 0.001，通带截止频率和阻带起始频率分别为 0.01725π 和 0.04525π。综合滤波器中不同尺度的原型滤波器的幅频响应如图 4.55 所示，其特征与如图 4.54 所示的幅频响应相同，但是具有远大于分析原型滤波器的过渡带宽。

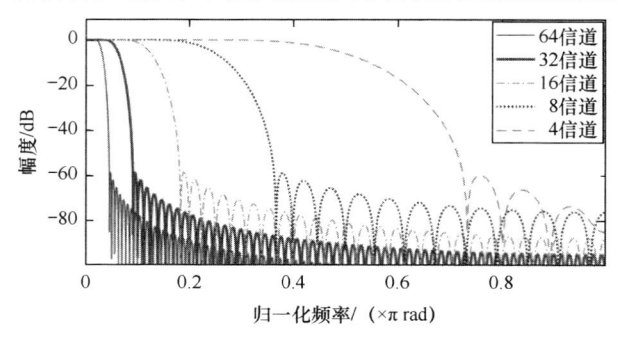

图 4.55 综合滤波器中不同尺度的原型滤波器的幅频响应

为分析等效非均匀滤波器的特征，仿真假定分析滤波器组的信道数为 64 和 32，重构综合滤波器组的信道数可在小于分析滤波器组信道数的范围内选择。如图 4.56 所示为分析滤波器组信道数为 64，重构综合滤波器组信道数为 4、8，以及分析滤波器组信道数为 32，重构综合滤波器组信道数为 2、4 时的等效滤波器幅频响应，图例中"64-4"表示分析滤波器组信道数为 64、重构综合滤波器组信道数为 4。由图 4.56 可以看出，采用一个窄过渡带原型滤波器和一个宽过渡带原型滤波器的重构方式可以实现高 SIR 重构。本章提出的不同尺度的非均匀重构等效滤波器的特征可以总结如下：当分析滤波器组信道数相同时，不同信道数重构的等效滤波器具有相同的过渡带宽；当分析滤波器组信道数不同时，重构的等效滤波器的过渡带宽不同。

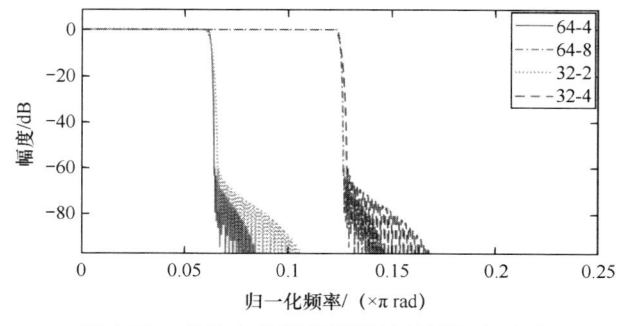

图 4.56 非均匀信道化等效滤波器幅频响应

由于与完美重构滤波器组相比，在部分重构过程中还需要考虑对未重构信道的干扰抑制问题，所以本节分析特定假设下重构信号的信干比与原型滤波器过渡带宽之间的关系。在本节采用的数值仿真中，采样率为 2GHz，两个时域重叠信号分量的频率分别为 13MHz 和 20～420MHz。选择分析滤波器组的信道数为 64，并重构第 2～17 个信道以说明过渡带宽对重构信号 SIR 的影响。为了证明提出方法的有效性，将窄过渡带部分重构的效果与采用宽过渡带的常规方法的效果进行了比较，如图 4.57 所示。由图 4.57（a）可以清楚地看出使用窄过渡带和宽过渡带原型滤波器的重构效果，其中，窄过渡带原型滤波器可以更好地抑制干扰。为了展示干扰抑制效果的普遍性，图 4.57（b）给出了重构信号的 SIR 随过渡带宽的变化规律，随着原型滤波器过渡带变宽，重构信号的 SIR 减小。

(a) 重构信号的幅频响应　　(b) 重构信号的SIR随过渡带宽的变化

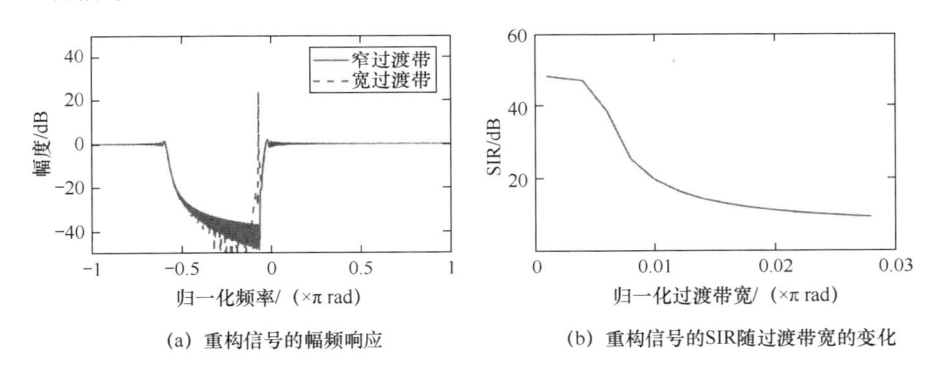

图 4.57　信号重构信干比

4.6.6　多尺度可配置滤波器组硬件仿真

与其他方法相比，该方法在窄过渡带和小纹波滤波器组的乘法器数量优化方面具有优势。在许多硬件实现中，用于实现乘法的数字信号处理器（Digital Signal Processor，DSP）资源受到更多限制，但其他资源也需要留意。通过 Xilinx System Generator 2017.4 对上述方法进行仿真，该仿真的通道数量为 64，通带纹波和阻带纹波为 0.001，原型滤波器的归一化过渡带宽为 0.002375π。在该仿真实现中，滤波器系数的字长是 14bit。

如表 4.18 所示为多相 DFT 滤波器组实现资源比较。数据包括资源消耗的绝对值，以及与 DSP 资源消耗的相对值。其中，绝对值仅说明此参数设置下的资源消耗，相对值可以更好地反映不同资源消耗的变化趋势。以 DSP 资源为参考是由于资源消耗随滤波器阶数的变化而变化，滤波器阶数直接反映在 DSP 的数量上。寄存器和查找表的相对值可以通过 DSP 的变化趋势来反映相应绝对值的变化趋势。

表 4.18　多相 DFT 滤波器组实现资源比较

资源类型	基于变体 FRM 的方法		基于 CEM-FRM 的方法		本节提出的方法	
	绝对值	相对 DSP 的值	绝对值	相对 DSP 的值	绝对值	相对 DSP 的值
寄存器	24832	18.0	18176	15.8	18816（a.） 17920（s.）	16.4（a.） 15.6（s.）
查找表	64640	46.9	50144	43.5	52384（a.） 43392（s.）	45.7（a.） 37.8（s.）
DSP	1378	1.0	1154	1.0	1147	1.0
延时 （采样点）	1642	1.2	1642	1.4	1842	1.6

比较资源的相对值，可以得到寄存器的比较结果如下：基于变体 FRM 的方法>本节提出的方法(a.)>基于 CEM-FRM 的方法>本节提出的方法(s.)。查找表的比较结果如下：基于变体 FRM 的方法>本节提出的方法（a.）>基于 CEM-FRM 的方法>本节提出的方法（s.）。其中，a. 代表来自分析滤波器组的仿真数据，而 s. 代表来自综合滤波器组的仿真数据。由于基于变体 FRM 的方法需要最多的 DSP，因此，它的优化效果最差。使用本节提出的方法，因为屏蔽滤波器的实现需要更多的缓存，因此分析滤波器组的寄存器和查找表的相对值大于基于 CEM-FRM 的方法。然而，随着过渡带宽变窄和纹波变小，本节所提方法资源消耗的绝对值小于基于 CEM-FRM 的方法。本节提出的方法在综合滤波器的寄存器和查找表资源的优化方面具有更好的效果。对延时的比较发现，因为屏蔽滤波器组与其他方法相比具有最大的阶数，所以本节提出的方法具有最长的延时。

4.7　基于蜂群算法优化的 FRM 滤波器组优化设计

4.7.1　理论推导

假如某个有限长序列可以满足奈奎斯特采样定理，可以通过一定的采样点个数将有限序列恢复为原信号。频率采样法可以利用有限量采样点恢复的方法来设计 FIR 数字滤波器。

理想滤波器的频率响应 $H_d(e^{j\omega})$ 为连续频率 ω 的周期函数，对它在 $0\sim 2\pi$ 等间隔取样 N 个点，可以得到 $H_d(k)$，两者的关系式为

$$H_{\mathrm{d}}(k) = H_{\mathrm{d}}(\mathrm{e}^{\mathrm{j}\omega})\bigg|_{\omega_k = \frac{2\pi}{N}k} = H_{\mathrm{d}}(\mathrm{e}^{\mathrm{j}\frac{2\pi}{N}k}) \quad (4\text{-}139)$$

对 $H_{\mathrm{d}}(k)$ 进行 IDFT 运算，可以得到 N 点的单位取样序列 $h(n)$，即

$$h(n) = \frac{1}{N}\sum_{k=0}^{N-1} H_{\mathrm{d}}(k) \mathrm{e}^{\mathrm{j}\frac{2\pi}{N}nk}, \quad n=0,1,\cdots,N-1 \quad (4\text{-}140)$$

利用式（4-140），可以通过 $h(n)$，即所要设计的滤波器的单位冲激响应，求得相应滤波器的转移函数为

$$H(z) = \sum_{n=0}^{N-1} h(n) z^{-n} \quad (4\text{-}141)$$

将式（4-140）代入式（4-141），可得

$$H(z) = \frac{1}{N}\sum_{k=0}^{N-1} H_{\mathrm{d}}(k) \frac{1-z^{-N}}{1-\mathrm{e}^{\mathrm{j}\frac{2\pi}{N}k} z^{-1}} \quad (4\text{-}142)$$

经过变换可以得到

$$H(\mathrm{e}^{\mathrm{j}\omega}) = \mathrm{e}^{-\mathrm{j}(N-1)\omega/2} \sum_{k=0}^{N-1} H_{\mathrm{d}}(k) \mathrm{e}^{\mathrm{j}(N-1)k\pi/N} \frac{\sin[N(\omega-2\pi k/N)/2]}{N\sin[(\omega-2\pi k/N)/2]} \quad (4\text{-}143)$$

由此，可以从 $H_{\mathrm{d}}(\mathrm{e}^{\mathrm{j}\omega})$ 连续采样得到 $H_{\mathrm{d}}(k)$，再反变换，得到 $h(n)$，对 $h(n)$ 进行 DFT 运算，得到连续谱 $H(\mathrm{e}^{\mathrm{j}\omega})$。如果对 $H(\mathrm{e}^{\mathrm{j}\omega})$ 进行离散采样，令采样点数 $L=mN$，其中，m 为整数且 $m>1$，可以得到采样结果 $H(l)$（$l=0,1,\cdots,mN-1$），则 $H(l)$ 的表达式为

$$H(l) = \mathrm{e}^{-\mathrm{j}(N-1)\pi l/mN} \sum_{k=0}^{N-1} H_{\mathrm{d}}(k) \mathrm{e}^{\mathrm{j}(N-1)k\pi/N} \frac{\sin[N(2\pi l/mN - 2\pi k/N)/2]}{N\sin[(2\pi l/mN - 2\pi k/N)/2]} \quad (4\text{-}144)$$

令 $l=mk$，那么

$$H(l) = H_{\mathrm{d}}(k), \quad k=0,1,\cdots,N-1 \quad (4\text{-}145)$$

根据式（4-144）可以得知，由公式求得的滤波器，如果其频率响应在 $l=mk$ 的采样点上能与期望值 $H_{\mathrm{d}}(k)$ 严格相等，并且由内插函数的插值决定在 $l\neq mk$ 的采样点上 $H(\mathrm{e}^{\mathrm{j}\omega})$ 的数值，则根据以上公式可以得到频率采样法的计算流程。其中，内插函数为

$$S(\omega,k) = \mathrm{e}^{\mathrm{j}(N-1)k\pi/N} \frac{\sin[N(\omega-2\pi k/N)/2]}{N\sin[(\omega-2\pi k/N)/2]} \quad (4\text{-}146)$$

将内插函数代入式（4-143）可以得到

$$H(\mathrm{e}^{\mathrm{j}\omega}) = \mathrm{e}^{-\mathrm{j}(N-1)\omega/2} \sum_{k=0}^{N-1} H_{\mathrm{d}}(k) S(\omega,k) \quad (4\text{-}147)$$

由式（4-147）可以看出，利用 N 个离散值 $H_{\mathrm{d}}(k)$ 作为权重函数，并与插

值函数 $S(\omega,k)$ 进行线性组合，可以得到滤波器连续函数 $H(e^{j\omega})$。其中，采样点 N 取值越大，$H(e^{j\omega})$ 对 $H_d(e^{j\omega})$ 的近似程度越好。N 的取值通常由 $H(e^{j\omega})$ 在通带与阻带的技术要求而确定。为保证设计的滤波器具有线性相位，必须对频率采样值进行约束。假设 $H_d(k)$ 表示为

$$H_d(k) = |H_d(k)| e^{j\theta(k)} \quad (4\text{-}148)$$

则根据式（4-147）有以下 4 种情况。

（1）当 $h(n)$ 偶对称，且 N 为奇数时，式（4-148）的约束条件为

$$H_d(k) = H_d^*(N-k) \quad (4\text{-}149)$$

$$\theta(k) = -k\pi\left(1-\frac{1}{N}\right) \quad (4\text{-}150)$$

（2）当 $h(n)$ 偶对称，且 N 为偶数时，式（4-148）的约束条件为

$$H_d(k) = -H_d^*(N-k) \quad (4\text{-}151)$$

$$\theta(k) = -k\pi\left(1-\frac{1}{N}\right) \quad (4\text{-}152)$$

（3）当 $h(n)$ 奇对称，且 N 为奇数时，式（4-148）的约束条件为

$$H_d(k) = -H_d^*(N-k) \quad (4\text{-}153)$$

$$\theta(k) = -k\pi\left(1-\frac{1}{N}\right) + \frac{\pi}{2} \quad (4\text{-}154)$$

（4）当 $h(n)$ 奇对称，且 N 为偶数时，式（4-148）的约束条件为

$$H_d(k) = H_d^*(N-k) \quad (4\text{-}155)$$

$$\theta(k) = -k\pi\left(1-\frac{1}{N}\right) + \frac{\pi}{2} \quad (4\text{-}156)$$

无法完全准确地恢复得到理想滤波器是有限个数频谱采样法的缺陷之一，因此，这种方法不能避免逼近误差的产生。特性的平滑程度对滤波器设计的逼近误差有决定性关系，特性越平滑，误差越小，而设计最大误差出现在特性曲线间断处。

由上文可知，设一个 FIR 滤波器的理想频率响应为

$$H(j\omega) = H(\omega)e^{-j\varphi(\omega)} \quad (4\text{-}157)$$

式中，$\omega \in [-\pi,\pi)$，$H(\omega) \geq 0$。如果用一个 N 阶的 FIR 滤波器的频率响应来逼近它，其冲激响应为

$$h(i) = h_R(i) + jh_I(i), \quad i = 0,1,\cdots,N-1 \quad (4\text{-}158)$$

其频率响应可表示为

$$H_F(j\omega) = \sum_{i=0}^{N-1} h(i) e^{-ji\omega}, \quad \omega \in [-\pi, \pi] \quad (4\text{-}159)$$

由式（4-157）和式（4-158）可得

$$H(j\omega) = H(\omega)\cos\varphi(\omega) - jH(\omega)\sin\varphi(\omega) \quad (4\text{-}160)$$

$$H_F(j\omega) = \sum_{i=0}^{N-1}[h_R(i)\cos(i\omega) + h_I(i)\sin(i\omega)] + \\ j\sum_{i=0}^{N-1}[h_I(i)\cos(i\omega) - h_R(i)\sin(i\omega)] \quad (4\text{-}161)$$

在 $[-\pi, \pi]$ 上取 P 个频率采样点 ω_p（$p = 0, 1, \cdots, P-1$），并且为每个 ω_p 设置一个权重系数 $a_p \geq 0$（$p = 0, 1, \cdots, P-1$），那么描述 $H_F(j\omega)$ 逼近 $H(j\omega)$ 的加权均方误差可近似写成

$$e^2 = \frac{1}{A}\sum_{p=0}^{P-1} a_p \left\{ \sum_{i=0}^{N-1}[h_R(i)\cos(i\omega) + h_I(i)\sin(i\omega)] - H(\omega_p)\cos\varphi(\omega_p) \}^2 \right\} + \\ \frac{1}{A}\sum_{p=0}^{P-1} a_p \left\{ \sum_{i=0}^{N-1}[h_I(i)\cos(i\omega) - h_R(i)\sin(i\omega)] + H(\omega_p)\sin\varphi(\omega_p) \}^2 \right\} \geq 0 \quad (4\text{-}162)$$

其中

$$A = \sum_{p=0}^{P-1} a_p \quad (4\text{-}163)$$

以上公式是广义一维滤波器的推导，其系数包含实数与复数的情况。本章研究实数 FIR 滤波器优化设计问题，式（4-161）中关于 $h_I(i)$ 的值都为 0。对于实数 FIR 滤波器的优化函数可以表示为

$$e^2 = \frac{1}{A}\sum_{p=0}^{P-1} a_p \left\{ \begin{array}{l} \left[\sum_{i=0}^{N-1} h_R(i)\cos(i\omega) - H(\omega_p)\cos\varphi(\omega_p)\right]^2 + \\ \left[\sum_{i=0}^{N-1} h_R(i)\sin(i\omega) - H(\omega_p)\sin\varphi(\omega_p)\right]^2 \end{array} \right\} \geq 0 \quad (4\text{-}164)$$

其中

$$A = \sum_{p=0}^{P-1} a_p \quad (4\text{-}165)$$

当采样点 ω_p 的数量能取足够多的值，并且两点之间的间隔足够小时，式（4-163）就能够准确表达 $H_F(j\omega)$ 与 $H(j\omega)$ 的加权均方误差的关系。当 e^2 等于 0 时，代表设计的 FIR 滤波器的频率响应在全部频率采样点 ω_p（$p = 0, 1, \cdots, P-1$）上具有与理想 FIR 滤波器严格相等的幅频响应 $H(\omega_p)$ 和相

频响应 $\varphi(\omega_p)$。由于 N 为有限值，e^2 在实际情况下不能为 0，因此设计优化滤波器的任务在于寻找有效的算法，使得 e^2 达到最小值。式（4-165）中的 a_p 取值对应采样点 ω_p 的权重程度，a_p 取值越大，则在 ω_p 附近频域内 $H_F(j\omega)$ 应越严格地逼近 $H(j\omega)$。

4.7.2 人工蜂群算法

人工蜂群（Artificial Bee Colony，ABC）算法是 Karaboga 于 2008 年提出的一种比较新颖的算法。对于拥有群居习性的蜂群来说，其昆虫个体并不智能，但通过相互合作能在一定程度上表现出较高的"智能"行为。蜜蜂通过与同伴之间的信息交流，达到协同合作的效果，通过最高效率的方法找到蜜源所在的位置并提取蜂蜜。即使周围的环境发生变化，蜂群也能在短时间内适应。仿照自然界蜂群的组成结构，蜂群算法会利用工蜂、侦察蜂及观察蜂进行最优解的搜索过程[19]。3 种蜂群通过相互交流信息、相互合作，达到寻求最优解的最高效率。另外，人工蜂群算法能提高最优解搜索的收敛速度与效果。在关于多维度优化问题上，人工蜂群算法能表现出更强的适应性和高效性。人工蜂群算法主要通过如下 3 个步骤完成对蜜源的寻找与探讨。

（1）工蜂进行初始蜜源侦测并记录每个蜜源的花粉数量。

（2）工蜂完成对蜜源的搜索后，向观察蜂分享自己得到的蜜源信息。同时，观察蜂将收集到的蜜源信息进行优劣判断，最后确定最优蜜源并采蜜。

（3）某个蜜源被采蜜完毕后，此蜜源将被舍弃，当前蜜源的工蜂进行角色转换，成为侦察蜂，从而进行新蜜源的发掘。

在经典人工蜂群算法模型中，寻求问题的最优解集相当于蜜蜂寻觅最优蜜源的过程，蜜源所含的花粉也决定了解集的好坏，在算法中相当于适应度的大小。常规的人工蜂群算法优化在初始化工蜂、观察蜂及蜜源（可行解的数量）时，会使三者数量相等。寻蜜过程开始后，工蜂并没有任何关于蜂巢附近的蜜源信息，并自发随机搜索蜂巢附近的蜜源，待发现新蜜源后，工蜂会记录蜜源的相关信息，并继续进行第二个蜜源的搜索工作。假如寻找到第二个蜜源，工蜂会将新的蜜源与之前的蜜源进行比较。其中，蜜源的优劣通过比较收益程度来体现，比较后工蜂对收益程度更好的蜜源进行标记。每当工蜂和观察蜂在区域间进行交流时，每只工蜂都会通过"舞蹈"的方式将自己收集得到的蜜源信息和对方分享。观察蜂会提前制定好蜜源的概率选取原则，并且与工蜂分享的信息进行结合筛选，质量更优的蜜源被选择的概率更大。随后观察蜂会前往所选择的蜜源位置，并在邻近区域继续蜜源的搜索，并循环进行蜜源的选优操作,最终得到全局最优蜜源。在实际应用中,全局最优蜜源即对应问题的全局最优解。但如果工蜂进行多轮比较后最优蜜源并没有变化,当前蜜源的工蜂会角色转换为侦察蜂,从而进行新的蜜源搜索。在利用人工蜂群算法解决函数解问题时,两者的对应关系如图 4.58 所示。

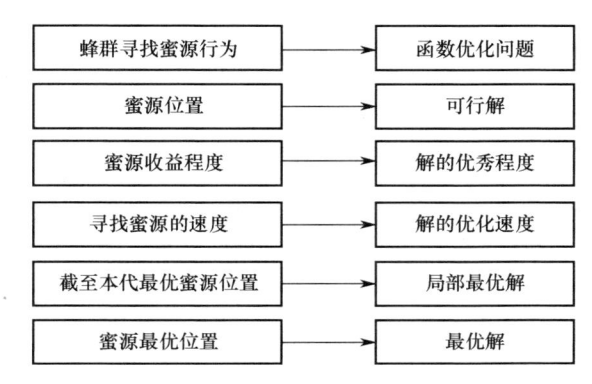

图 4.58　蜂群寻找蜜源行为与函数优化的对应关系

ABC 算法的流程图如图 4.59 所示。

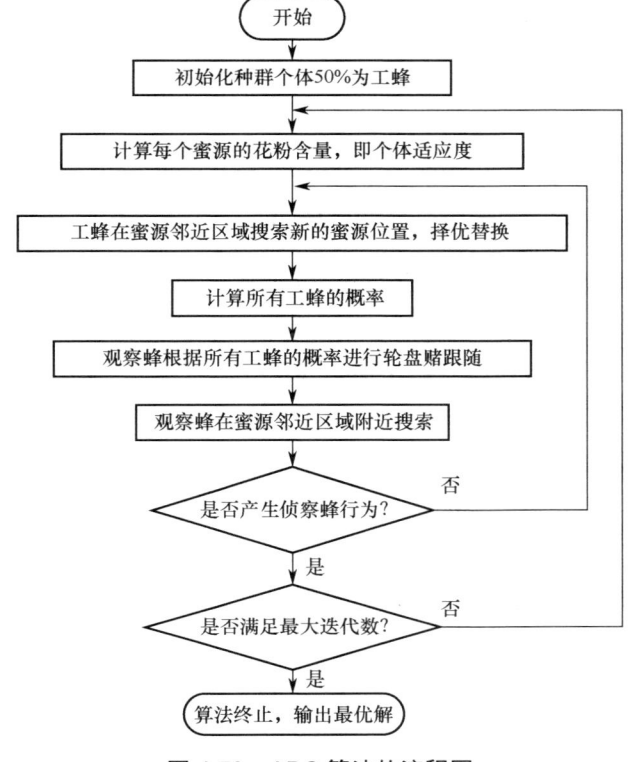

图 4.59　ABC 算法的流程图

在人工蜂群算法实施过程中，ABC 算法首先会进行总体初始化，即随机生成含有 N 个 D 维初始解的初始种群，初始解即蜜源位置。之后 3 种不同的蜂种不断迭代并选用不同的策略在空间内进行搜索，其中，迭代次数表示为 iter。工蜂计算所在蜜源的适应值并与观察蜂进行分享后，观察蜂会根据轮盘选择规则选择拥有特定概率的蜜源进行下一步操作。同时，工蜂和观察蜂会对得到的解集进行修改，并进行蜜源位置更新，这样可以进一步寻找新的蜜源和测试蜜源的质量。

工蜂与观察蜂对蜜源位置更新依据式（4-166）进行，即

$$x_{ij}^{i+1} = x_{ij}^{i} + \gamma \cdot (x_{ij}^{i} - x_{kj}^{i}) \tag{4-166}$$

式中，x_{ij}^{i} 代表当前蜜源位置，x_{kj}^{i} 表示通过随机选择得到的邻近区域蜜源方位，$i \in \{1,2,\cdots,N\}$，$j \in \{1,2,\cdots,D\}$。算法会设定上、下边界临界值，如果更新位置后位置超出了边界范围，则取边界值即可。k 为随机整数，在 $[1,N]$ 内服从均匀分布，同时 $k \neq j$，γ 为随机数，在 $[-1,1]$ 内服从均匀分布，决定 x_{ij}^{i+1} 的变动和取值限度。

ABC 算法中采用适应值对应蜜源的收益程度，为了更好地挑选蜜源位置，观察蜂会根据轮盘选择规则进行进一步挑选。

假设 x_i^t 工蜂在第 t 代寻找蜜源位置，则观察蜂会通过式（4-167）决定该蜜源的选择概率：

$$p_i = \frac{f(x_i^t)}{\sum_{i=1}^{N} f(x_i^t)} \tag{4-167}$$

式中，$f(x_i^t)$ 是 x_i^t 的适应度。蜜源的适应度越大，被观察蜂选择的概率越大。

在 ABC 算法中，limit 变量的取值被用于记录在进行迭代解寻优时当前蜜源没有更新的次数。侦察蜂按照公式在搜索空间产生新的蜜源，若在进行若干次迭代选优后备选解集没有更新，则当前备选解集会被舍弃，在此蜜源的工蜂会转换为侦察蜂，进行下一个备选解集的挑选，并取代上一个备选解集。

$$x_{\min,ij}^{t+1} = x_{\min,j}^{t} + \mathrm{rand}(0,1)(x_{\max,j}^{t} - x_{\min,j}^{t}) \tag{4-168}$$

式中，$j \in \{1,2,\cdots,D\}$，$\mathrm{rand}(0,1)$ 是 $[0,1]$ 内的随机数，$x_{\max,j}^{t}$、$x_{\min,j}^{t}$ 是变量的最大值和最小值。

limit 的计算公式如下：

$$\mathrm{limit} = \frac{\mathrm{SN}}{2} * D \tag{4-169}$$

式中，SN 代表种群个体数量，D 为选优目标的维度个数。工蜂与观察蜂的数量相等，都为 SN/2。

由以上介绍可知，ABC 算法的特点如下：

（1）根据蜜蜂觅食行为得到最优解；

（2）能达到局部最优和全局最优；

（3）适合组合优化问题；

（4）可以用于有约束的和无约束的优化问题；

（5）实现简单、稳定性强。

4.7.3　ABC 算法在 FRM 滤波器组优化设计的应用

由于滤波器的优化设计涉及多维度多目标组合优化，需要用到高效的优化算法来得到最优解，而 ABC 算法能满足这一要求[20]。为了使在搜索空间中找到好的候选解的概率更大，算法的优化需要从更大的搜索空间开始，因此，蜜源的初始数量应设置为工蜂数量的整数倍[21]。ABC 算法在 FRM 滤波器组中的优化主要分为如下 6 个部分。

1．初始化蜜源

第 3 章设计的 FRM 滤波器系数将会作为算法的初始蜜源，随后初始系数将会被打乱以获取其他的蜜源[22]。一组蜜源代表着一个可能获得的优化解组合。针对 FRM 滤波器组设计的蜜源如表 4.19 所示。

表 4.19　针对 FRM 滤波器组优化设计的蜜源

$x_{a_{n_1}}$	...	$x_{a_{N-1}}$	$x_{Ma_{n_2}}$	...	$x_{Ma_{N_2-1}}$	...	$x_{Mc_{n_3}}$	...	$x_{Mc_{N_3-1}}$

其中，x_a、x_{Ma} 与 x_{Mc} 分别表示原型滤波器、屏蔽滤波器和互补屏蔽滤波器的系数，n_1、n_2 与 n_3 分别由公式定义。

2．对蜜源进行优先排序

为了取得更大的蜜源搜索范围以获取更好的解方案，蜜源的数量在初始会被设置为工蜂的整数倍以上。在这一步蜜源的适应度会被评估，具有高适应度的蜜源会被进一步进行优化过程。被优先排序的蜜源数量与工蜂的数量相等。

3．工蜂部分

工蜂会在邻域的蜜源中决定一个蜜源并评估其花蜜量（适应度变量）。其中，在第 i 个蜜源的工蜂会通过随机选择蜜源第 j 个位置的参数进行更新来获得新的评估源。在第 j 个位置的新参数可以通过式（4-170）获得：

$$x_{t+1}(i,j) = x_t(i,j) + \lfloor \phi \delta(i,j) \rfloor \tag{4-170}$$

式中，$x_t(i,j)$ 代表在第 i 个蜜源的第 j 个参数，$x_{t+1}(i,j)$ 代表在邻域中新蜜源的第 j 个参数，$\lfloor \cdot \rfloor$ 代表向下取整，ϕ 是 [−1, 1] 中生成的随机数，$\delta(i,j)$ 由式（4-171）定义：

$$\delta(i,j) = x_t(i,j) - x_t(k,j) \tag{4-171}$$

以上定义可以确保生成的候选解集仍属于搜索空间内（全部蜜源）。另外，需要建立两个约束以防止新的候选解超出系数值的边界。

如果 $x_{t+1}(i,j) < v_{lb}$，则使 $x_{t+1}(i,j) = v_{lb}$。

如果 $x_{t+1}(i,j) > v_{ub}$，则使 $x_{t+1}(i,j) = v_{ub}$。

其中，v_{lb}、v_{ub} 分别为蜜源的最低边界、最高边界。工蜂计算新蜜源的适应度后会运用贪婪机制进行蜜源选择，即如果新的蜜源拥有更好的适应度，则新的蜜源将取代旧蜜源。

4．观察蜂部分

在本部分中，观察蜂将会对它所收集到的所有工蜂提供的花粉信息进行评估，并根据花粉量对蜜源进行选择。拥有越多花粉量的蜜源被选择的概率越高，即质量高的蜜源会比质量差的蜜源拥有更多的观察蜂。随后观察蜂会进行与工蜂相司的操作，即对解集方案进行修改，并且运用贪婪机制进行新旧蜜源的判断与交换。

5．侦察蜂部分

如果一个蜜源的花粉质量经过一定迭代次数循环和替换后没有增加，则这个蜜源将会被舍弃，同时侦察蜂会寻找新的蜜源进行后续计算。其中，新蜜源的随机生成定义为

$$x_{t+1} = \text{rand}([lb,ub],'dim') \tag{4-172}$$

式中，dim 表示生成新解集的维度。经过以上 5 个部分的计算后，当前得到的最优解将被记录并存储。

6．终止部分

当算法计算得到的误差值小于规定值后，算法即可终止，否则，算法将按照一定的循环数目重复进行上述步骤。计算完成后，就能得到各个滤波器的最优系数解，从而完成整个 FRM 滤波器组的设计优化。

4.7.4 基于 ABC 算法优化的 FRM 滤波器组结构仿真

本节将对第 3 章设计的 FRM 滤波器组系数进行 ABC 算法优化并进行仿真验证，其中，原型低通滤波器 $F_a(z)$ 的通带截止频率和阻带起始频率分别为 322.56MHz 和 414.72MHz，屏蔽滤波器 $F_{Ma}(z)$ 的通带截止频率和阻带起始频率分别为 70.08MHz 和 107.04MHz，屏蔽滤波器 $F_{Mc}(z)$ 的通带截止频率和阻带起始频率分别为 49.92MHz 和 72.96MHz。分别按 64 阶、128 阶和 260 阶对 3 个滤波器采用经典频率采样法与基于 ABC 算法优化的频率采样法进行滤波器设计并比较。ABC 算法迭代次数为 300 次，工蜂及侦察蜂的数量共为 100 只，蜜源取值范围为 [−1, 1]，算法中蜜源更新公式与式（4-170）相同，同时算法选择设计滤波器与理想滤波器之间的频率响应均方误差的倒数作为适应度，均方误差的计算方式与式（4-164）相同。原型低通滤波器 $F_a(z)$ 的不同算法幅频特性如图 4.60 所示。屏蔽滤波器 $F_{Ma}(z)$ 和 $F_{Mc}(z)$ 的不同算法幅频特性分别如图 4.61 和图 4.62 所示。

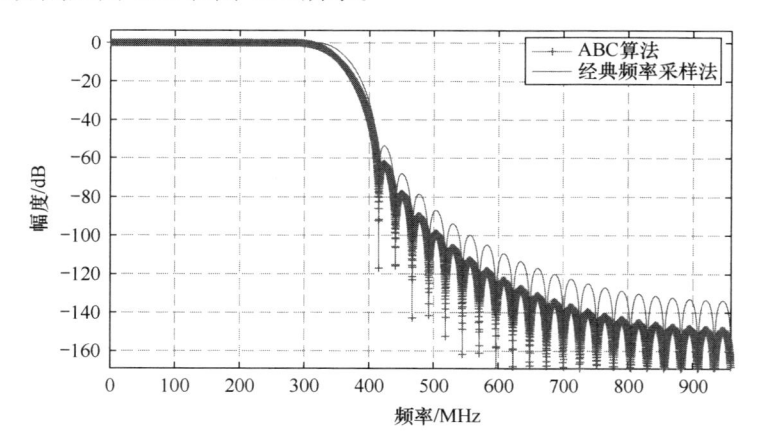

图 4.60　原型低通滤波器 $F_a(z)$ 的不同算法幅频特性

由图 4.60～图 4.62 可以看出，经过 ABC 算法优化后的原型低通滤波器及屏蔽滤波器相较于普通设计的滤波器均拥有更低的最小阻带衰减。其中，算法在屏蔽滤波器 $F_{Mc}(z)$ 上优化结果最好，其最小阻带衰减较普通设计方法降低了 35dB；其次是屏蔽滤波器 $F_{Ma}(z)$，经过算法优化后相较普通设计方法降低了 20dB；而在原型低通滤波器 $F_a(z)$ 上采用的 ABC 算法相较普通设计方法降低了 10dB。由图 4.60～图 4.62 还可以看出，ABC 算法优化后的滤波器通带相较于普通方法设计的滤波器更为平坦。将 $F_a(z)$、$F_{Ma}(z)$ 与 $F_{Mc}(z)$ 进行

CSD 编码并合成 FRM 滤波器。最终合成的 FRM 滤波器 $H(z)$ 的通带截止频率为 70.08MHz，阻带起始频率为 72.96MHz，由图 4.60～图 4.62 可以看出，合成的滤波器阻带衰减可以保持在 60dB 以上。ABC 算法优化与经典频率采样法最终合成 FRM 滤波器 $H(z)$ 的幅频特性对比如图 4.63 所示。从以上结果可以看出，利用 ABC 算法对 FRM 滤波器组进行改进可以在阶数不变，甚至更低的情况下降低滤波器的最小阻带衰减，有利于提高数字信道化结构的性能。

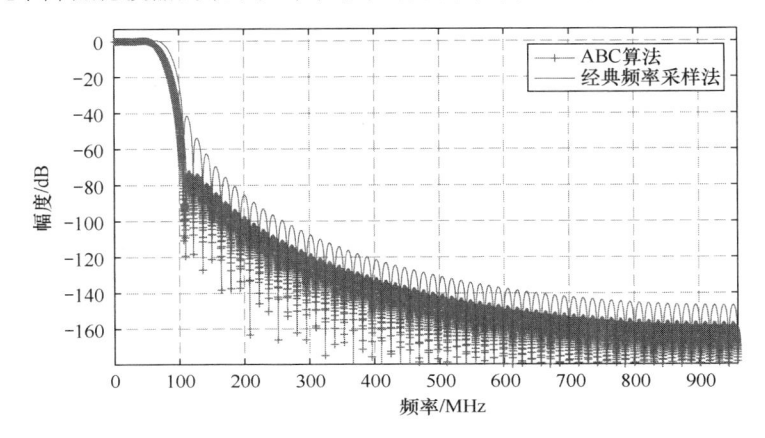

图 4.61　屏蔽滤波器 $F_{Ma}(z)$ 的不同算法幅频特性

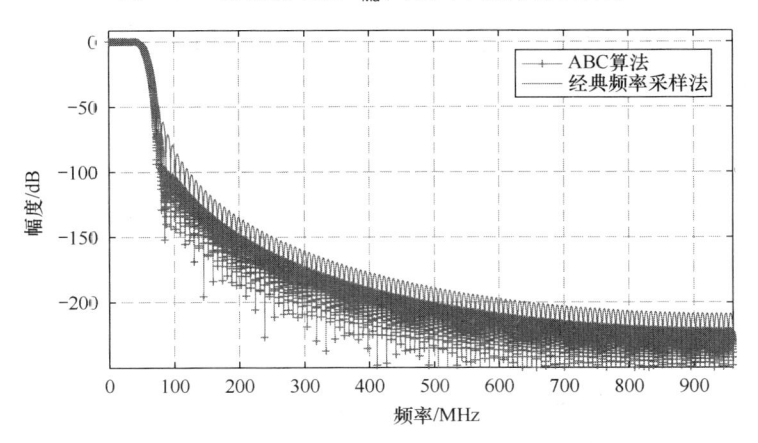

图 4.62　屏蔽滤波器 $F_{Mc}(z)$ 的不同算法幅频特性

本节将利用 MATLAB 对 4.2.1 节中推导的基于 ABC 算法及无乘法器优化的 FRM 数字信道化结构的正确性进行验证。利用第 3 章中的 FRM 滤波器参数指标作为该优化结构的设计基础，设采样率为 1.92GHz，数字信道化结构的子频带个数 $N=16$，抽取倍数 $D=16$。

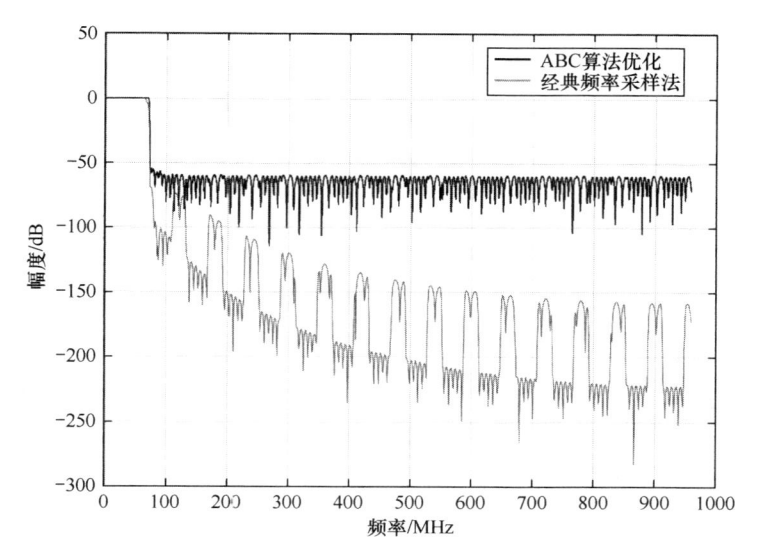

图 4.63　ABC 算法优化与经典频率采样法最终合成 FRM 滤波器 $H(z)$ 的幅频特性对比

仿真输入信号为 1 个 LFM 信号与 1 个正弦信号，输入信号的详细信息如表 4.20 所示，输入信号的幅频特性如图 4.64 所示。基于 ABC 算法及无乘法器优化的 FRM 数字信道化结构各子信道输出信号幅频特性如图 4.65 所示。

表 4.20　输入信号的详细信息

输入信号类型	中心频率/MHz	频率范围/MHz	信 道 编 号
sine	100	—	1、15
LFM	340	320～360	3

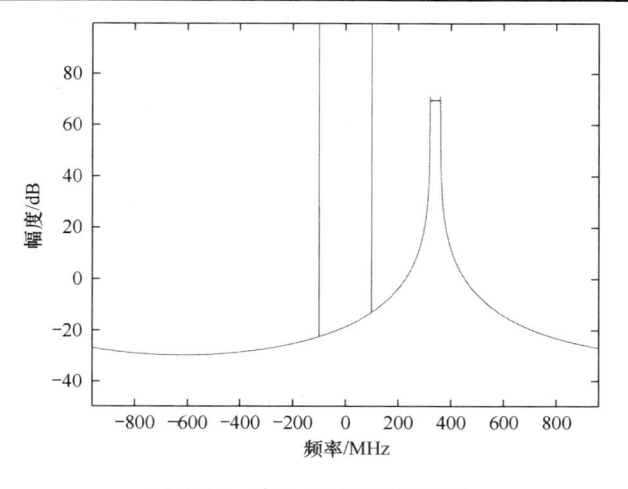

图 4.64　输入信号的幅频特性

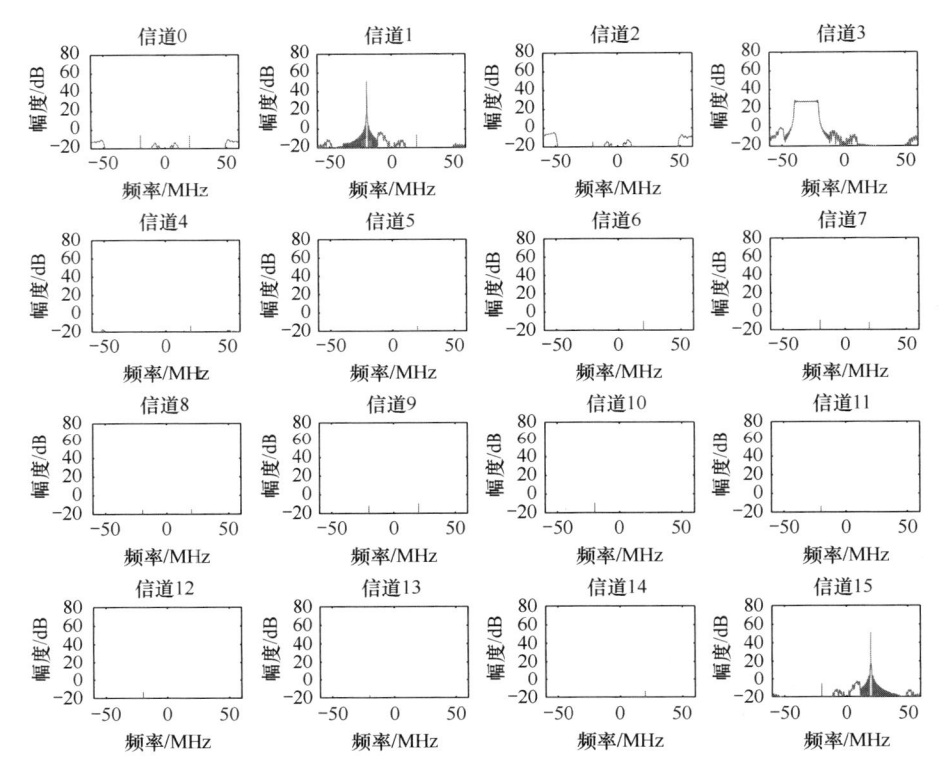

图 4.65 基于 ABC 算法及无乘法器优化的 FRM 数字信道化结构
各子信道输出信号幅频特性

由图 4.65 可以看出,LFM 从信道 2 输出,而另一个正弦信号从信道 3 和信道 15 输出。其中,每个信道的频谱峰值对应横轴数值表示信号与对应信道中心频率混频后的频率。从子信道的输出信号幅频特性可以看出,仿真结果和理论推导的子信道输出情况相符,也证明基于 ABC 算法优化的 FRM 数字信道化结构是正确的。

4.7.5 基于 XSG 的 ABC 算法优化的低复杂度 FRM 滤波器组实现

本节将利用 XSG 对基于 ABC 算法优化后的无乘法器 FRM 数字信道化结构进行 FPGA 实现。基于 ABC 算法优化后的无乘法器 FRM 数字信道化结构硬件实现原理如图 4.66 所示。在硬件结构中,信号会首先被延时与抽取处理模块处理,随后进入上、下支路的原型低通滤波器进行处理,之后分别经过上、下支路的屏蔽滤波器,最后经过 IFFT 模块完成最终流程。以上所有结构与 IFFT 模块结合，即能构成整个基于 ABC 算法优化后的无乘法器 FRM 数字信道化结构。

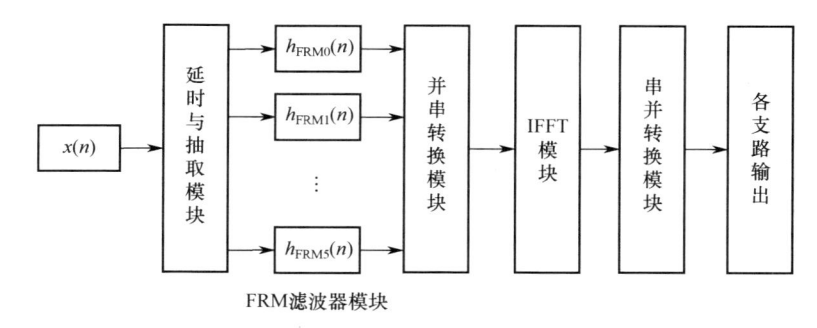

```
         ┌─────┐   ┌──────────┐   ┌─────┐   ┌─────┐   ┌─────┐   ┌─────┐
         │     │ → │h_FRM0(n) │ → │     │   │     │   │     │   │     │
         │ 延  │   ├──────────┤   │ 并  │   │     │   │ 串  │   │ 各  │
         │ 时  │ → │h_FRM1(n) │ → │ 串  │ → │IFFT │ → │ 并  │ → │ 支  │
x(n) →   │ 与  │   ├──────────┤   │ 转  │   │模块 │   │ 转  │   │ 路  │
         │ 抽  │     ⋮             │ 换  │   │     │   │ 换  │   │ 输  │
         │ 取  │   ┌──────────┐   │ 模  │   │     │   │ 模  │   │ 出  │
         │ 模  │ → │h_FRM5(n) │ → │ 块  │   │     │   │ 块  │   │     │
         │ 块  │   └──────────┘   │     │   │     │   │     │   │     │
         └─────┘                  └─────┘   └─────┘   └─────┘   └─────┘
                  FRM滤波器模块
```

图 4.66　基于 ABC 算法优化后的无乘法器 FRM 数字信道化结构硬件实现原理

为构建基于 ABC 算法优化的无乘法器分析滤波器组的硬件实现结构，需要同时对原 FRM 硬件实现结构中的上支路原型低通滤波器、下支路原型低通滤波器、上支路屏蔽滤波器与下支路屏蔽滤波器进行重新改造。对于 16 信道的新硬件结构，抽取位数仍为 16，并需要设计 16 个 FRM 滤波器。输入数据将被进行 1.92GHz 采样并量化为 12bit 定点数进行后续处理。新系统中的延时与抽取模块延续 4.2 节中的设计，即采用延时模块与抽取模块组合。每个子信道会将采样率降至 120MHz 进行数据处理。

与 FRM 理论结构相似，XSG 实现 FRM 滤波器组需要搭建上支路原型低通滤波器与下支路原型低通滤波器模型。其中，上支路原型低通滤波器的优化系数通过 MATLAB 运行得出并进行 12bit 宽度的 CSD 编码处理，以完成系数从十进制小数到二进制的转化。编码后的系数直接从 MATLAB 工作区导入 FIR Complier IP 核即可。为了避免滤波器全精度输出数据位宽不相等的情况，系统中每个滤波器的输出位宽统一为 16bit，若输出位宽不足 16bit，则进行左移位处理。为了实现滤波器的无乘法器高效设计，滤波器的硬件实现会采用占用资源更少、计算延时更短的分布式结构，其中分布式滤波器结构实现框图如图 4.67 所示。下支路原型低通滤波器设计可以将输入数据进行延时，并减去上支路原型低通滤波器输出数据得到，如图 4.68 所示。为保证上、下支路原型低通滤波器的计算延时相等，需要在下支路添加相应的延时模块，使得上、下支路计算延时相等。同样，下支路中经过延时的数据需要和上支路原型低通滤波器的输出数据进行比特位数对齐，并进行相应的移位调整。

设计上、下支路屏蔽滤波器的过程与设计原型低通滤波器的过程相似。首先需要利用 MATLAB 得到优化后的屏蔽滤波器组系数并进行相应的 CSD

编码处理，之后将系数进行多相分解，导入 XSG 中对应的 FIR Compiler IP 核当中。两个支路的屏蔽滤波器计算过程同样需要注意输出结果比特位数对齐问题，并进行相应的移位调整。

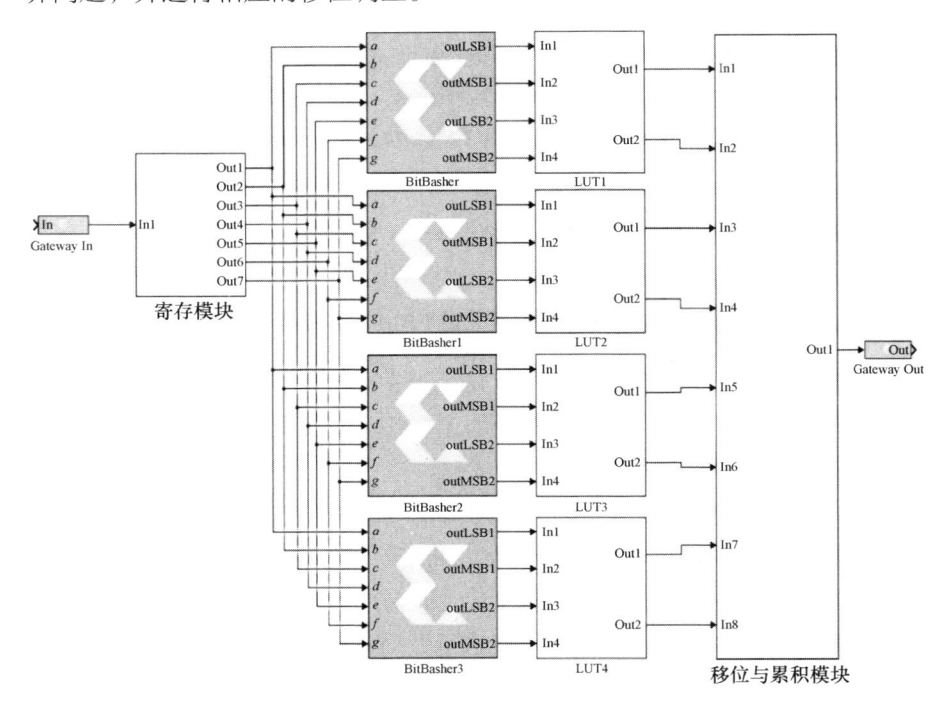

图 4.67 分布式滤波器结构实现框图

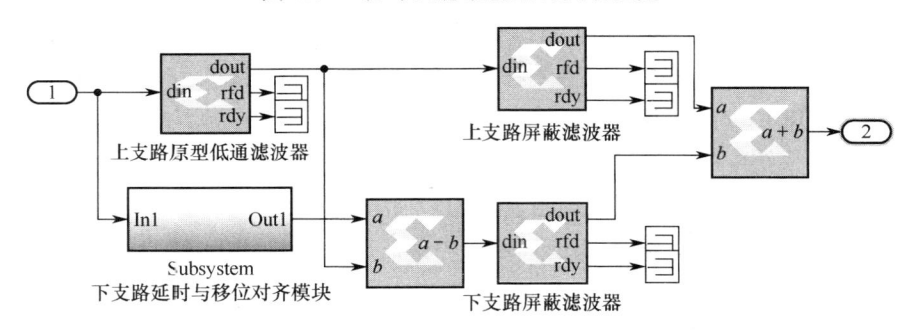

图 4.68 单个支路 FRM 滤波器硬件实现框图

上、下支路的屏蔽滤波器得到的输出被加法模块进行整合，完成总体 FRM 滤波器输出。16 路子信道数据输入 IFFT 模块前需要进入 bitshare 模块、并串转换模块处理。在 IFFT 模块得到计算后的实部和虚部的串行数据后，利用串并转换模块完成单一数据对 16 路子信道数据的转化，单个支路串并转换模块实现框图如图 4.69 所示。搭建好的基于 ABC 算法优化的无乘法器 FRM 滤波器组系统模型如图 4.70 所示。

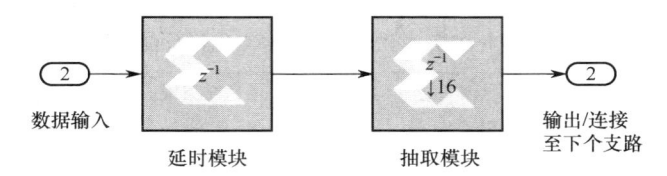

图 4.69 单个支路串并转换模块实现框图

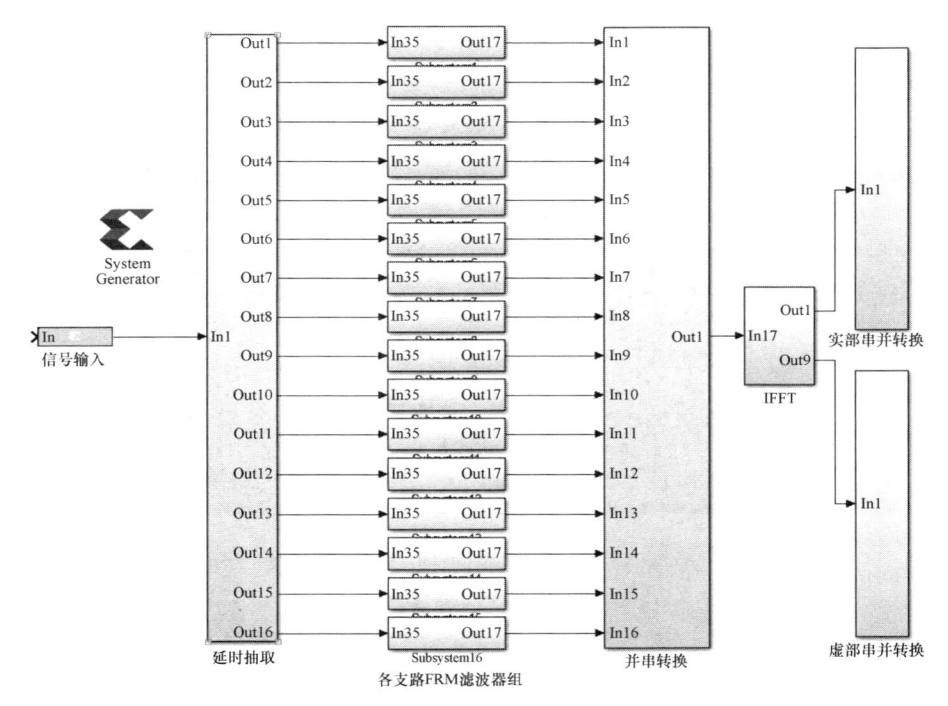

图 4.70 基于 ABC 算法优化的无乘法器 FRM 滤波器组系统模型

基于如图 4.70 所示的结构，本节将进行基于 ABC 算法优化的无乘法器 FRM 数字信道化优化结构的 FPGA 硬件仿真。结构中原型低通滤波器、上支路屏蔽滤波器、下支路屏蔽滤波器的通带截止频率、阻带起始频率、阻带衰减、通带纹波及阶数参数如表 4.21 所示。

由于上支路原型低通滤波器的延时为 4，因此下支路需要添加 110 个时间单位的延时模块以得到与上支部相同的延时。同时，利用无乘法器 IFFT 的 XSG 搭建结构取代原有的 FFT IP 核。仿真输入信号仍采用如表 4.21 所示的信号不变，采样率为 1.92GHz，仿真时间为 10^{-5} s，得到采样点数为 1201 点。

调制滤波器组技术及其在数字接收机中的应用

对量化好的输入信号进行硬件仿真，可得数字信道化优化结构硬件仿真各信道实部与虚部输出数据分别如图 4.71 与图 4.72 所示。

表 4.21 基于 ABC 算法优化的无乘法器 FRM 数字信道化结构中各滤波器具体参数

滤波器	通带截止频率/MHz	阻带起始频率/MHz	阻带衰减/dB	通带纹波/dB	阶数
原型低通滤波器	322.56	414.72	60	0.01	64
上支路屏蔽滤波器	70.08	107.04	58	0.01	128
下支路屏蔽滤波器	49.92	72.96	45	0.01	260

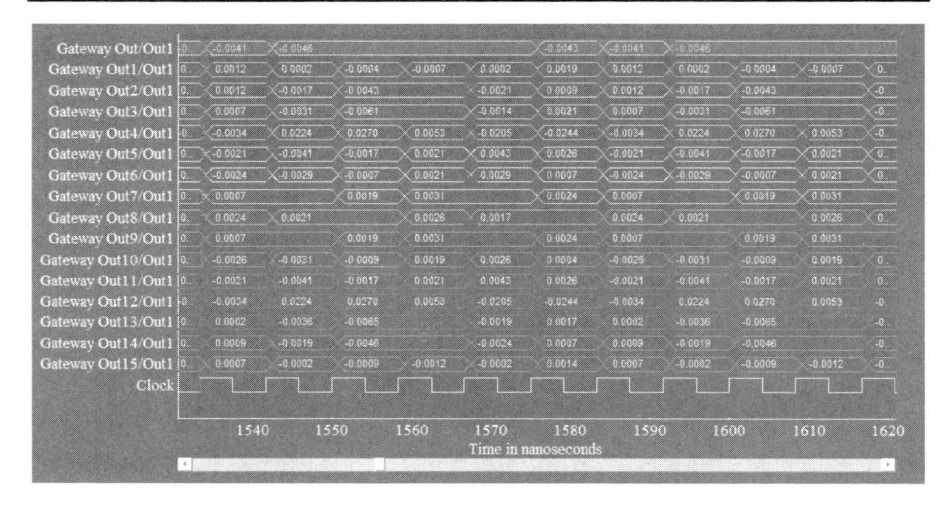

图 4.71 数字信道化优化结构硬件仿真各信道实部输出数据

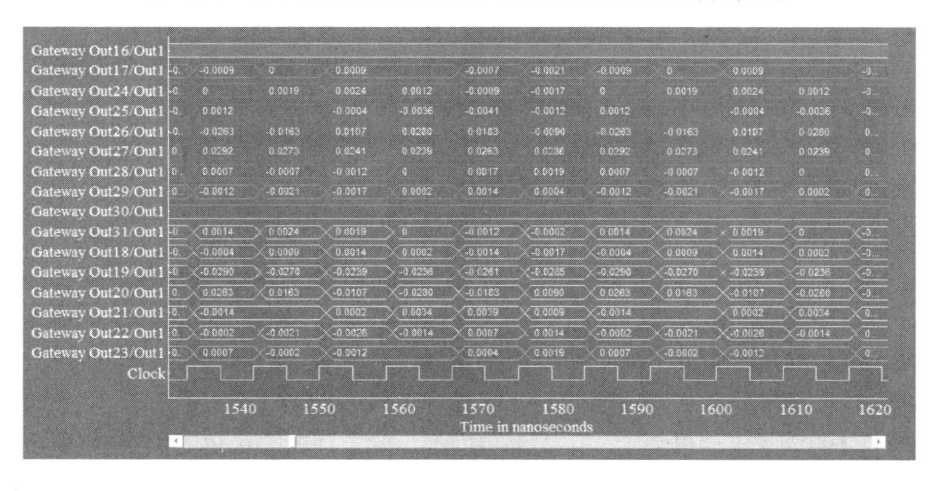

图 4.72 数字信道化优化结构硬件仿真各信道虚部输出数据

将图 4.71 与图 4.72 中的数据利用 To Workspace 模块导入 MATLAB，并绘制各子信道仿真输出的数据的幅频特性图，如图 4.73 所示。其中，每个信道的频谱峰值对应横轴数值，表示信号与对应信道中心频率混频后的频率。从输出的子信号的幅频特性图可以验证搭建的基于 ABC 算法优化的无乘法器 FRM 数字信道化优化结构的 FPGA 硬件功能的正确性。

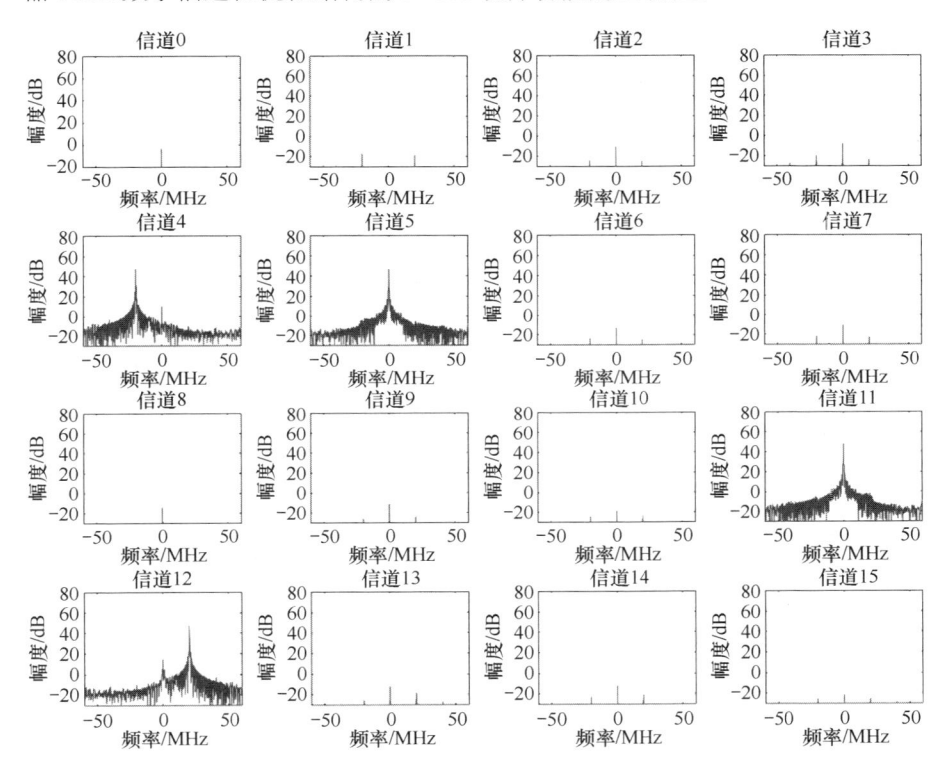

图 4.73 基于 ABC 算法优化的无乘法器 FRM 数字信道化优化结构硬件实现各子信道输出信号幅频特性

为对比数字信道化优化结构的硬件实现结果与 MATLAB 仿真结果的差异，本节利用相同混合正弦信号输入到 MATLAB 优化结构中进行仿真，仿真结果如图 4.74 所示。通过对比图 4.73 与图 4.74 可得，硬件实现结果与 MATLAB 仿真结果的输入信号频谱峰值位置保持一致，峰值幅度相近。但由于硬件仿真中会对信号源进行定点量化输入，同时 FPGA 实现存在对滤波器系数及优化结构中对 IFFT 模块旋转因子的量化过程，因此，两者结合会对输出数据产生量化误差。具体表现在非输入信号频谱峰值部分会产生因量化误差造成的频谱波形差异,虽未能达到完全重合的效果,但频谱波形趋势仍能保持相近。

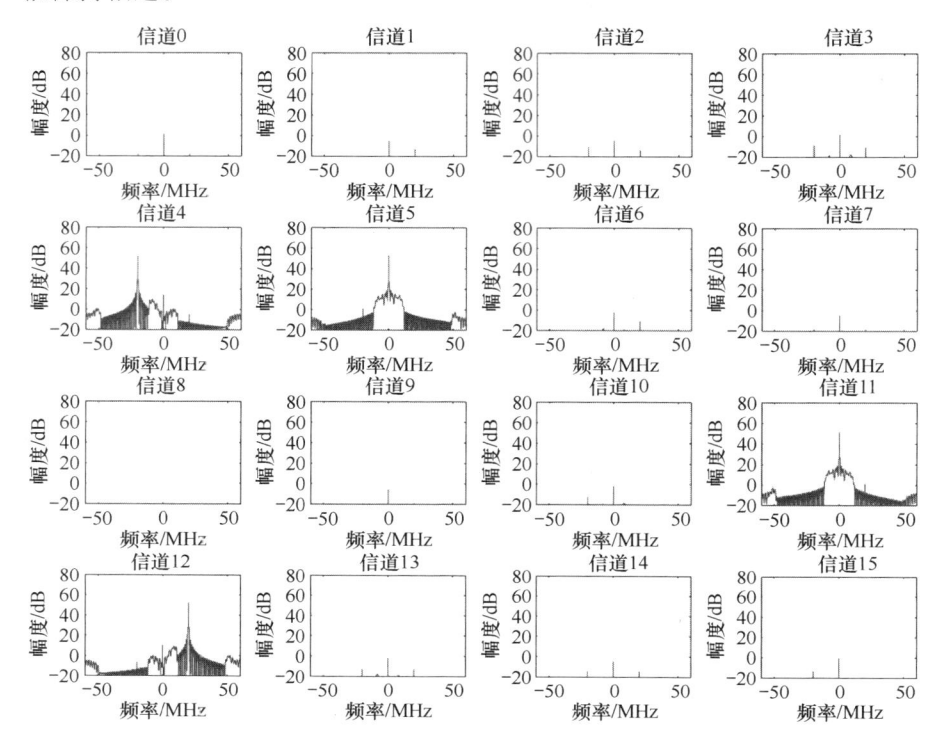

图 4.74 基于 ABC 算法优化的无乘法器 FRM 数字信道化优化结构 MATLAB 仿真各子信道输出信号幅频特性

4.8 本章小结

本章研究了不同类型的无乘法器滤波器组设计与优化方法,涵盖 CEM-FRM、MMF-FRM、CFM-FRM 等多种结构及其在动态配置、复杂度控制和多尺度适应性方面的优化。人工蜂群算法的应用进一步优化了滤波器组的性能,提升了设计的灵活性和效率。本章整体内容为滤波器组设计提供了一个全方位的优化思路及技术手段。

本章参考文献

[1] 王静雯,周文静,沈明威,等. 基于稀疏约束的低复杂度可变分数时延滤波器[J]. 数据采集与处理,2024,39(2):481-489.

[2] LIM Y C, YANG R. On the synthesis of very sharp decimators and interpolators using the frequency-response masking technique[J]. IEEE Transactions on Signal Processing, 2005, 53(4): 832-837.

[3] PARK H, YU M, JUNG Y, et al. Design of reconfigurable digital IF filter with low complexity[J]. IEEE Transaction on Circuits and Systems II-Express Briefs, 2019, 66(2): 217-221.

[4] OTUNNIYI T O, MYBURGH H C. Low-complexity filter for software-defined radio by modulated interpolated coefficient decimated filter in a hybrid Farrow[J]. Sensors, 2022, 22(3): 1164.

[5] MARTINS W A, BHAVANI S M R, OTTER-STEN B. Oversampled DFT-modulated biorthogonal filter banks: Perfect reconstruction designs and multiplierless approximations[J]. IEEE Transactions on Circuits and Systems II: Express Briefs, 2020, 67(11): 2777-2781.

[6] WEI Y, MA T, HO B K, et al. The design of low-power 16-band nonuniform filter bank for hearing aids[J]. IEEE Transactions on Biomedical Circuits and Systems, 2019, 13 (1): 112-123.

[7] ZHANG W, CUI X, YU Y, et al. Design of a novel CEM-FRM-based low-complexity channelised radar transmitter[J]. IET Radar, Sonar & Navigation, 2021, 15(12): 1643-1655.

[8] HAREESH V, BINDIYA T S. Design of hardware efficient reconfigurable merged partial cosine modulated non-uniform filter bank channelizer and its power efficient implementation using a novel approximation algorithm[J]. Circuits, Systems, and Signal Processing, 2022: 1-18.

[9] CHEN T, LI P, ZHANG W, et al. A novel channelized FB architecture with narrow transition bandwidth based on CEM FRM[J]. Annals of Telecommunications, 2016, 71: 27-33.

[10] 张文旭，崔鑫磊，陆满君. 一种基于MMF-FRM的低复杂度信道化接收机结构[J]. 电子学报，2023，51（3）：720-727.

[11] ZHANG W X, LI G Q, ZHANG W, et al. Improved FRM based maximally decimated filter bank with NTB for software radio channelizer[J]. AEU-International Journal of Electronics and Communications, 2018, 91: 75-84.

[12] 朱政宇，周宁，梁静，等. 基于FRM的WOLA滤波器组动态信道化结构[J]. 北京邮电大学学报，2024，47（3）：62.

[13] 董慧芬，陈蒙. 电能质量信号的非均匀子带分解小波去噪[J]. 电子测量与仪器学报，2023，36（3）：149-156.

[14] CHEN T, LI P C, ZHANG W X, et al. A novel channelized FB architecture with narrow transition bandwidth based on CEM FRM[J]. Annals of Telecommunications, 2016, 71(1/2): 27-33.

[15] 赵辉，王薇，莫谨荣，等. 滤波器组多载波系统中基于双层优化的峰均比抑制算法[J]. 电子与信息学报，2021，43（6）：1742-1749.

[16] ZHENG X X, LIAO Z, WEI Y, et al. Design of FRM-based nonuniform filter bank with reduced effective wordlength for hearing aids[J]. IEEE Transactions on Biomedical Circuits and Systems, 2022, 16(6): 1216-1227.

[17] KUMAR A, SHARMA I. A new method for designing multiplierless two-channel filterbank using shifted-Chebyshev polynomials[J]. International Journal of Electronics, 2019, 106(4): 537-552.

[18] ZHANG W X, DU Q Y, JI Q B, et al. Unified FRM-based complexmodulated filter bank structure with low complexity[J]. Electronics Letters, 2018, 54:18-20.

[19] KAYA E, GORKEMLI B, AKAY B, et al. A review on the studies employing artificial bee colony algorithm to solve combinatorial optimization problems[J]. Engineering Applications of Artificial Intelligence, 2022, 115: 1952-1976.

[20] COMERT S E, YAZGAN H R. A new approach based on hybrid ant colony optimization-artificial bee colony algorithm for multi-objective electric vehicle routing problems[J]. Engineering Applications of Artificial Intelligence, 2023, 123: 106375.

[21] LATIFOĞLU F. A novel singular spectrum analysis-based multi-objective approach for optimal FIR filter design using artificial bee colony algorithm[J]. Neural Computing and Applications, 2020, 32(17): 13323-13341.

[22] YE T, WANG H, ZENG T, et al. An improved two-archive artificial bee colony algorithm for many-objective optimization[J]. Expert Systems with Applications, 2024, 236: 121281.

第 5 章

调制滤波器组在电子侦察接收机中的应用

5.1 引言

电子侦察接收机的发展历史大体上可分为三代。第一代主要是一些模拟接收机,采用模拟电路完成对侦收信号的检测和分析。以瞬时测频接收机为典型代表,它具有快速检测、快速测频和高截获概率的特性,但灵敏度较低,不适用于同时多信号的场合,目前只在一些信号环境比较简单、重叠概率较低的场合使用。第二代接收机采用超外差式接收结构,通过混频将接收信号转换到中频,然后在中频进行 ADC 采样,采用数字信号处理技术对带宽内的信号进行分析和处理,获取雷达辐射源的信号调制参数和特征。第二代接收机的处理主体已经数字化了,但其中频带宽通常仅为几十兆赫兹(MHz),因而在处理宽带(包括瞬时宽带和分时宽带)信号时较为困难,甚至无法完整、不失真地处理;同时受到处理速度的限制,即便对带内信号,也不能保证逐一、实时地处理,目前主要作为宽带侦察接收机的辅助和补充,对特定的窄带信号进行调制分析。第三代电子侦察接收机主要针对目前复杂的电磁信号环境,采用高速 ADC 采样,并通过高速信号处理实现对宽带信号的实时检测和分析,具有较高的检测灵敏度及对同时多信号的时间、空间、频谱等分辨能力,适用于各种复杂调制的信号。显然,第三代电子侦察接收机是当前电子对抗领域研究的重点,也是未来电子侦察接收机的主要发展方向。

5.2 电子侦察接收机需求与特性

5.2.1 电子侦察接收机功能

现代雷达已经普遍应用到作战飞机、舰艇、战车、火炮、作战单位及卫星上，且分布范围非常广，从地面到空中甚至太空都有形形色色的雷达，特别是在复杂战场环境下或者重要的军事集结地，雷达的分布十分密集[1-6]。

电子侦察接收机是电子支援系统中重要的组成部分[7]。电子侦察接收机侦收的对象是各种类型雷达的信号。电子侦察接收机用于探测雷达辐射信号，再对接收到的雷达辐射信号进行快速分析和识别。对电子侦察系统而言，许多辐射源的参数可能是未知的，不具有先验知识，因此无法实现相关接收。为适应电子战的复杂电磁环境，电子侦察接收机应该满足以下要求。

（1）具有较快的系统反应时间。接收机在截获辐射源信号后，通常要求在较短的时间内提取辐射源的各种参数信息，并上报主控计算机或者相应的电子支援设备，特别是对于侦察引导接收机，有时要求必须在微秒级时间内给出辐射源的引导参数。

（2）具有足够的工作带宽和瞬时带宽。由于电子侦察接收是非协作侦收，侦收前并不确定辐射源的频率，因此，为了满足侦察任务的要求，电子侦察接收机的侦收频率范围通常较宽，如 2~18GHz。为了便于接收和处理，通常将整个侦察工作带宽划分成若干子频段，通过变频将这些子频段的射频信号变换成统一频率和带宽的中频信号，然后并行处理或分时顺序处理。电子侦察接收机的工作带宽和瞬时带宽主要取决于它的任务、侦察对象和信号环境、实现技术的成熟度和效费比等。宽开输入可以缩短系统的响应时间，提高截获概率，提高对复杂信号（如宽带信号、扩频信号、相位编码信号、调频信号等）的接收处理能力。宽带侦察接收机的工作带宽通常都在 1GHz 以上，单路中频带宽在 200MHz 以上。

（3）具有一定的测频精度和频率分辨率。现代电子战环境复杂，而侦察接收机又是一个宽开系统，为了给电子支援设备或者反辐射武器设备提供较准确的辐射源信息，侦察接收机应具有一定的测频精度和频率分辨率，以准确区分各种不同的辐射源。

（4）具有处理同时到达信号的能力。如果在同一时刻有多个信号到达接收机，要求接收机能够对所有接收到的辐射源信号进行分析，并提供相关信息。在不同的应用场合，接收机处理同时到达的信号的数量和条件会有不同的要求，通常为瞬时带宽内 2~4 个。

（5）接收机灵敏度和动态范围之间的权衡。较高的灵敏度可以使得接收机能够探测远距离目标或者弱辐射信号目标，从而可以提供更长的响应时间或者实现从旁瓣截获辐射源信号。较大的动态范围可以使得接收机尽可能不失真地接收同时到达的信号，满足大小信号的同时接收或者强背景条件下小信号截获的要求。在侦察接收机中，灵敏度和动态范围往往是相互矛盾的，一个参数的提高会带来另一个参数的降低，因此，在进行接收机设计时需要根据使用环境对这两个参数进行折中考虑。

以上给出的是电子侦察接收机的总体要求，在实际操作过程中还会对处理信号的具体形式及输出特征参数的估计精度、分辨率等提出相应的要求。

5.2.2 电子侦察接收机技术指标

电子侦察接收机利用无源接收和信号处理方式对雷达辐射源信号进行检测和识别，完成对信号工作参数的测量和分析。典型的侦察接收过程如下：由天线接收其所在空间的射频信号，并将射频信号反馈至实时检测电路、参数测量电路及信号处理电路。在雷达领域，大部分信号都是脉冲信号，因此，电子侦察接收机对每个检测到的射频脉冲信号形成指定长度、指定格式和指定位含义的数字形式脉冲描述字。脉冲描述字通常由信号中心频率、脉冲宽度、脉冲幅度、到达时间、到达角等组成。之后，电子侦察接收机将脉冲描述字送给接收机的信号处理设备，由信号处理设备根据不同的辐射源信号特征，对输入的实时 PDW 流进行信号分选、参数估计、辐射源识别、威胁程度判决和作战态势判别等。最后，将相应的处理结果提供给显示、存储、记录或其他电子对抗设备等。

由于电子战武器的作战对象包罗各种使用电磁频谱的装备，它们的功能、性能和调制参数等又千差万别，因此，不可能用一种统一的战技指标体系进行要求和描述。电子战接收机可用于电子情报侦察（ELINT）、电子支援侦察（ESM）、雷达告警接收（RWR）、引导干扰和引导反辐射寻的等。下面仅列出目前电子侦察接收机中普遍采用的指标参数，它们对模拟接收机和数字接收机都适用。

（1）截获概率。截获概率是在给定的时间内正确地发现和识别给定辐射源信号的概率。截获概率既与辐射源特性有关，又与电子侦察系统的性能有关。如果在任意一个时刻接收空间都能与信号空间完全匹配，且接收机能够实时完成处理，截获概率就为 1，此时将这种接收机称为理想侦察接收机，实际侦察接收机的截获概率均小于 1。

（2）接收机响应时间。接收机响应时间是接收机从截获信号到输出预定结果所使用的时间。

（3）工作频带。工作频带是侦察系统能够侦察接收雷达信号的最大频率范围。接收机的工作频带主要由侦察对象决定。

（4）瞬时工作带宽（B）。瞬时工作带宽是系统在任意瞬间可以接收和处理辐射源信号的频率范围。

（5）灵敏度（$S_{i\min}$）。灵敏度是接收机可以正确检测的最小信号功率，也就是接收机可以按照指定的虚警概率和检测概率正确给出 PDW 的最小输入信号功率电平。正确给出意味着所测量的参数在预先规定的容差范围之内。灵敏度是接收机检测弱小信号能力的象征。灵敏度主要由以下几个因素确定：接收机噪声系数 F_R、检波前工作带宽 B_R、检波前增益 G_R、检波后工作带宽 B_V、检波常数 A 等。在宽带接收的情况下，也就是当满足 $B_R \geqslant 2B_V$ 时，接收机的灵敏度为

$$S_{i\min} = -114\text{dBm} + F_R + 10\lg\left(3.1B_R + 2.5\sqrt{2B_R B_V + 0.56B_V^2 + \frac{AB_V}{G_R^2 F_R^2}}\right) \quad (5-1)$$

宽带侦察接收机的灵敏度一般为 $-90 \sim -40\text{dBm}$。

（6）动态范围。动态范围是接收机在不产生错误时所能正确检测的最大信号功率与最小信号功率之比。在侦察接收机中，如果信号功率过强，则容易引起检测电路饱和，使侦察接收机对信号的检测精度下降；如果信号功率过弱，则信号会淹没在背景噪声中，同样会使侦察接收机对信号的检测性能下降。在强信号输入时，侦察接收机内非线性环节产生的寄生信号可能造成检测错误（虚警），还可能遮盖同时到达的弱小信号（漏警）。通常将接收机允许输入的最大信号功率与最小信号功率（灵敏度）之比称为噪声限制动态范围，将强信号输入功率与寄生信号功率之比称为瞬时动态范围。当两个频率为 f_1 和 f_2 的强信号到达接收机时，会产生三阶交调，三阶交调会在 $2f_1 - f_2$ 和 $2f_2 - f_1$ 处出现。此时，接收机能够对其正确检测且不会产生可检测三阶交调分量的最大信号功率与灵敏度信号功率的比值，称为无杂散动态响应范围。

（7）测频精度和分辨率。测频精度是测量到的信号频率与信号频率真实值之间的差值，是接收机可以对两个同时到达信号进行正确测频的最小频率差。担任干扰引导任务的侦察接收机的测频精度和分辨率一般较低，通常为 $1 \sim 10\text{MHz}$；而情报侦察接收机往往具有较高的测频精度和分辨率，通常为 $10\text{kHz} \sim 1\text{MHz}$。

（8）检测信号形式。雷达信号类型较多，可以分为脉冲信号和连续波信号，并且以脉冲信号为主。常见的脉冲信号包括常规脉冲、频率捷变脉冲、脉组变频脉冲、频率分集脉冲、频率编码脉冲、线性调频脉冲、非线性调频脉冲、相位编码脉冲、重频参差/抖动/脉组参差脉冲、高重频 PD 脉冲等。

通常，侦察接收机会根据主要侦察对象来确定着重分析的某些信号形式。

（9）脉冲幅度和脉冲宽度。脉冲幅度一般是检测门限一定时脉冲信号包络的幅度。脉冲宽度一般是脉冲信号包络在检测门限以上的时间宽度。

（10）到达时间。到达时间一般是脉冲信号包络超过检测门限的时间，以接收机内部的参考时间作为相对参考基准。到达时间可用来辅助计算辐射源的脉冲重复周期和时差定位中的到达时差（高精度时差可以采用更加精确的到达时间定义）。

（11）到达角。到达角一般是辐射源相对侦察接收机参考方向的方位和仰角。由于大部分电子侦察设备不测量仰角，因此，许多到达角仅指方位。通常，到达角在短时间内不会发生较明显的变化，侦察接收机经常利用它来进行雷达信号分选。

（12）阴影时间。阴影时间是接收机在对相邻的两个脉冲进行正确检测时，前一脉冲的下降沿与后一脉冲的上升沿之间的最小时间间隔。

5.3 电子侦察接收机类型

5.3.1 瞬时测频接收机

瞬时测频接收机主要利用微波相关器组鉴别输入射频信号瞬时自相关的相位差，再将相位差转换成输入射频信号的频率[8]。瞬时测频接收机主要由限幅放大器、鉴相器及编码器等组成，如图5.1（a）所示；单路相关器的基本结构如图5.1（b）所示。输入射频信号经过功分器分成两路，将一路进行延迟，将另一路直通，送给微波相关器。微波相关器输出一对与两信号瞬时相位差成正比的正交信号，送给编码器。常见的瞬时测频接收机主要测量射频信号脉冲前沿时间段内的信号频率。

瞬时测频接收机具有很大的瞬时测频带宽[9]和较高的测频精度，体积小、成本低。典型的宽带瞬时测频接收机的测频精度为 3～5MHz，测频带宽可达十几吉赫兹（GHz）。瞬时测频接收机已经广泛应用在告警和干扰机频率引导等电子支援侦察系统或电子情报侦察系统中。瞬时测频接收机最主要的缺点是不能对同时到达的多信号进行测频，只能测量大信号频率，有时候还会发生测频错误，因此，在高密度信号环境下其应用受到了严重的限制[10]。

（a）瞬时测频接收机组成

（b）单路相关器的基本结构

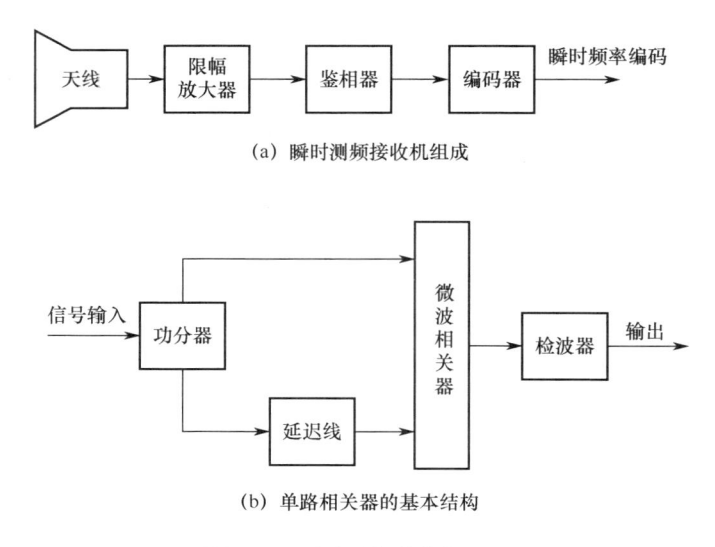

图 5.1 瞬时测频接收机原理

5.3.2 数字信道化接收机

现代雷达和通信信号所面临的电磁环境越来越复杂，单位时间内要加以截获、筛选、分类的信号数量几乎呈现指数级增加，信号的形式也越来越多样化，各种新型信号不断出现[11]。然而，常规接收机，如晶体视频接收机（Crystal Video Receivers，CVR）、瞬时测频（Instantaneous Frequency Measurement，IFM）接收机、超外差（Super Heterodyne，SH）接收机，在任意给定的时间内只能接收一个信号，这样就需要能同时接收多个时间重叠信号而没有信息遗漏的接收机来处理这种高密度的信号。信道化接收机能满足同时截获多个时间重叠信号的要求。在并行的信道化接收机中，将所要研究的电磁信号频带宽度划分为许多邻接的部分，每个部分仅对应电磁环境整个频带宽度的很小一段。这样，接收机的每个并行信号处理信道就只对全部频带宽度的许多分开的信道带中的一个频带起作用。因为并行信道是独立的，所以在没有信息损失的情况下接收机能同时截获一个或多个时间重叠信号[12]。

信道化接收机并行的信道数量很大，信道带宽为 100Hz～100MHz，与其他技术相比，信道化接收机同时截获或接收多个时间重叠信号的能力较强。在较高的信号密度下，信道化接收机的信号重叠概率比 CVR 或 IFM 接收机低得多，这是因为信道化接收机的信道频带宽度明显比 CVR、IFM 接收机在给定时间的观测工作带宽小。如表 5.1 所示为接收机技术的一些重要特性比较。虽然 CVR、IFM 接收机具有高截获概率（Probability of Intercept，PoI），但不适用于密集的电磁环境，相反，TRF（Tuned Radio Frequency，射频调谐）接收机和 SH 接收机在一定程度上很适用于稠密的电磁环境，然而，它们的 PoI 在截获宽带或快速信号情况下受到窄的瞬时带宽的限制。压缩接收机用线性调频脉冲 z 变换将宽的瞬时频带中的信号转变为高速率的脉冲序列。线性调频脉冲 z 变换在密集的电磁环境中具有高的 PoI 和中等接收能力，缺点是接收设备非常复杂。在密集的电磁环境中，信道化接收机具有高的 PoI 和优良的性能，以及中等的结构复杂性。

表 5.1 接收机技术的一些重要特性比较

类型	PoI	密集环境效果	动态范围	复杂性	尺寸	成熟度
超外差（SH）接收机	差	好	优	简单	小	成熟
晶体视频接收机（CVR）	好	差	中等	简单	小	成熟
射频调谐（TRF）接收机	差	中等	中等	简单	小	成熟
瞬时测频（IFM）接收机	好	差	中等	中等	中等	成熟
压缩接收机	好	中等	中等	复杂	大	发展阶段
信道化接收机	好	中等	好	中等	小	发展阶段

信道化接收机要测定的信号参数有频率、幅度、到达时间、到达方向、脉冲宽度、调制类型、传输帧特性、编码特性等，同时要求有较高的截获概率。大带宽、高动态范围，大的带宽延时积、高的频率分辨率，尺寸小、质量小和低功耗，都是信道化接收机非常需要的。此外，计算速度是信道化接收机的另一项重要指标，现代电磁环境信号接收机所需要的高计算速度是信道化接收机发展的关键促进因素。信号密度日益增大，覆盖的频率范围越来越宽，并要求快速获取这种环境中的信息，这些都给接收机的处理速度提出了很高的要求。

由于数字信道化接收机都是靠滤波器组完成信道分离的，因此从本质上说，数字信道化接收机是微波滤波器的发展，只不过以数字滤波器组代替了微波滤波器组。ADC 器件的高速发展，使数字滤波成为可能，而 DSP 器件高达 20FLOPS 的运算速度也使接收机的高速运算需求在一定程度上得到了解决。数字信道化是指将宽带数字信号送入一个网络后，在网络中完成频域均匀信道化和抽取操作，最终输出若干个低速率的子频带信号。每个子频带都可以单独处理，因此允许在每个通道中应用低速计算机技术，解决了在宽带信号接收情况下高速 ADC 和后端信号处理的瓶颈问题。

数字化是目前各种电子设备发展的必然趋势，数字化电子设备具有良好的稳定性，能够完整地保存信号中的信息，并灵活地运用各种先进的数字信号处理技术，且通过各种集成电路和芯片实现的数字电路减小了系统的成本、体积和功耗，因而未来电子战必然有数字化接收机的用武之地。数字信道化接收机结合了信道化和数字化的优点，既具有信道化接收机的高综合性能，又能通过数字化提高接收机的稳定性和灵活性，减小接收机的功率消耗、体积和成本，同时其输出信号带宽窄，降低了后端数据的处理速率。

5.4 基于调制滤波器组的数字信道化接收机

5.4.1 瞬时带宽选择

宽带数字侦察接收机具有大瞬时带宽及多信号处理的能力，在雷达对抗中扮演重要的角色，宽带化、数字化已经成为电子侦察领域发展的必然趋势。宽带数字侦察接收机需要采用高速数据采集技术来提高接收机的瞬时带宽，需要利用灵活的信号处理算法完成已截获雷达辐射源的参数估计。瞬时带宽是电子侦察系统信号发现与处理能力的关键参数，如果侦察接收系统没有对宽带信号的采样能力，将难以有效发现未知频段的低截获、短时猝发信号，对大带宽信号也会因截获不全而无法得到信号的全部信息，更无法对其进行准确测量，导致信息难以利用。

在现代电子战中，对雷达辐射源的侦察接收面临非常复杂的信号环境：辐射源数量日趋庞大，信号密度日益增加；雷达辐射源信号是非合作的，且信号波形复杂；雷达信号类型多样、体制复杂；信号载频不断向更低和更高扩展，使雷达侦察接收机在辐射源信号截获、参数测量及多信号处理等方面遇到了巨大的挑战。因此，现代雷达侦察接收机需要满足以下设计要求：为了能够在更短时间内覆盖雷达工作的频率范围，需要具备较宽的瞬时带宽，一般其频率范围为 0.5~4GHz；为了实现对远距离目标的探测，需要具备更高的灵敏度和分辨率；为了能够接收同时到达的多个信号，需要具备更大的瞬时动态范围；为了能够给出并保存所有已截获信号的相关信息，需要具备分析处理同时到达的多个信号的能力；为了实现雷达信号的高概率侦收，需要具有良好的实时性。在实际应用中，将雷达侦察接收机覆盖的频率范围划分成多个子频段，对各个子频段采用接收机组并行操作的方式，或者对各个子频段采用分时操作的方式，完成对频率范围内敌方信号的侦察。为了能够在并行操作方式下减少接收机组数量，或者在分时操作方式下缩短覆盖整个频率范围的时间，要求侦察接收机具有较宽的瞬时带宽。

5.4.2 信号采样率选择

Nyquist 采样定理[13]中讨论了频谱范围为 $(0, f_H)$ 的信号采用大于或等于 $2f_H$ 的频率采样可以无失真恢复原始信号。当输入信号的频率分布为 (f_L, f_H)，且输入信号最高频率 f_H 远大于信号带宽 B，即满足 $f_H \gg B = f_H - f_L$ 时，采用 $2f_H$ 作为采样率对输入信号进行低通采样，则采样率会过高，这对 ADC 性能及后续的信号处理设备的速度提出了较高的要求。同时，$(0, f_L)$ 频率范围内无信号输入，从而造成了浪费。

带通采样定理提出一个频率范围为 (f_L, f_H) 的带限信号，其采样率 f_S 满足

$$f_S = \frac{2(f_L + f_H)}{2n+1} \quad (5\text{-}2)$$

式中，n 取能满足 $f_S \geq 2(f_H - f_L)$ 的最大正整数（ $0,1,2,\cdots$ ）。

式（5-2）可以表示为

$$f_S = \frac{4f_0}{2n+1} \quad (5\text{-}3)$$

式中，$f_0 = (f_L + f_H)/2$，n 取能满足 $f_S \geq 2(f_H - f_L)$ 的最大正整数。当输入 940MHz 的中频信号时，将其代入式（5-3），当 $n=1$ 时，$f_S = 1253.3$MHz，取 f_S 为 1250MHz，即 ADC 采样率为 1.25GHz。

5.4.3 接收机动态范围

高灵敏度、大动态范围是高性能接收机的发展目标。动态范围是可检测的最大信号功率与最小信号功率之比，而灵敏度表征了接收微弱信号的能力。大动态范围在一定程度上包含了高灵敏度的需要，但两者对射频前端又体现出不同的甚至相反的要求。

大动态范围是接收机设计的主要挑战，动态范围能够衡量接收系统所能适应的最高电平信号和最低电平信号，是接收机的基本技术指标之一。对处于复杂信号环境的雷达接收机而言，大动态范围设计则显得尤为重要。在宽

带接收机中，进入有效频段的信号很多，除有用信号频率，还有杂波和干扰信号频率，接收机的内部噪声也会影响它对弱信号的检测。如果雷达接收机是一个理想的线性系统，则这些信号经过接收机放大、变频、检波等变换，再经过数字信号处理就能提取出目标信号。但是，接收机总是存在某种程度的非线性，这些非线性的作用，会使接收信号的频谱发生变化，并导致"虚警"和"漏报"。如果接收机的设计强调弱信号的接收，则强信号可能导致接收机的饱和或失效；反过来，如果接收机的设计强调强信号的接收，则弱信号可能被淹没在噪声中。如何平衡一定范围内强弱信号的接收，是大动态范围接收机所研究的问题。

接收机的动态范围有几种定义。对单信号有两种定义：第一种定义是1dB增益压缩点动态范围，即当接收机的输出功率大到产生1dB增益压缩时，输入信号的功率与可检测的最小信号或等效噪声功率之比；第二种定义是最强信号功率与最弱可检测信号功率之比，最强信号功率采用ADC输入的饱和值，最弱检测信号功率采用灵敏度的功率值。在数字化接收机中，往往采用第二种定义。对两个以上同时到达信号的动态范围定义也有两种：第一种定义是无虚假信号动态范围（SFDR），也称为三阶互调动态范围，是当接收机的三阶交调等于最小可检测信号时，接收机输入的最大信号功率与三阶交调信号功率之比；第二种定义是瞬时动态范围，是指当接收机可以同时对接收到的一个最大信号和一个最小信号进行正确编码时，这两个信号的功率之比。

接收机带宽越宽，受噪声干扰的可能性就越大，也就越难实现大的动态范围。如何获得足够大的动态范围是射频设计的核心问题之一。后续的数字信号处理在一定程度上可以改善系统的动态范围，但这种改善对射频前端的非理想特性也只能提供很少的补偿。较低的射频组件噪声和良好的器件线性度是增大动态范围的基本措施。此外，ADC也是决定动态范围的关键环节。ADC输入的饱和值限定了动态范围的上限，ADC的噪声影响动态范围的下限。如果射频前端没有增益和灵敏度控制，则整个接收机的动态范围将小于ADC的动态范围。增益、灵敏度和动态范围是3个互相关联而又互相制约的参数。

5.4.4 子信道数与灵敏度的关系

接收机在满足特定信噪比要求时，能够接收到的最小信号功率被称为通用灵敏度。若以通用灵敏度计算，则当信号功率等于通用灵敏度时，可以认为信噪比为 D，即识别系数为 D。

对于电子侦察接收机来说，接收机灵敏度表示接收机检测微弱信号的能力。因此，接收机灵敏度用接收机输入端的最小可检测信号功率，即通用灵敏度来表示，其计算公式为

$$S_{\min} = kT_0 B_n F_n \left(\frac{S}{N}\right)_0 \quad (5\text{-}4)$$

式中，$S_{\min}$ 为最小可检测信号功率；k 为玻尔兹曼常数，取 1.38×10^{-23} J/K；T_0 为热力学温度，取 290K；B_n 为噪声通频带，近似为接收机带宽；F_n 为接收机噪声系数；$(S/N)_0$ 为保证检测所需的中频输出信噪比，又称为识别系数 D。

若用分贝毫瓦（dBm）计算，则通用灵敏度计算公式为

$$P_{r\min} = -114(\text{dBm}) + 10\lg F_n + 10\lg B_n(\text{MHz}) + D(\text{dB}) \quad (5\text{-}5)$$

由此可以看出，为了提高接收机的灵敏度，可以从如下 3 个方面考虑：
（1）应尽量降低接收机噪声系数 F_n。
（2）应尽量降低识别系数 D。
（3）应尽量减小噪声通频带 B_n。采用数字信道化技术是减小噪声通频带的有效途径，即将瞬时宽带信号转换为窄带信号处理。当带宽范围一定时，子信道数量越多，噪声通频带越窄，灵敏度就越高。

5.5　基于 FPGA 的电子侦察信道化接收机设计与实现

设计系统的主要功能如下。
（1）利用数字信道化技术实现信号的宽频带接收。
（2）具有全概率接收能力，可实现多个同时到达信号的接收与处理。
（3）具有信号包络与瞬时相位提取功能。
（4）具有瞬时测频功能。
（5）可实现相位差的测量，为信号分选处理提供相位差信息。
系统设计指标如下。
（1）输入中频信号频率范围：中心频率为 720MHz，带宽为 480MHz。
（2）中频输入信号幅度 $V_{\text{p-p}}$：870mV。
（3）采样率：960MHz。
（4）信道化子带宽度：60MHz。
（5）镜像抑制：$\geqslant$60dB。

（6）动态范围：≥30dB。

（7）相位分辨率：≤0.5°，量化10bit。

（8）频率分辨率：1MHz。

（9）最小脉冲宽度：200ns。

（10）处理时间：≤2μs。

根据上述数字信道化接收机功能及设计指标要求，同时考虑到系统指标的升级及功能扩展，该系统中高速ADC采用了两片美国国家半导体公司的ADC08D1000。该芯片实现了双通道单片集成，采样率可达到1GSPS；工作于交叉采样模式下采样率可达到2GSPS。本设计中采用两片ADC08D1000即可实现四路1GSPS中频信号采样或者实现两路2GSPS中频信号采样。本系统中FPGA采用了两片ALtera公司的EP2S60F672I4，在FPGA内部实现数字信道化处理，采用了TI公司的C6000系列芯片TMS320C6416实现后续信号处理。时钟电路采用了ADI公司的芯片ADF4360，并且采用了时钟分配器ICS854S006I，为两片ADC提供系统所需的采样时钟。数字信道化接收机硬件组成框图如图5.2所示，实物图如图5.3所示。

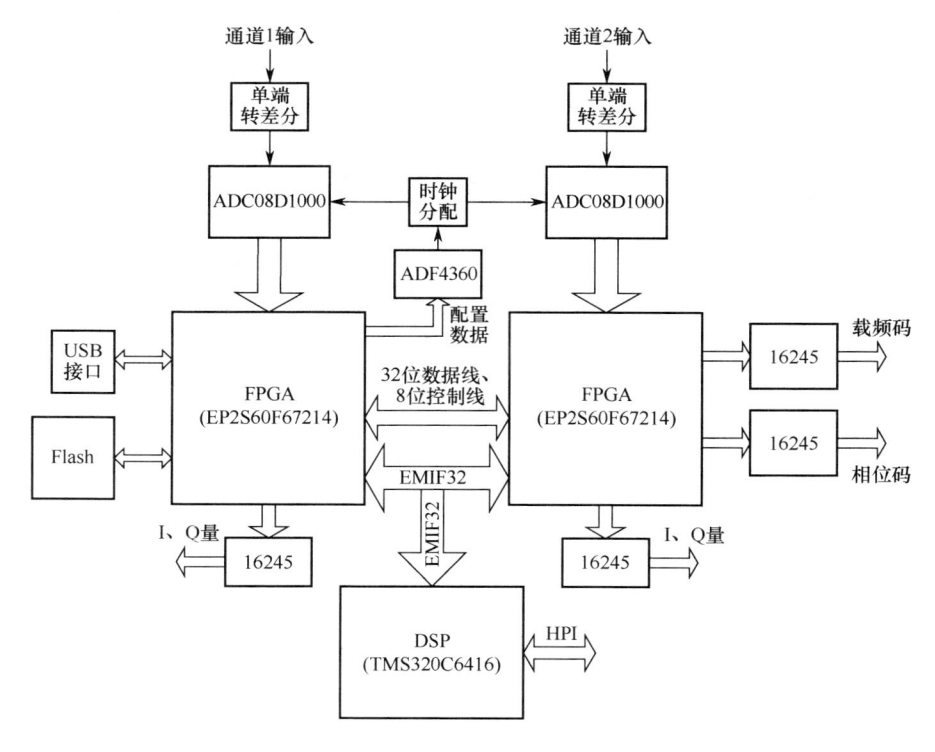

图5.2 数字信道化接收机硬件组成框图

图 5.3 数字信道化接收机实物图

5.5.1 高速数据率转换设计与实现

由于本系统的采样率高达 960MHz，ADC08D1000 内部自带 1∶2 数据分路器，因此它与 FPGA 的传输频率为 480MHz。即便如此，也必须采用数据率转换模块进行降速处理，即实现数字信道化高效结构中的抽取功能。根据设计的数字信道化高效结构，本节采用 8 倍抽取，而 ADC08D1000 内部已经完成了 2 倍抽取，因此 FPGA 内部首先要实现 4 倍抽取。本节数据率转换模块运用了 ALtera 公司的 Stratix Ⅱ 系列器件所带的 SERDES/DESERDES 电路，专门针对高速信号的接收和发送模块生成 LVDS 模块。

考虑到一片 ADC08D1000 可以实现两路中频信号的接收，两路接收数据均通过 LVDS 差分线送入同一 FPGA 中，且信道化结构是相同的，这里仅针对一路信道化进行介绍。对于一路中频信号的接收，ADC08D1000 送到 FPGA 的数据为 16bit、480MHz，通过数据率转换模块进行 4 倍抽取后的数据将变成 64bit、120MHz。FPGA 自带的 LVDS 模块实现串并转换后，由于进行了 4 倍抽取，其数据排列形式为 4 个数据一组且相同，因此 LVDS 模块之后还需要对输出数据进行重新排列。数据率转换模块包括如图 5.4 所示的 LVDS 模块和如图 5.5 所示的数据调整模块。

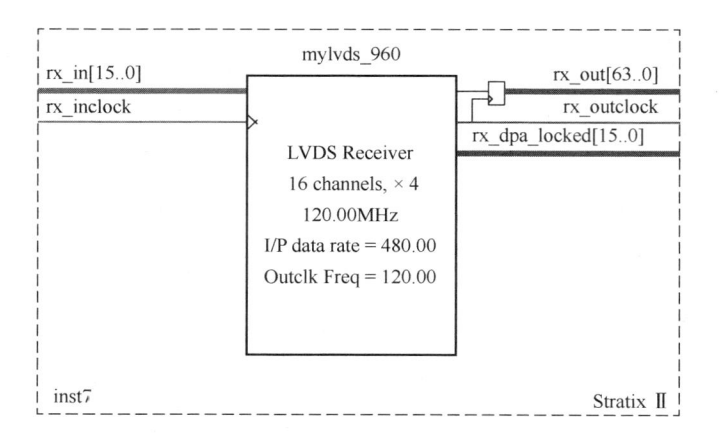

图 5.4　LVDS 模块

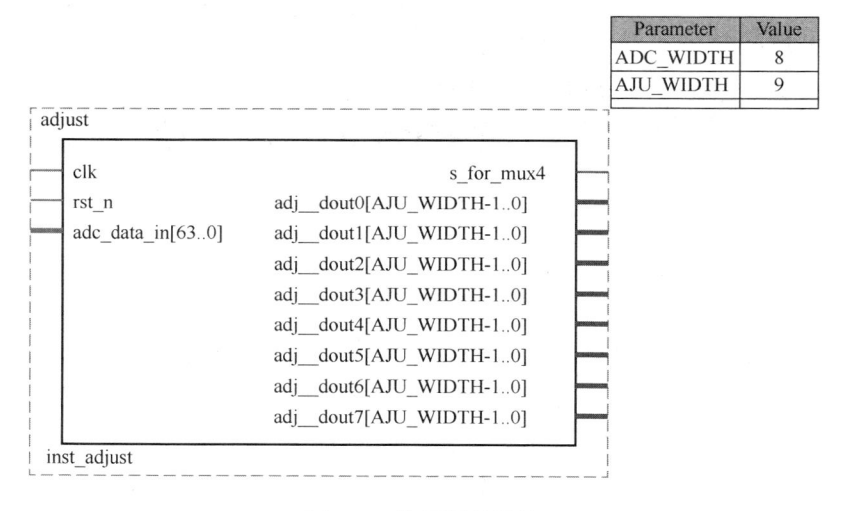

图 5.5　数据调整模块

5.5.2　多相滤波器组模块设计与实现

多相滤波器组模块主要包括分支滤波器组模块和复系数乘法模块[14]。分支滤波器组的设计从原型滤波器的设计而来，即将原型滤波器进行多相分解，取其多相滤波器系数作为分支滤波器的系数，因此其重点在于原型滤波器设计。

1．原型滤波器设计

在原型滤波器设计过程中，需要考虑原型滤波器通带纹波系数、阻带衰减、过渡带宽等因素[15]。设计过程如下：利用 MATLAB 的 FDATool 设置必要的参数，很容易设计出合适的滤波器。例如，设置采样率为 960MHz、通带截止频率为 30MHz、阻带起始频率为 40MHz，阻带衰减为 60dB，滤波器阶数为 379 的等纹波滤波器，即可得到原型滤波器的幅频响应，如图 5.6 所示。

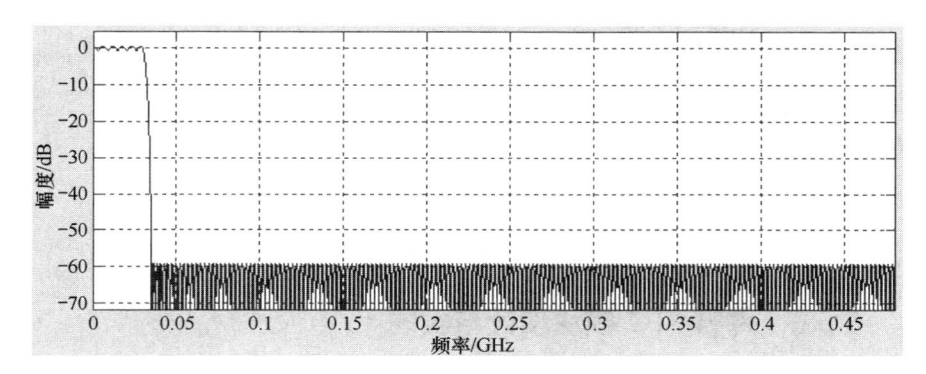

图 5.6　原型滤波器的幅频响应

根据原型滤波器的阶数，如果 FIR 滤波器采用乘法器直接实现，则需要占用大量乘法器资源，且复系数乘法模块及后续并行 FFT 模块也要占用大量乘法器。考虑到该芯片乘法器资源有限，本设计中采用基于分布式算法的 FPGA 自带的 IP 核进行分支滤波器的实现。该方法无须占用乘法器资源即可实现 FIR 滤波器，但牺牲的是系统的逻辑单元。生成的分支滤波器结构如图 5.7 所示。

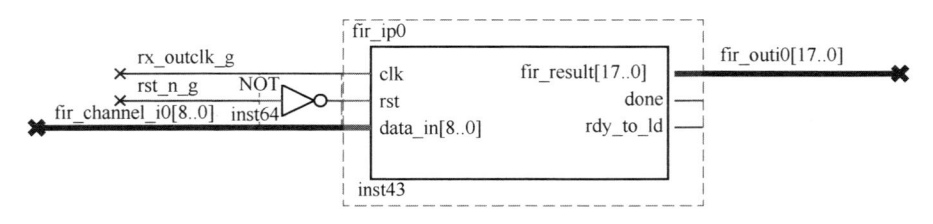

图 5.7　生成的分支滤波器结构

2．复系数乘法模块

从信道化接收机数学模型中可以看出，分支滤波器后面是复系数乘法模块，而且复系数乘法模块对于各个子通道对应的系数均不相同[16-18]。当采用复系数乘法模块实现该部分时，需要考虑此环节对硬件乘法器资源的要求；当子带数量增加时，乘法器的数量会随之增加。因此，在信道化接收机数学模型中，选择芯片时需要充分考虑到该环节。如图 5.8 所示为第 0 个子带对应的复系数乘法模块。

Parameter	Value
m_in_width	13
mult_width	30
add_width	16
dout_width	15

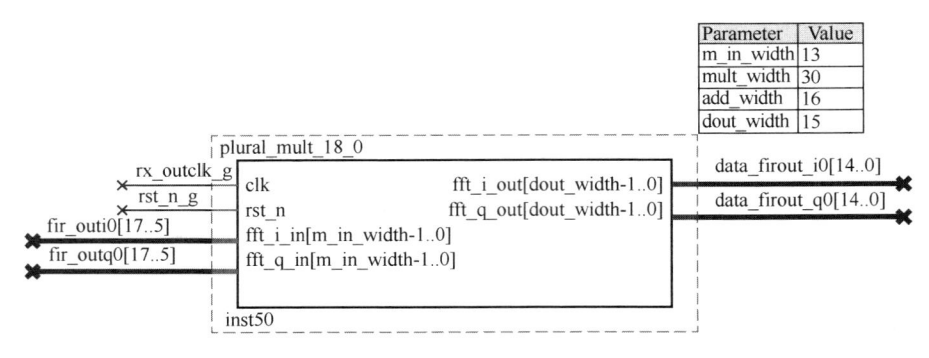

图 5.8　第 0 个子带对应的复系数乘法模块

5.5.3　并行 FFT 模块设计与实现

根据从低通结构到多相结构的推导，可以看出多相结构最终是采用 DFT 来实现的。在本系统中，D 点复数 DFT 可以采用 FFT 实现。由于系统采用临界抽取，$D=8$，即实现 8 点复数 FFT。系统 8 个通道输出为并行数据，因此需要采用并行 8 点复数 FFT 实现。

FFT 实现分为基-2 算法、基-4 算法及混合基算法等。通过分析 FFT 算法可知，对于 $D=2^N$，采用基-2 算法的 FFT 运算需要 N 级流水处理。本设计中采用了基-2 算法实现并行 8 点复数 FFT。同时，通过对乘法系数分析可知，第一、二级流水不需要乘法器，只需要加减运算单元；第三级流水需要 8 个复数乘法器。因此，需要的复数乘法器数量随着点数 D 的增大而增多。在实际实现过程中应考虑 D 的选择，即子带划分得越细，D 的值越大，后端 D 点复数 FFT 需要的复数乘法器数量也就越多。这需要针对系统的总体设计指标，根据以上考虑选择合适的芯片。本设计实现的 8 点并行 FFT 模块如图 5.9 所示。

5.5.4　信号幅度和相位提取模块设计与实现

信号幅度和相位提取模块采用 CORDIC 算法实现。当 CORDIC 算法工作在向量模式下时，输入 I、Q 量就可求解得到信号包络幅度和瞬时相位。数字信道化将瞬时带宽均匀划分成 D 个子带，为了可以对同时到达的多信号进行全概率接收，并提供信号包络、瞬时相位信息，本设计中各子带输出后接数字鉴相模块。由于信道化后各子带输出为信号的 I、Q 量，与数字鉴相模块输出的瞬时相位 $\varphi(m)$、信号包络 $A(m)$ 之间满足 $\varphi(m) = \arctan \dfrac{Q(m)}{I(m)}$，

第 5 章 调制滤波器组在电子侦察接收机中的应用

Parameter	Value
fft_in_width	15
mult_in_width	14
fft_out_width	15
mult_out_width	23
end_out_width	15

图 5.9 8 点并行 FFT 模块

$A(m)=\sqrt{I^2(m)+Q^2(m)}$。利用 CORDIC 算法求解的瞬时相位 $\varphi(m)$ 仅是单通道的瞬时相位，并不是比相所需的相位差。因此，需要将两个通道的瞬时相位求差来得到相位差信息，即 $\Delta\varphi(m)=\varphi_1(m)-\varphi_2(m)$，其中，$\varphi_1(m)$、$\varphi_2(m)$ 分别为通道 1、通道 2 的瞬时相位。数字鉴相模块采用 Verilog 语言编写，采用的是 12 级并行流水线结构，生成的 CORDIC 算法模块如图 5.10 所示。

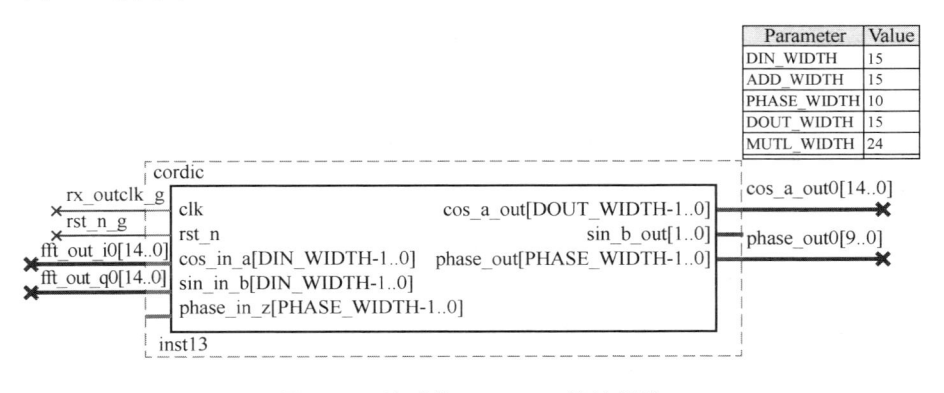

Parameter	Value
DIN_WIDTH	15
ADD_WIDTH	15
PHASE_WIDTH	10
DOUT_WIDTH	15
MUTL_WIDTH	24

图 5.10 生成的 CORDIC 算法模块

5.5.5 瞬时测频功能模块设计与实现

瞬时测频功能模块主要利用单通道的瞬时相位，对其进行一阶差分即可得到所需频率。瞬时测频功能模块包括相位解卷绕、后向差分两部分，采用 Verilog 语言编写。生成的瞬时测频功能模块如图 5.11 所示。

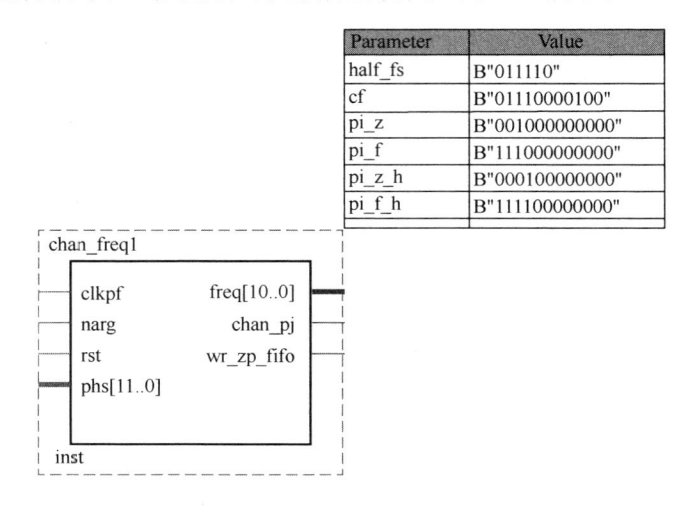

Parameter	Value
half_fs	B"011110"
cf	B"01110000100"
pi_z	B"001000000000"
pi_f	B"111000000000"
pi_z_h	B"000100000000"
pi_f_h	B"111100000000"

```
chan_freq1
─ clkpf      freq[10..0] ─
─ narg       chan_pj     ─
─ rst        wr_zp_fifo  ─
─ phs[11..0]
  inst
```

图 5.11 生成的瞬时测频功能模块

在瞬时测频功能模块中，一阶差分得到的频率进行了多点积累取平均，积累点数增大将直接影响测频所需时间，因此，设计中采用的是 8 点积累取平均。

5.6 数字信道化接收机性能测试与分析

在实现数字信道化接收机硬件系统的基础上，对数字信道化接收机进行了实际测试[19-21]。根据数字信道化接收机的功能要求，其性能测试主要包括信号包络与瞬时相位提取测试、信道化接收机灵敏度和动态范围测试、多信号信道化测试及瞬时测频性能测试。

测试过程采用的主要测试设备如下：Agilent 示波器 DSO6054A（500MHz，4GSPS）、华泰直流稳压电源（WYK-3010）、Agilent 频谱分析仪 E4402B（9kHz～3GHz）、安立信号源 MG3694B（10MHz～40GHz）、安立矢量网络分析仪 37347D（40MHz～20GHz）等。如图 5.12 所示为系统调试现场。

第 5 章 调制滤波器组在电子侦察接收机中的应用

图 5.12 系统调试现场

5.6.1 信号包络与瞬时相位提取测试

1. 信号包络提取测试与分析

对实际系统进行测试,当输入信号功率为 0dBm 时,信号形式为脉冲波。采用 Quartus Ⅱ 自带的 Signal Tap 嵌入式逻辑分析仪记录各信道输出的信号包络提取结果。由于 Signal Tap 嵌入式逻辑分析仪数据存储深度受器件资源的限制,为了直观地显示脉冲信号的包络提取,在测试过程中脉冲波参数选择如下:脉冲宽度为 0.5μs,脉冲重复周期为 5μs。改变载波频率,分别记录不同载波频率信道化输出的各子带信道的信号包络曲线。限于篇幅,这里仅给出载波频率为 500MHz 和 940MHz 时各子带信道的信号包络曲线,如图 5.13 所示。

从该信号包络曲线可以看出:当载波频率为 500MHz 时,信道 0 有输出响应;当载波频率为 940MHz 时,信道 4 有输出响应;其测试结果与信道划分相符。由于输入信号为脉冲波,因此信道 0 和信道 4 输出的信号包络也为脉冲波,且脉冲宽度和脉冲重复周期均与输入参数相符,表明信号包络提取结果正确。

2. 瞬时相位提取测试与分析

对单信号输入情况下瞬时相位进行测试,记录不同频率对应的各个子带信道瞬时相位输出情况。限于篇幅,这里仅给出 635MHz 和 805MHz 两个频率点的瞬时相位曲线,如图 5.14 所示。从该瞬时相位曲线可以看出:当

调制滤波器组技术及其在数字接收机中的应用

输入信号频率为 635MHz 时，信号落在信道 1，从图 5.14（a）中可以看到，信道 1 输出瞬时相位呈现连续性和周期性，表明信号落入该子带内；当输入信号频率为 805MHz 时，信号落在信道 5，从图 5.14（b）中可以看到，信道 5 输出瞬时相位呈现连续性和周期性，同样表明信号落入该子带内。

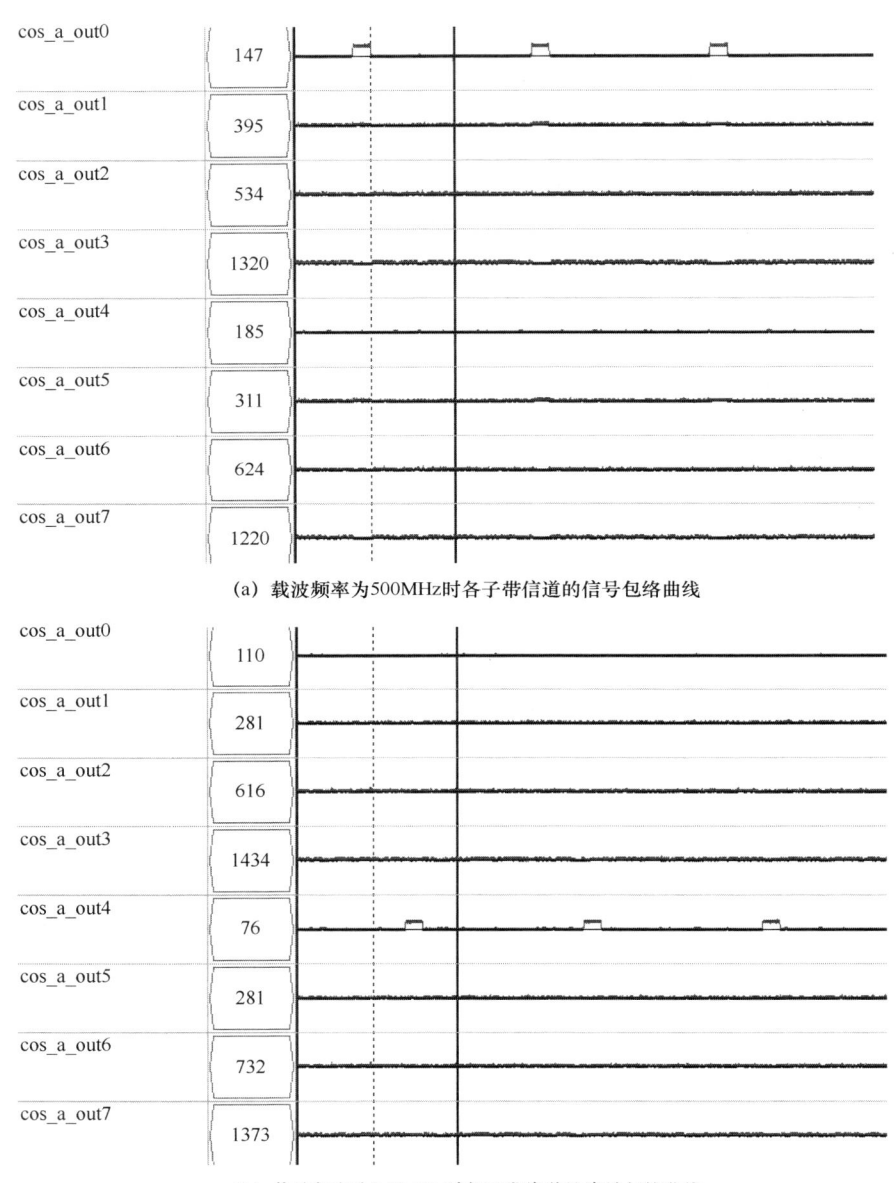

cos_a_out0	147
cos_a_out1	395
cos_a_out2	534
cos_a_out3	1320
cos_a_out4	185
cos_a_out5	311
cos_a_out6	624
cos_a_out7	1220

(a) 载波频率为500MHz时各子带信道的信号包络曲线

cos_a_out0	110
cos_a_out1	281
cos_a_out2	616
cos_a_out3	1434
cos_a_out4	76
cos_a_out5	281
cos_a_out6	732
cos_a_out7	1373

(b) 载波频率为940MHz时各子带信道的信号包络曲线

图 5.13　各子带信道的信号包络曲线

(a) 635MHz对应的各子带信道的瞬时相位曲线

(b) 805MHz对应的各子带信道的瞬时相位曲线

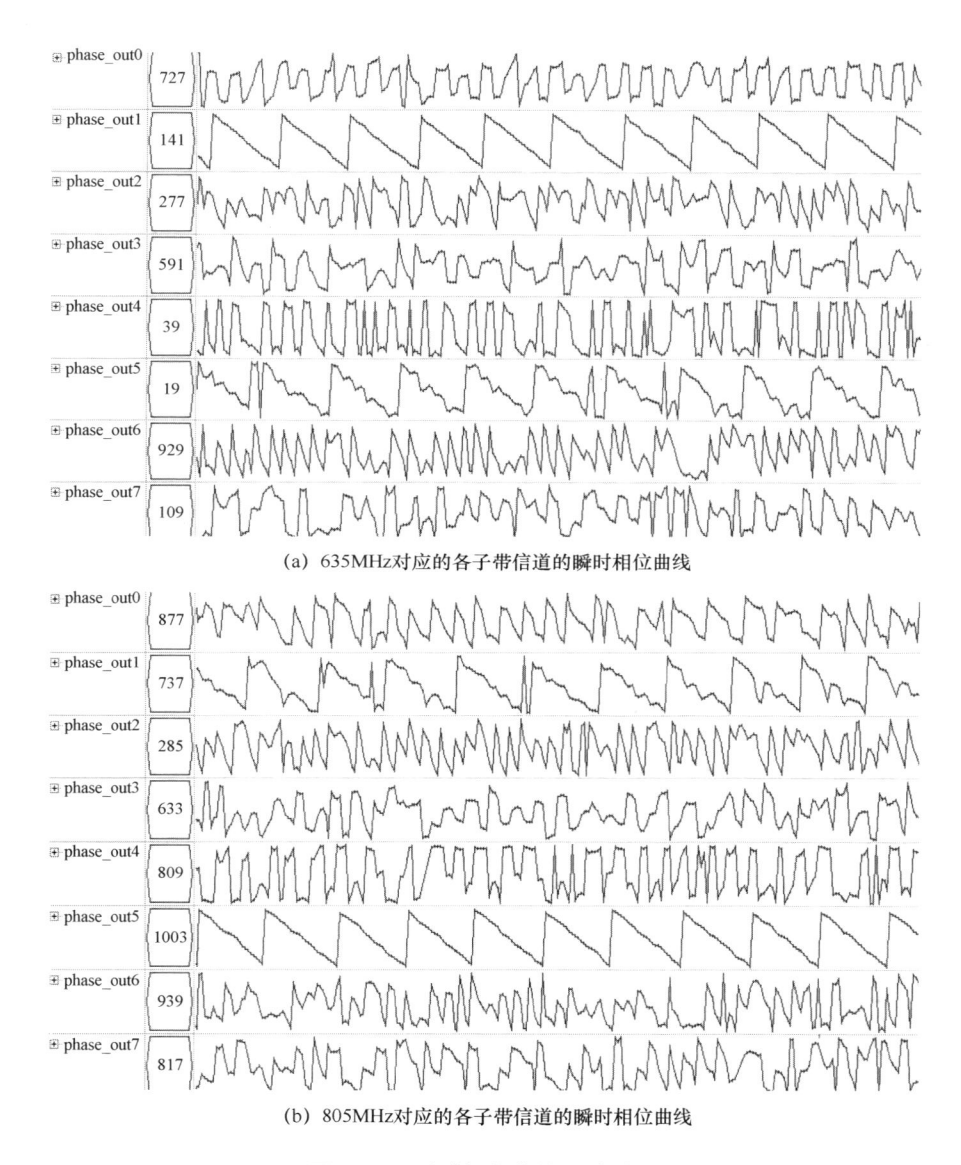

图 5.14 瞬时相位曲线测试结果

5.6.2 信道化接收机灵敏度和动态范围的测试与分析

测试条件：单信号输入，信号为脉冲波，脉冲宽度为 $10\mu s$，脉冲重复周期为 $50\mu s$，选择不同的测试频率对其灵敏度和动态范围进行测试，测试结果如表 5.2 所示。

表 5.2 灵敏度与动态范围测试结果

测试频率/MHz	测试灵敏度/dBm	测试动态范围/dB
490	−23	29
555	−23	29
623	−22	28
675	−22	27
740	−22	28
825	−21	28
855	−21	27
923	−21	27

由于本设计中数字信道化接收机是在中频实现的，因此，实际系统的灵敏度涉及微波前端部分，这里仅能对该数字信道化接收部分进行测试，即需要对被动雷达导引头微波前端提供的中频信号有一定的限制。从灵敏度及动态范围测试结果可以看出：灵敏度为−22dBm 左右，动态范围基本可达到 28dB 左右，略低于系统指标要求的 30dB。

5.6.3 多信号信道化测试

测试条件：输入信号类型为连续波，信号 1 的频率 $f_1 = 620\text{MHz}$，信号 2 的频率 $f_2 = 700\text{MHz}$，信号功率均为−5dBm，分别记录各子带信道信号包络曲线和瞬时相位曲线。如表 5.3 所示为两信号输入时各子带信道输出的信号包络值。

表 5.3 两信号输入时各子带信道输出的信号包络值

信 道 编 号	信号包络值	信 道 编 号	信号包络值
信道 0	8	信道 4	16
信道 1	1203	信道 5	17
信道 2	5	信道 6	1198
信道 3	21	信道 7	6

由表 5.3 可以看出：信道 1 和信道 6 的输出信号包络值分别为 1203 和 1198，均大于其他各子带信道输出的信号包络值，表明输入的两信号分别落入信道 1 和信道 6。

如图 5.15 所示为两信号输入时各子带信道的瞬时相位曲线，其中，信道 1 和信道 6 的瞬时相位呈现连续性和周期性，而其他子带信道的瞬时相位呈现随机性，同样证明信号分别落入信道 1 和信道 6。

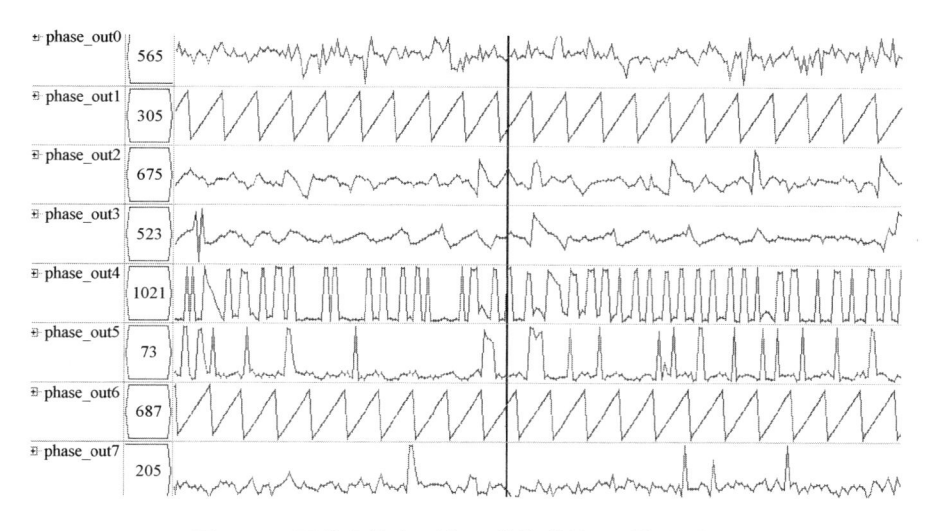

图 5.15　两信号输入时各子带信道的瞬时相位曲线

5.6.4　瞬时测频性能测试与分析

测试条件：输入信号为脉冲波，脉冲宽度为 2μs，脉冲重复周期为 20μs，输入信号功率在动态范围之内，输入中频信号频率范围为 480～960MHz。改变输入信号的频率，分别记录不同频率的测频结果。如表 5.4 所示为输入信号功率为 −5dBm 时的测频结果。

表 5.4　输入信号功率为 −5dBm 时的测频结果

输入信号频率/MHz	测试频率/MHz	输入信号频率/MHz	测试频率/MHz
482	482	642	642
492	492	652	652
502	503	662	662
512	512	672	672
522	522	682	682
532	532	692	692
542	542	702	702
552	553	712	712
562	562	722	723
572	572	732	732
582	582	742	742
592	592	752	752
602	602	762	762
612	612	772	772
622	622	782	782
632	633	792	793

（续表）

输入信号频率/MHz	测试频率/MHz	输入信号频率/MHz	测试频率/MHz
802	803	882	882
812	812	892	892
822	822	902	903
832	832	912	912
842	842	922	922
852	852	932	932
862	862	942	943
872	872	952	952

从测频结果可以看出，个别输入信号频率的测频误差为 1MHz，该误差存在的可能原因有两方面：一是系统时钟发生了偏移，并非严格输出 960MHz；二是频率在量化过程中的舍位，导致产生误差。总体来说，该误差基本上满足系统测频误差要求。

5.7 本章小结

本章首先对电子侦察接收机的需求与特性进行了分析，介绍了两种常用的接收机类型，并对基于调制滤波器组的数字信道化接收机的系统参数进行了分析；其次重点对电子侦察信道化接收机的 FPGA 实现进行了详细阐述，包括高效信道化结构及后续信号处理算法的实现；最后对数字信道化接收机的性能进行了详细测试与分析。

本章参考文献

[1] 李宝鹏，彭志刚，王艳军，等. 基于 VST-FPGA 的雷达侦察与干扰系统设计[J]. 电子测量与仪器学报，2020，11：181-187.

[2] 付本龙，宗思光. 电子对抗侦察卫星对警戒雷达侦察效能分析[J]. 现代防御技术，2020，48（3）：99-103.

[3] TIAN T, ZHANG Q, ZHANG Z, et al. Shipborne multi-function radar working mode recognition based on DP-ATCN[J]. Remote Sensing, 2023, 15(13): 3415.

[4] SI W, WAN C, DENG Z. Intra-pulse modulation recognition of dual-component radar signals based on deep convolutional neural network[J]. IEEE Communications Letters, 2021, 25(10): 3305-3309.

[5] PERRY M R, RUSSELL A T, RUSSELL M B, et al. Three-dimensional imaging of martian glaciated terrain using Mars Reconnaissance Orbiter Shallow Radar (SHARAD) observations[J]. Icarus, 2024, 419: 115716.

[6] TAO W, KAILI J, JINGYI L, et al. Research on LPI radar signal detection and

parameter estimation technology[J]. Journal of Systems Engineering and Electronics, 2021, 32(3): 566-572.

[7] PUTZIG N E, FOSS II F J, CAMPBELL B A, et al. New views of the internal structure of planum boreum from enhanced 3D imaging of Mars Reconnaissance Orbiter Shallow Radar data[J]. The Planetary Science Journal, 2022, 3(11): 259.

[8] SARKAR M, RAGHU B R, SIVAKUMAR R. Phase nonlinearity reduction of a complex receiver having multiple phase correlators[J]. International Journal of Microwave and Wireless Technologies, 2023, 15(10): 1717-1730.

[9] LUCA D V. Methods and technologies for wideband spectrum sensing[J]. Measurement, 2013, 46(9): 3153-3165.

[10] CHENG W, ZHANG Q, LU W, et al. An efficient digital channelized receiver for low SNR and wideband chirp signals detection[J]. Applied Sciences, 2023, 13(5): 3080.

[11] VELAZQUEZ S R, NGUYEN T Q, BROADSTONE S R. Design of hybrid filter banks for analog/digital conversion[J]. IEEE Transactions on Signal Processing, 1998, 46(4): 956-967.

[12] 龚仕仙，魏玺章，黎湘. 宽带数字信道化接收机综述[J]. 电子学报，2013，41（5）：949-959.

[13] WANG X, WANG Y, SHI X, et al. A probabilistic multimodal optimization algorithm based on Buffon principle and Nyquist sampling theorem for noisy environment[J]. Applied Soft Computing, 2021, 104: 107068.

[14] 张海龙，张萌，张亚州，等. 基于临界采样多相滤波器组的宽带信号信道化[J]. 吉林大学学报（工学版），2023，53（8）：2388-2394.

[15] 罗阳锦，张升伟. 基于FPGA的多通道高速数字谱仪的关键算法的设计与实现[J]. 电子学报，2020，48（5）：922.

[16] 陈博，樊养余，王武营，等. 一种镜像抑制双输出的微波光子信道化接收机[J]. 电子与信息学报，2022，44（3）：1067-1074.

[17] 王加路，张文兴，马建壮. 基于模态分析的某信道化处理机减重设计[J]. 应用科技，2021，48（3）：64-67.

[18] 赵廷刚，王杰. 基于信道化架构的宽带I/Q不平衡校准技术[J]. 雷达科学与技术，2023，21（2）：199-207.

[19] CHENG W, ZHANG Q, LU W, et al. An efficient digital channelized receiver for low SNR and wideband chirp signals detection[J]. Applied Sciences, 2023, 13(5): 3080.

[20] 韩勋，马定坤，匡银. 基于数字信道化的雷达脉冲信号分离方法[J]. 空间电子技术，2017，14（03）：32-37.

[21] GOU W, ZHANG J, ZHANG Z, et al. Microwave photonics scanning channelizer with digital image-reject mixing and linearization[J]. Optics Communications, 2023, 528: 129055.

第6章
调制滤波器组在通信接收机中的应用

6.1 引言

众所周知，无线化和宽带化是当今通信行业乃至整个信息行业研究的热点。近年来，互联网业务形式的多样化和业务量的飞速发展，使得用户对接入网络的带宽和移动性都有了更高的要求。现代社会是信息社会，而信息的传输需要系统进行大量的数据通信。进入互联网时代以来，无线通信扮演了重要的角色。无线移动通信的传播环境是一种随时间、环境和其他外部因素变化的传播环境。与其他通信信道相比，无线移动信道是最复杂的一种，因此面临着众多挑战。

在高速通信系统中，单载波调制系统因为抗多径干扰能力差，避免不了码间干扰（Inter-Symbol Interference，ISI）的影响，因此大大限制了系统的最高传输速率。当通信系统的数据率提高时，系统传输符号的周期就会小于信道的最大延时，因此会产生码间干扰。研究表明，多载波调制系统可以有效地避免多径衰弱下的码间干扰问题，其基本原理是将串行的数据通过串并转换，并行地在 n 个子载波上进行传输，这样每个子载波上的符号周期将会是串行传输时的 n 倍，以此来对抗信道的码间干扰。常见的多载波调制技术有两种：一种是正交频分复用（Orthogonal Frequency Division Multiplexing，OFDM）调制技术，它的子信道是通过重叠的正弦函数来保持正交的[1]；另一种是滤波多音频（Filtered Multi-Tone，FMT）调制技术，它的子信道之间的频谱互相不重叠，严格正交[2]。

目前，针对 OFDM 调制技术带外泄露严重的缺点，国内外许多文献提出了一些新型的空口核心技术，能够有效抑制带外泄露，如经过滤波的正交频分复用（Filtered OFDM，F-OFDM）调制技术[3]、滤波器组多载波-偏移正交幅度调制(Filter Bank Multicarrier-Offset Quadrature Amplitude Modulation, FBMC-OQAM)技术[4]、通用滤波的多载波(Universal Filtered Multicarrier, UFMC)调制技术[5]、通用频分复用(Generalized Frequency Division Multiplexing, GFDM)调制技术[6]。这些技术都有各自的优缺点,可以在不同的参数环境下有效地抑制带外泄露。F-OFDM 调制技术将带宽分成不同的子带,信号在不同的子带上传输,不同子带之间要有一定的保护间隔,防止相邻子带的干扰,且同一个子带上一定要具有严格的同步性。FBMC-OQAM 技术采用的是 OQAM,因此多输入多输出(Multiple Input Multiple Output, MIMO)技术与信道估计相结合较为困难[7]。UFMC 调制技术对一组子载波进行处理,因此需要有一些保护子载波对子带进行保护,防止子带间的干扰,而且同一子带上子载波之间必须保证严格的正交性[8]。GFDM 调制技术中的时域和频域数据间是可以不正交的,缺点是在接收端解调的复杂度相对较高[9]。基于调制滤波器组的正交频分复用(Filter Bank OFDM, FB-OFDM)调制技术与前几种技术相比具有一定优势,是 OFDM 调制加滤波器组(Filter Bank, FB)的方案,能够有效避免上述几种技术存在的缺点[10-12]。

卫星转发器分为透明式转发器和处理式转发器两种。这两种卫星转发器都有成本高、质量大、耗能高的缺点,不能适应当前小型化、集成化、宽带化的趋势;而数字信道化器能以较低的复杂度灵活地支持多路信号,且可以和星上交换相结合,但不进行解调、调制等再生处理[13-15]。通信应用的发展及用户数的增加,对卫星转发器提出了高速、低复杂度、高频谱效率、窄相邻子信道保护间隔等要求,同时为了增大频谱利用率而使用高阶调制,调制的星座点更加密集、间距更小,这就要求数字信道化器对单个子信道信号甚至多个子信道拼接的宽带信号都有小的重构误差。数字信道化器通常用在 FDMA 或 MF-TDMA 通信中,它对有多个用户信号的宽带上行通道信号进行分析、交换、重构等星上处理后,重组多个用户信号,再进入下行信道中。其中,处理过程均在数字域中进行。数字信道化器能实现上行、下行信道间业务信号的路由交换,对业务信号进行放大,支持广播或组播功能;不需要对业务信号进行解调,直接在数字域中处理就能实现星上信息交换。

6.2 多载波调制技术应用

6.2.1 OFDM 调制技术

OFDM 调制技术是一种扩频传输技术,信号中包含多个子载波,其基础是构成信号的子载波在数学上是正交的,子载波之间的间隔恒定[16]。除了信号频谱上的这种排列,正交的子载波结构还要求信号的持续时间为载波间隔的倒数。

1. OFDM 信号的定义

最初,产生 OFDM 信号中多载波的方法是通过一组能提供载波正交性的整形滤波器组。这种方法产生的正交载波可以使用匹配滤波器来恢复,每个滤波器匹配一个信道,在接收时只有匹配信道的子载波能通过,其他子载波都会被滤除。正交关系使子载波在频率上可以重叠,从而消除了信道间保护频带的需要。然而,这种方法基于滤波器组和多个振荡器产生 OFDM 信号的子载波,当 OFDM 信号由大量子载波构成时,在发射端和接收端使用大量的相干振荡器是不切实际的。后来,滤波器组和振荡器就被快速傅里叶算法代替,为数字化处理带来了更高的精度和更少的开销。

我们已经知道,OFDM 码片信号子载波的正交性由码片持续时间和子载波间隔的特殊关系来保证。OFDM 信号可以看成持续时间为 T_s 的独立码片的集合,其中,T_s 满足

$$T_s = \frac{1}{\Delta f} \quad (6\text{-}1)$$

式中,Δf 为子载波间隔。换句话说,OFDM 码片信号的持续时间必须是子载波间隔的倒数,只有这样才能保证子载波是正交的。OFDM 信号一般成块发送,以便与通信协议相关联的数据包结构相适应。也就是说,多个 OFDM 码片信号构成的块信号比单个码片信号更重要。由 M 个码片组成的 OFDM 信号的数学表达式为

$$y(t) = \sum_{m=1}^{M} \text{rect}[t - (M-1)T_s] \sum_{n=0}^{N-1} A_{n,m} \exp(j\varphi_{n,m}) \exp(j2\pi n \Delta f t) \quad (6\text{-}2)$$

式中,

$$\text{rect} = \begin{cases} 1, & 0 \leqslant t \leqslant T_s \\ 0, & \text{其他} \end{cases} \quad (6\text{-}3)$$

$A_{n,m}$ 和 $\varphi_{n,m}$ 分别是第 M 个码元中第 n 个子载波上调制的幅度和相位,N 为 OFDM 信号的子载波个数。每个子载波上调制的信息可以独立确定,一般采用相移键控(Phase Shift Keying,PSK)调制或正交调幅(Quadrature Amplitude Modulation,QAM)。

2. OFDM 调制和解调技术

由 IDFT(离散傅里叶逆变换)产生的 OFDM 信号的子载波之间的正交

性是由子载波间隔和码片持续时间的倒数关系保证的。码片持续时间很重要，它同时定义了接收机接收和采样 OFDM 信号的时间间隔。在发射机中，IDFT 调制完成，时间关系就已经确定了。调制符号（PSK 调制或 QAM）作为一个复数送入 IDFT，代表了对应频谱分量的幅度和相位。IDFT 输出的采样点数为 N，由频谱分量的个数确定，采样率由子载波间隔确定，也可以解释为用奈奎斯特采样定理采样得到 OFDM 基带信号，采样率是相同的。当采样点数是子载波数的整数倍时，可以实现过采样。对于解调，将采样得到的点通过 DFT（离散傅里叶变换）处理，以获得对应的频谱分量的幅度和相位，同时得到发射机发送的通信数据在星座图上的映射。为了解调成功恢复出调制数据，所有由 IDFT 产生的采样点都必须进行 DFT 处理。因此，DFT 的输入必须覆盖整个信号的持续时间 T_s。换句话说，DFT 的采样时间应该和 OFDM 码片信号精确对准。OFDM 信号的调制解调原理如图 6.1 所示。

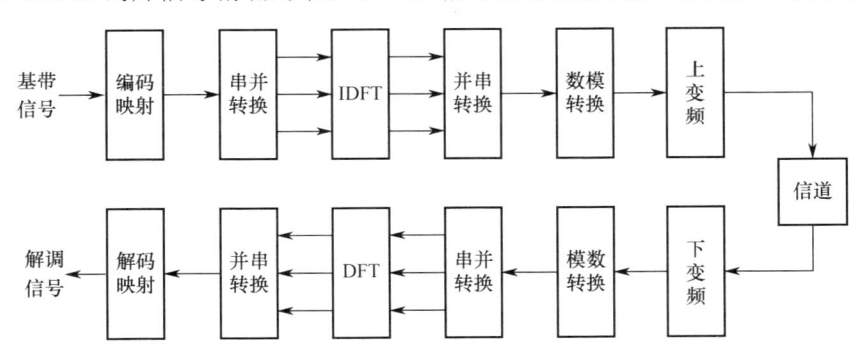

图 6.1 OFDM 信号的调制解调原理

实际上的调制是数字化实现的，相应的公式为

$$y(n,m) = \sum_{m=1}^{M} \text{rect}[t-(M-1)T_s] \sum_{k=0}^{N-1} A_{k,m} \exp(j\varphi_{k,m}) \exp\left(j2\pi k \frac{n}{N}\right)$$

$$n = 1, 2, \cdots, N$$

（6-4）

信号通过 DFT 后，由子载波间的正交性可以得到

$$q(l,m) = \sum_{m=1}^{M} \text{rect}[t-(M-1)T_s] \sum_{n=0}^{N-1} \sum_{k=0}^{N-1} A_{k,m} \exp(j\varphi_{k,m}) \exp\left\{j2\pi(k-l)\frac{n}{N}\right\}$$

（6-5）

由于指数项在 DFT 操作时间内具有整周期性，因此，当 $l \neq k$ 时，式（6-5）的值为 0。每路 DFT 输出只包含其所对应的载波频率上的调制数据。

6.2.2 FMT 调制技术

传统的多载波调制（如 OFDM）使用具有重叠频谱的子信道，虽然可以使用循环前缀来保证连续符号之间不重叠,以降低码间干扰,但是循环前缀的存在会导致频谱利用效率的降低。

在 FMT 调制技术中,由于各个子载波之间的频谱是不重叠的,因此符号之间不需要多余的前缀,节省了带宽。子载波通过滚降系数小的带通滤波器来实现,在信道传输过程中,子载波之间是严格正交的。虽然在频域上 FMT 调制技术确保了信号不存在载波间干扰(Inter-Carrier Interference,ICI)影响,但频域的严格正交导致符号在时域上重叠。因此,在接收端需要子信道均衡来避免符号间干扰的影响。

FMT 调制技术的基本原理与 OFDM 调制技术相似。不同之处是,OFDM 调制过程中子载波之间的频谱是互相重叠的,而 FMT 调制技术在 OFDM 调制技术的前提下,加入了约束子载波频谱带宽的滤波器组技术,这使得各个子信道之间的频谱互相不重叠,同样将串行数据在多路子信道上进行传输。当然,为了实现更高的频谱利用率,FMT 调制技术一般分为重叠 FMT 调制技术和半重叠 FMT 调制技术,即子信道之间可以通过某种方式进行适当的重叠。对于 FMT 调制系统而言,其核心技术在于原型滤波器的设计。原型滤波器必须对频谱有很强的约束能力,这样可以使子载波之间保持严格正交,也可以很好地对抗频率偏移的影响。FTM 的基本实现结构如图 6.2 所示。

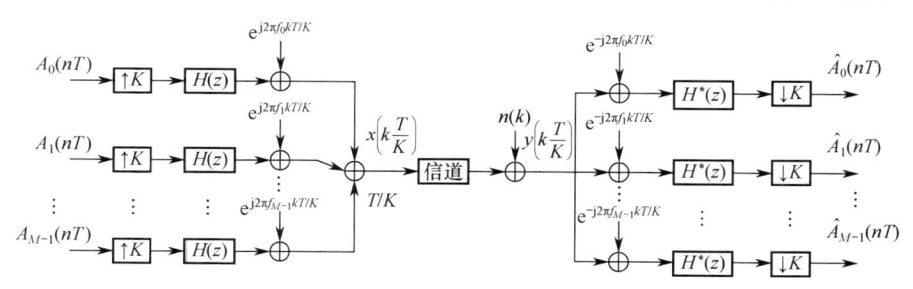

图 6.2　FMT 的基本实现结构

在发射端,M 个并行输入的符号周期为 T 的调制符号流(如 QPSK 调制、QAM 等)$A_m(nT)$ 被上采样(上采样因子为 K,图中用 $\uparrow K$ 表示)后,并行输入原型滤波器(幅频响应为 $H(z)$)进行处理,再通过频谱迁移将信号迁移到不同的子信道中;然后,不同的子载波在发射端进行相加,得到发送信号 $x(kT/K)$;最后,将信号发送到信道之中。在图 6.2 中,$n(k)$ 为信道噪声。在接收端,采取与发射端类似的操作,接收端的匹配滤波器为 $H^*(z)$,经过匹配滤波之后对信号进行 K 倍下采样(图中用 $\downarrow K$ 表示),最后可以得到码流周期为 T 的原始数据。

6.3 多载波通信接收机结构

6.3.1 信道子带划分方式

6.2 节介绍了两种不同的多载波调制技术。从频域来看，OFDM 调制技术各子载波之间频谱重叠，而 FMT 调制技术各子载波之间频谱不重叠。OFDM 调制技术在频域采用正弦函数来保证子载波间的正交性，而 FMT 调制技术在频域利用具有矩形窗特性频谱的滤波器来保证子载波间的正交性。根据时域与频域互相卷积的特性，OFDM 调制技术的频域信号互相重叠，而其时域信号互不重叠；FMT 调制技术恰恰相反，频域信号互不重叠，而时域信号相互重叠。

目前，调制滤波器组在频带划分结构上主要包括奇型排列和偶型排列。根据输入的是复信号和实信号的类别不同，滤波器组的频带划分方式又分为 4 种形式：复信号奇型排列频带划分、复信号偶型排列频带划分、实信号奇型排列频带划分、实信号偶型排列频带划分。

6.3.2 滤波器组多载波通信系统模型

多载波通信采用多个载波信号，首先把高速数据流分割成若干并行的子数据流，从而使每个子数据流具有较低的传输速率，并用这些子数据流分别调制相应的子载波信号。在传输过程中，由于数据速率相对较低，码片周期变长。因此，只要延时扩展与码片周期的比值小于某特定值，就可以解决码间干扰问题。因为多载波调制对信道多径延时所造成的时间弥散性敏感度不高，所以多载波传输方案能够在复杂的无线环境下给数字信号提供有效的保护。

多载波通信系统是基于频分复用（Frequency Division Multiplexing，FDM）调制技术的通信系统。它将频带（信道）划分为多个子频带（子信道），然后利用每个子频带传输一路数据，以达到多个子频带在信道上的复用，实现多路通信，如图 6.3 所示。

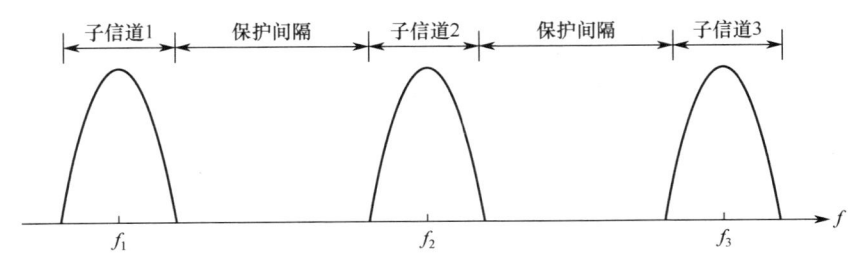

图 6.3 FDM 调制技术中对信道的划分

滤波器组多载波通信系统在多载波通信系统的基础上加入了滤波器组，对信号流进行预处理，如图 6.4 所示。

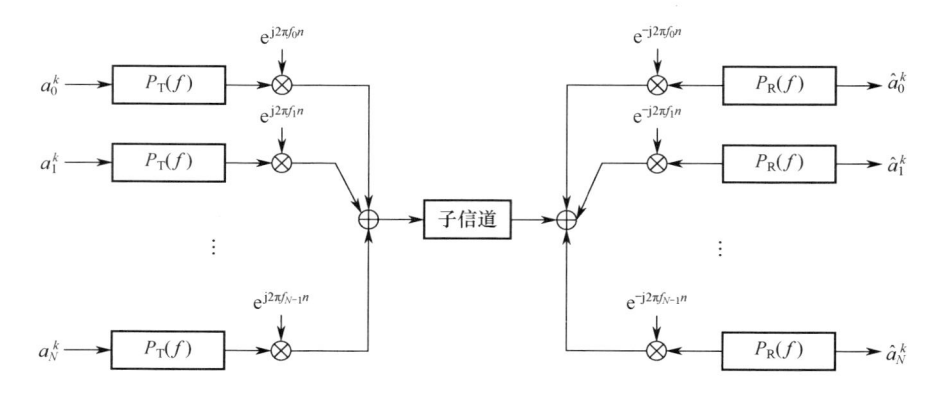

图 6.4　滤波器组多载波通信系统示意图

$P_T(f)$ 和 $P_R(f)$ 分别表示发射机和接收机的原型滤波器，各路原型滤波器被分别频移至 $e^{j2\pi f_k}$ 作为子载波使用。原型滤波器的设计和子载波的划分方案是多载波通信系统的关键。原型滤波器的设计将影响子载波间的干扰和对抗信道干扰的能力，而子载波划分方案将直接决定带宽的利用率。OFDM 调制技术、FMT 调制技术都是多载波通信系统中的关键技术。

6.3.3　基于调制滤波器组的 OFDM 结构

基于调制滤波器组的 OFDM（FB-OFDM）技术方案对每个子载波都需要进行滤波处理，因而需要滤波器组来分别进行滤波处理，最后进行叠加，从而形成时域上的信号。两种 FB-OFDM 发射端的信号分别为

$$\begin{aligned} g(t) &= \sum_n \sum_m [a_{m,n} g_{m,n}(t)] \\ &= \sum_n \sum_m \{a_{m,n} \exp[j2\pi m v_0 (t-n\tau_0)] g(t-n\tau_0)\} \end{aligned} \quad (6\text{-}6)$$

和

$$\begin{aligned} s(t) &= \sum_n \sum_m [a_{m,n} g_{m,n}(t)] \\ &= \sum_n \sum_m [a_{m,n} \exp(j2\pi m v_0 t) g(t-n\tau_0)] \end{aligned} \quad (6\text{-}7)$$

式中，$a_{m,n}$ 表示基带数据调制符号，m 表示频域索引，n 表示时域索引；v_0 表示子载波间隔；τ_0 表示符号间隔；$g(\cdot)$ 为 FB-OFDM 调制技术选取的波形函数。

式（6-6）通过选择矩形波形可以直接变为 CP-OFDM（循环前缀 OFDM）

发射端的信号公式，但多相滤波器的实现稍微复杂一些；式（6-7）不能通过选择矩形波形直接变为 CP-OFDM 发射端的信号公式，但多相滤波器的实现相对简单。当然，如果 FB-OFDM 发射端的信号采用式（6-7），那么可以将循环前缀处理模块代替多相滤波器操作模块，也可以方便地变为长期演进（Long Term Evolution，LTE）模式。为了能够更加通透地理解多相滤波器的操作原理，下面以式（6-7）为例进行详细介绍。

FB-OFDM 接收端接收到的信号的公式推导如下：

$$\begin{aligned}
r(t) &= (h \otimes s)(t) + n(t) \\
&= \int_0^\Delta h(t,\tau)s(t-\tau)\mathrm{d}\tau + n(t) \\
&\approx \sum_n \sum_m [a_{m,n} H_{m,n}(t) g_{m,n}(t)] + n(t) \\
&\approx \sum_n \sum_m [a_{m,n} H_{m,n} g_{m,n}(t)] + n(t) \\
&= \sum_n \sum_m [a_{m,n} H_{m,n} \exp(\mathrm{j}2\pi m v_0 t) g(t - n\tau_0)] + n(t)
\end{aligned} \quad (6\text{-}8)$$

式中，$h(t,\tau)$ 为时域信道冲激响应，Δ 为信道响应的时间长度，$n(t)$ 为加性高斯白噪声（AWGN），$H_{m,n}$ 为频域信道系数。

式（6-8）中第一个约等号成立的条件为，每个子载波都是在平坦衰落信道的环境中传输的；第二个约等号成立的条件为，在持续时间内信道几乎是恒定的。因为在原理上 FB-OFDM 调制技术对所有子载波都需要滤波，所以，当子载波非常多时，这种滤波操作实现的复杂度就会非常高，从而增加了系统负荷。另外，在这种情况下系统兼容性也会变差，与 LTE 的兼容就会出现一定的问题。因此，在 FB-OFDM 中使用多相滤波器来解决系统存在的问题，以减小实现过程的复杂度。

对于 FB-OFDM 的多相滤波器实现，由于基带数据处理是离散数据处理，因此将式（6-7）改为离散形式，即

$$x[n] = \sum_m \sum_k d_k[m] g[n - mN] \mathrm{e}^{\mathrm{j}\frac{2\pi kn}{N_0}} \quad (6\text{-}9)$$

式中，k 是频域索引，m 是时域索引，$1/N_0$ 是子载波间隔，$g[\cdot]$ 是波形函数。

对式（6-9）进行变形，得到

$$x[n] = \sum_m g[n - mN] \left(\sum_k d_k[m] \mathrm{e}^{\mathrm{j}\frac{2\pi kn}{N_0}} \right) \quad (6\text{-}10)$$

式中，括号中是一个 N_0 点的 IDFT 形式。令 $s[n,m] = \sum_k d_k[m] \mathrm{e}^{\mathrm{j}2\pi kn/N_0}$，$s[n,m]$

是一个以 N_0 为周期的函数。由此得到发送端多相滤波器实现的表达式如下：

$$\begin{cases} x[LN_0] = \sum_m g[LN_0 - mN]s[LN_0, m] \\ x[LN_0 + 1] = \sum_m g[LN_0 + 1 - mN]s[LN_0 + 1, m] \\ \vdots \\ x[LN_0 + N_0 - 1] = \sum_m g[LN_0 + N_0 - 1 - mN]s[LN_0 + N_0 - 1, m] \end{cases} \quad (6\text{-}11)$$

其中有 N_0 个子滤波器。

因此，FB-OFDM 发送端的基带数据处理可以先对每个符号的频域数据进行 IFFT，然后使用多相滤波器进行处理。

6.3.4 基于调制滤波器组的 FMT 结构

本节介绍基于调制滤波器组的 FMT 结构。当下采样倍数 K 与 M 相等时，系统为严格采样系统；当 $K > M$ 时，系统为非严格采样。如图 6.5 所示为 FMT 子信道频谱。

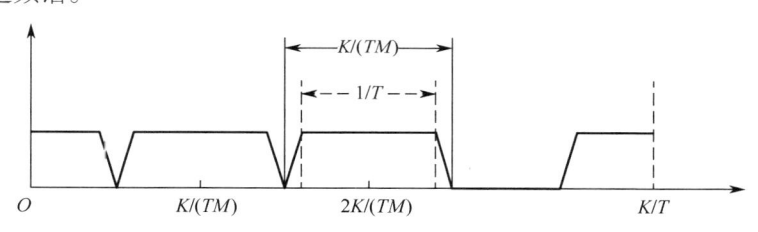

图 6.5 FMT 子信道频谱

由图 6.5 可以看出，当 $K = M$ 时，子信道的频谱利用率最高，子信道之间的频谱是不重叠的。然而，若想获得更优的性能，即当 K 近似等于 M 时，系统对原型滤波器的要求越来越高，这在无形之中会增加系统的运算时间和实现复杂度。因此，在实际设计系统时，要在系统的复杂度和性能之间折中考虑。

原型滤波器和子载波的频谱迁移量 $\mathrm{e}^{\mathrm{j}\frac{2\pi}{M}mn}$ 通常可以互相结合起来，即可等效为如图 6.6 所示的带通滤波器，则 FMT 调制系统便可等效为如图 6.7 所示的结构。其中，发射端的滤波器组称为综合滤波器组（Synthetic Filter Banks，SFB），接收端的滤波器组称为分析滤波器组（Analysis Filter Banks，AFB）。本节研究的 FMT 调制系统为严格采样的系统，即 $K = M$。

在图 6.7 中，$H_0(z), H_1(z), \cdots, H_{M-1}(z)$ 对应的时域表达式和 z 变换一般描述为

$$h_m(n) = h(n)\mathrm{e}^{\mathrm{j}\frac{2\pi}{M}mn}, \quad 0 \leqslant m \leqslant M-1 \quad (6\text{-}12)$$

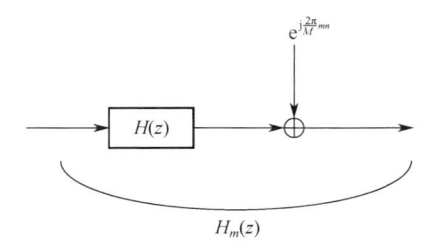

第 6 章 调制滤波器组在通信接收机中的应用

图 6.6 等效带通滤波器

$$H_m(n) = \sum_{n=-\infty}^{+\infty} h(n) z^{-n} = \sum_{n=-\infty}^{+\infty} e^{j\frac{2\pi}{M}mn} z^{-n} \tag{6-13}$$

式中，$h(n)$ 为原型低通滤波器，长度为 N，$H(z)$ 为其 z 变换。

对应地，图 6.7 中接收端的滤波器组为 $H_0^*(z), H_1^*(z), \cdots, H_{M-1}^*(z)$，它们一般描述为

$$h_m^*(n) = h(n) \times e^{j\frac{2\pi}{M}mn}, \quad 0 \leq m \leq M-1 \tag{6-14}$$

$$H_m^*(n) = \sum_{n=-\infty}^{+\infty} h(n) e^{j\frac{2\pi}{M}mn} z^{-n} \tag{6-15}$$

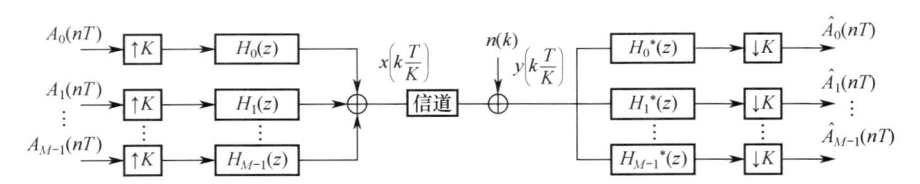

图 6.7 FMT 调制系统的等效结构

理论上，FMT 调制系统可以用直接结构来实现，但实际上是十分复杂的，系统的 M 个滤波器工作在 K/T 的速率上，这是子信道输入码流的 M 倍。在高速率的数据传输系统中，需要实现速率非常高的滤波器。因此，原型滤波器的长度一般较长，系统的运算量较大。

为了使 FMT 调制系统更加实用，必须找到一种非常高效的实现方式。滤波器的多相分解技术可以将串行的数据运算并行到多路上进行，这样的优势在于：单个滤波器的复杂运算并行分解到多路上去实现，既缩短了每个滤波器的长度，又大大减小了系统的运算量，便于 FMT 调制系统更高效地实现。

在通常情况下，为了保证系统能够无失真地恢复数据信号，需要对系统在插值或抽取的运算过程中进行滤波器带限。根据 Noble 等价原理，发送端

的输出信号 $x(kT/K)$ 可以表示为

$$x\left(k\frac{T}{K}\right) = \sum_{m=0}^{M-1}\sum_{n=-\infty}^{+\infty} A_m(nT)h\left[(k-nK)\frac{T}{K}\right]e^{j2\pi m[K/(MT)]k(T/K)} \quad (6\text{-}16)$$

令 $k = lM + i$，$i = 0,1,\cdots,M-1$，则有

$$x\left(lM\frac{T}{K} + i\frac{T}{K}\right) = \sum_{m=0}^{M-1}\sum_{n=-\infty}^{+\infty} A_m(nT)e^{j2\pi m[K/(MT)]k(T/K)}h\left[lM\frac{T}{K} + i\frac{T}{K} - nT\right] \quad (6\text{-}17)$$

记

$$a_i(nT) = \sum_{m=0}^{M-1} A_m(nT)e^{j2\pi(mi/M)} \quad (6\text{-}18)$$

得

$$x\left(lM\frac{T}{K} + i\frac{T}{K}\right) = \sum_{n=-\infty}^{+\infty} a_i(nT)h\left[lM\frac{T}{K} + i\frac{T}{K} - nT\right] \quad (6\text{-}19)$$

由式（6-17）可以看出，$a_i(nT)$ 是 $A_m(nT)$ 的离散傅里叶逆变换（IDFT），记作 $a_i(nT) = \text{IDFT}[A_m(nT)]$。对接收信号进行类似变换，则可得在接收端收到的信号为

$$\hat{A}_m\left(n\frac{L}{K}T\right) = \sum_{k=-\infty}^{+\infty} y\left(k\frac{T}{K}\right)e^{-j2\pi m[K/(MT)]k(T/K)}h^*\left[-(Ln-k)\frac{T}{K}\right] \quad (6\text{-}20)$$

令 $kT/K = (lM + i)(T/K)$（$i = 0,1,\cdots,M-1$），则有

$$\hat{A}_m\left(n\frac{L}{K}T\right) = \sum_{i=0}^{M-1} a_i^*\left(n\frac{L}{K}T\right)e^{-j2\pi(mi/M)} \quad (6\text{-}21)$$

式中

$$a_i^*\left(n\frac{L}{K}T\right) = \sum_{l=-\infty}^{+\infty} y\left[(lM+i)\frac{T}{K}\right]h^*\left[-(Ln-lM-i)\frac{T}{K}\right] \quad (6\text{-}22)$$

$\hat{A}_m(nLT/K)$ 是 $a_i^*(nLT/K)$ 的离散傅里叶变换，$h^*[-(Ln-lM-i)T/K]$ 是匹配滤波器 $H^*(z)$ 的多相分量。因此，FMT 调制系统可以通过采用多相分解的方式对原型滤波器进行处理来实现，如图 6.8 所示。

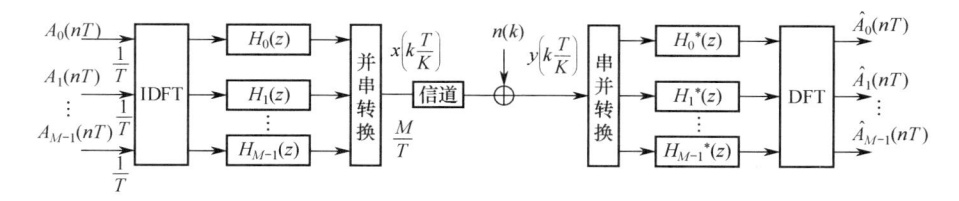

图 6.8　FMT 调制系统高效实现方式

6.4 滤波器组多载波通信系统结构仿真与分析

6.4.1 基于调制滤波器组的 OFDM 结构仿真

OFDM 调制技术是一种无线信道中高速率传输的多载波调制技术，已成为第四代移动通信技术中的核心技术。OFDM 调制技术通过将较宽的频带划分为较窄的子频带，能够克服频率选择性衰落，降低码间干扰。同时，各子信道是两两正交的，避免了载波间干扰，也提高了频谱利用率。但其缺点也十分明显，由于要保证各子信道间的正交性，因此对系统同步要求严格，需要保留较大的保护频带，降低了频谱利用率。此外，由于 OFDM 调制技术只能在整个频带设置一种固定参数，因此无法适应丰富多样的业务场景。为解决上述问题，基于调制滤波器组的 OFDM（FB-OFDM）调制技术被提出，并因其实现简单、性能良好而在几种候选波形调制技术中脱颖而出。FB-OFDM 调制技术以 OFDM 调制波形作为核心波形，从而延续其优点，并能够立即应用所有现有的基于 OFDM 调制的设计，适应性强。在 OFDM 调制技术的基础上，FB-OFDM 调制技术通过在整个频带对发射端增加子频带滤波器和对接收端增加子频带匹配滤波器，将频带划分为多个子频带，针对不同的传输条件和应用优化不同部分的频率波形，并配置不同的参数，如子频带带宽、循环前缀长度等[17]。

对 FB-OFDM 结构进行仿真，设置仿真参数如下：子频带带宽为 6MHz，子频带间隔为 2MHz，子信道数量为 8，仿真结果如图 6.9 所示。

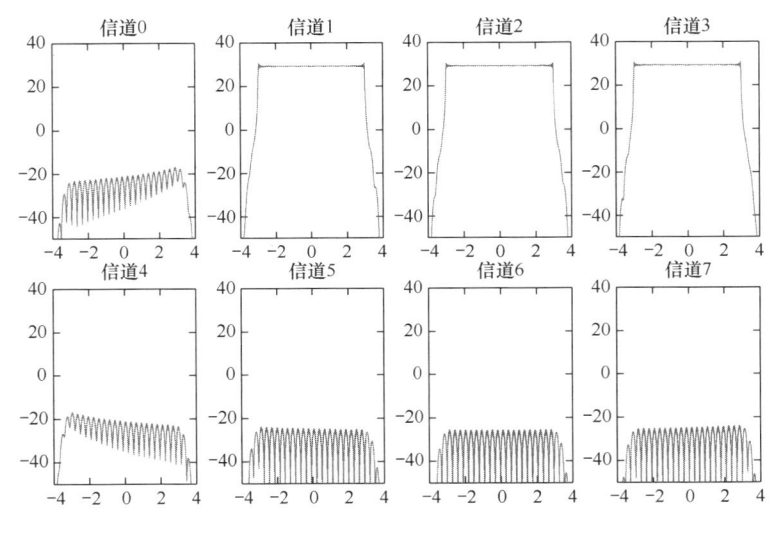

图 6.9 基于调制滤波器组的 OFDM 结构仿真输出频谱

在 OFDM 调制系统中，接收端可以对大量的数据进行联合处理，从而获得更多的信道信息。利用多相滤波技术并行处理数据的优势，以较少的硬件代价换取较为明显的性能改善，以达到更准确地估计信道信息和更好地抑制噪声的目的。当子信道数量非常多时，在 FB-OFDM 结构中，利用多相滤波解决了系统复杂度高、负荷大的问题。

6.4.2 基于调制滤波器组的 FMT 结构仿真

FMT 调制系统的仿真设计流程如图 6.10 所示。系统上半部分为发射端模型，下半部分为接收端模型。在发射端，输入的原始数据是二进制数据流格式，经过编码和串并转换后发送到 M 个子信道上，在子信道上首先对数据进行调制，即符号映射（QPSK 调制、QAM、16QAM 等）；然后对调制后的码流进行 IFFT 处理；接下来经过多相分解的综合滤波器组，通过并串转换之后即完成 FMT 调制；最后在信道中进行传输。接收端的实现是发射端的逆过程，一般而言，在接收端还会加入均衡器来消除系统固有码间干扰的影响。

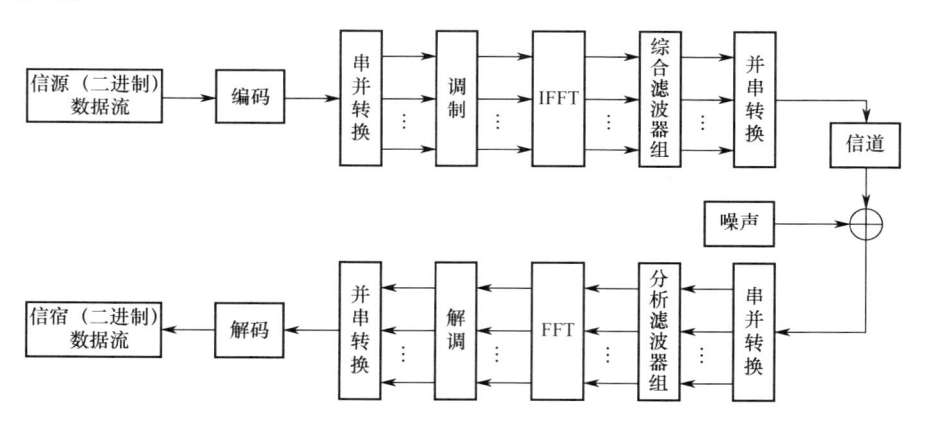

图 6.10 FMT 调制系统的仿真设计流程

利用 MATLAB 对 FMT 调制信号进行多相数字信道化仿真，在程序验证过程中采用多相数字信道化结构，输入数据的采样率为 154MSPS。由于采用临界抽取方式会使信号通带内的信号与相邻信道产生混叠，因此选择非最大抽取方式。假设子信道个数为 208 个，为了能在综合滤波器组和分析滤波器组的实现过程中分别采用 IFFT 处理和 FFT 处理，将子信道划分数量统一为 2 的整数次幂，即将子信道数量从 208 个扩展到 256 个。将基本的子信道带宽设置为 0.6MHz，将下采样倍数设置为 128；将原型滤波器的通带截止频率设置为 0.3MHz，将原型滤波器的阻带起始频率设置为 0.35MHz，将原型滤波器的通带纹波设置为 0.1dB，将阻带衰减设置为 60dB。设置好以上参数后进行仿真，即可得到原型滤波器的幅频特性如图 6.11 所示。

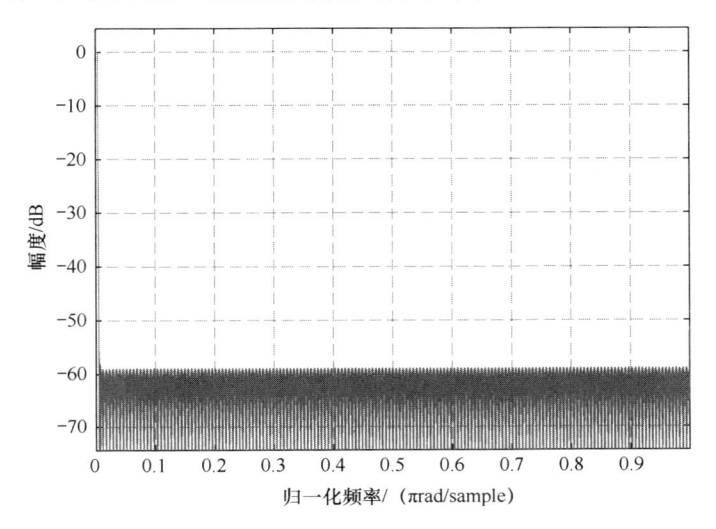

图 6.11 原型滤波器的幅频特性

仿真信号采用的是正弦信号与线性调频信号相加的混合信号，具体为两个线性调频（LFM）信号与两个正弦（sine）信号相混合。如图 6.12 所示为输入信号的频谱，混合信号中各类信号的特征参数如表 6.1 所示。

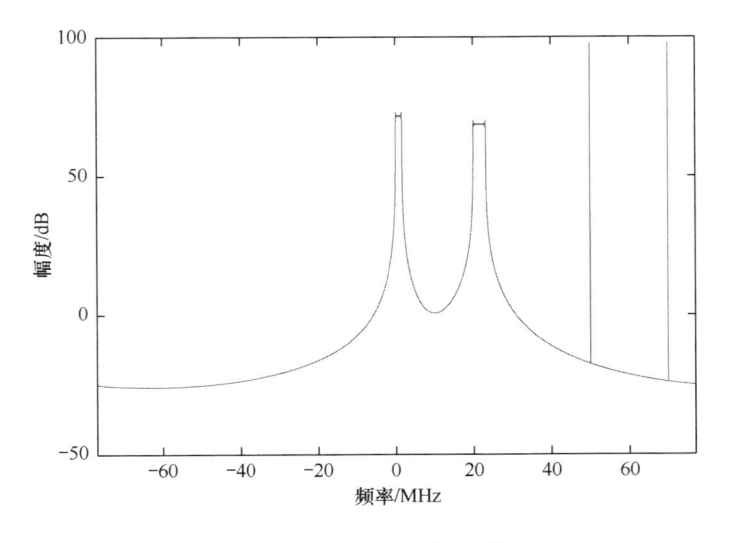

图 6.12 输入信号的频谱

表 6.1 混合信号中各类信号的特征参数

信 号 类 型	中心频率/MHz	调制频率/MHz	信 道 编 号
LFM1	0.1	$-0.8 \sim 0.8$	$0 \sim 3$
LFM2	20	$-1.6 \sim 1.6$	$33 \sim 39$
sine1	50	—	83
sine2	70	—	116

每个信号所占子信道的频谱如图 6.13 所示。其中，载波频率为 0.1MHz 的线性调频信号跨信道输出，所跨信道为 0、1、2、3；载波频率为 20MHz 的线性调频信号跨信道输出，所跨信道为 33、34、35、36、37、38、39；载波频率为 50MHz 的正弦信号从信道 83 输出；载波频率为 70MHz 的正弦信号从信道 116 输出。通过与理论输出信号编号对比可知，仿真结果证明了其正确性。

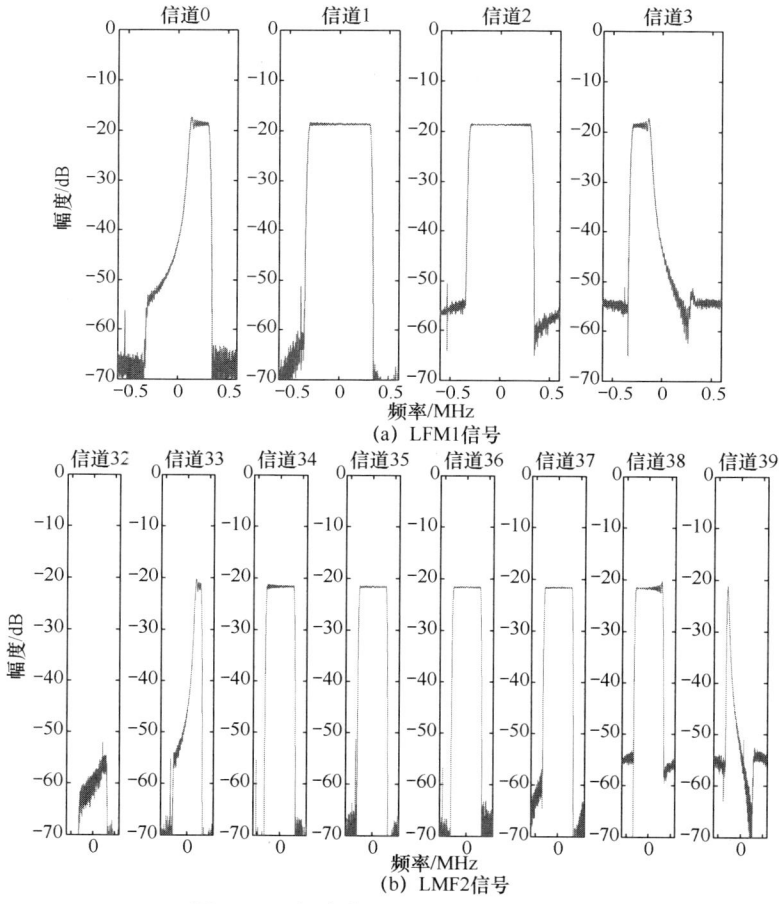

(a) LFM1信号

(b) LMF2信号

图 6.13 每个信号所占子信道的频谱

(c) sine1 信号

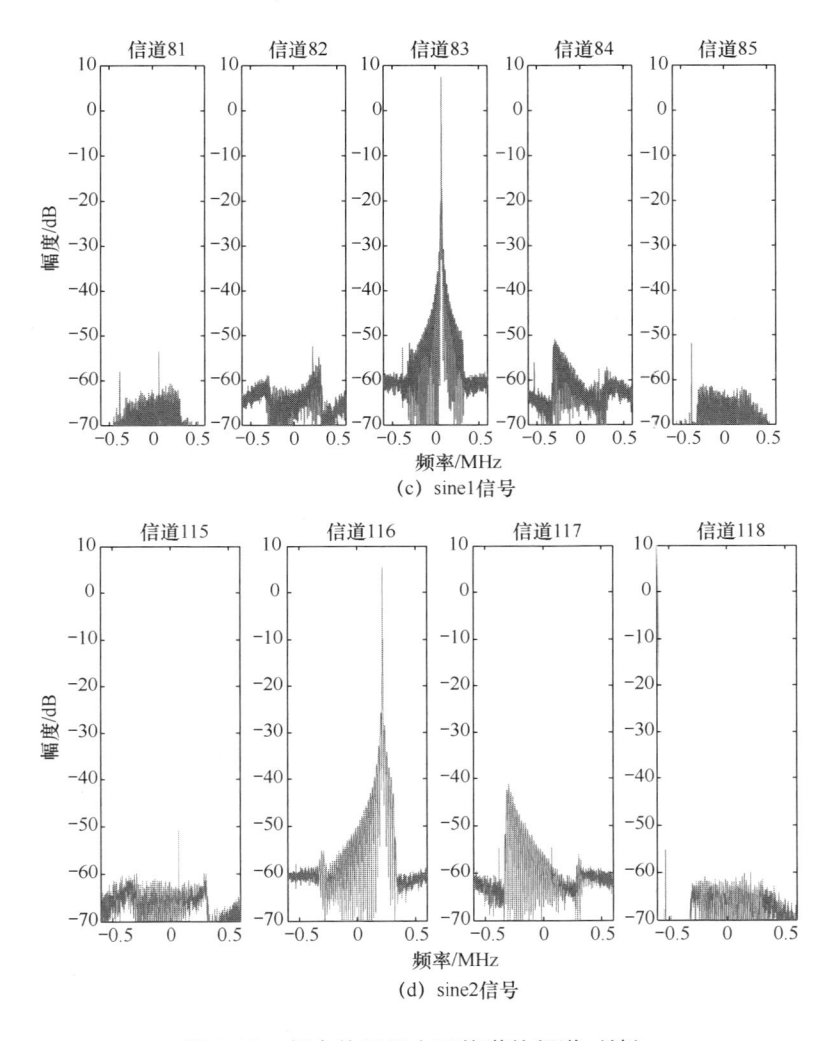

(d) sine2 信号

图 6.13　每个信号所占子信道的频谱（续）

6.5　星载通信接收机中的信道化技术应用

6.5.1　星载通信中数字信道化特点

用于星载柔性转发器的数字信道化器结合了透明转发器和处理转发器的优点，降低了星上设备的复杂度，可以完成非均匀带宽信号的交换，使得信道划分更灵活、通信容量更大。它实现了卫星资源利用率的最大化，还可以更好地满足多个采样率转换的要求，更好地减小系统的工作量和存储量。星载柔性转发器的核心部分是数字信道化器，而数字信道化器的关键部分是滤波器组。

新一代通信卫星日益复杂，呈现多任务、多波束、多频段和多信道规划的特点，同时要求卫星有效载荷具有高灵活性[18]、在轨可重构性、柔性和可响应性，尽量减少卫星系统的应用限制，充分发挥卫星的价值。卫星有效载荷主要分为透明转发卫星有效载荷和再生转发卫星有效载荷两种。随着人们对卫星有效载荷灵活性需求的与日俱增，具有星上处理能力的透明转发卫星有效载荷的研发受到青睐，主要原因是：再生转发卫星有效载荷对物理层（调制方式、编码方式等）具有固有依赖性，灵活性不高，应用受限；而透明转发卫星有效载荷相对简单，且与各种通信协议的兼容性较好。然而，为了支持灵活路由，以及跨频段、跨波束交换，传统透明转发卫星有效载荷不能满足要求，尤其是对下一代全球宽带多媒体卫星通信系统来说，开发具有较强星上处理能力的透明转发卫星有效载荷迫在眉睫，数字信道化技术正好适应该发展形势。

数字信道化技术基于频分多址（Frequency-Division Multiple Access，FDMA）或多频率时分多址（Multi-Frequency Time-Division Multiple Access，MF-TDMA）调制体制[19,20]。在该体制中，上行信道被划分成若干个子信道，各用户占用一定带宽的子信道，用户子信道在星上经带通滤波、电路交换后，重新组成完整的下行信道。在宽带卫星通信中，该处理过程在数字域完成，对应的卫星有效载荷被称为数字信道化器，该技术被称为数字信道化技术，其主要实现灵活的信道化、频率转换、路由及信道均衡等功能。

数字信道化技术是一种面向物理连接的电路交换技术。其核心作用是从FDMA上行信道中提取所希望的用户信号，并交换到预期的下行信道。目前，常用数字信道化方法有数字下变频法、解析信号法、多相离散傅里叶变换法、频域滤波法和多级法等。这些方法几乎都假设信道被均匀划分成若干个用户子信道，均不能满足非均匀子信道划分的需求。离散滤波器组（Discrete Filter Banks，DFB）方法可以实现非均匀子信道划分。它针对特定的信道划分方案设计一组滤波器，完成子信道划分和合成等过程。当子信道数量较少时，它简单、经济、可靠；但当一个信道被划分为几十个甚至成百上千个子信道时，从滤波器组系数及交换模式等数据存储量来看，该方法无实用价值。

为实现用户信号交换，数字信道化器应该具备以下主要功能。

（1）子信道划分：上行信号按用户划分为各用户子信道。

（2）子信道交换：对各用户子信道进行频谱迁移，根据交换控制参数，将频谱迁移后的用户信号排放在预期的位置上。

（3）子信道合成：将重新排序的各用户子信道进行综合，形成完整的下行信号。

6.5.2 星载通信中信道化基本结构

随着宽带卫星通信星载交换技术的发展，星载数字信道化技术至少面临以下几方面的挑战：用户子信道复用数较多，成百上千个甚至更多，而且各用户子信道带宽可以随意配置，可能相同也可能不同，即信道划分可能"均匀"，也可能"非均匀"，各保护带宽可任意配置。均匀情况可以视作非均匀情况的特例，对于非均匀的情况，数字信道化技术实现非均匀带宽交换示意图如图 6.14 所示，不同的形状表示不同的用户子信道。

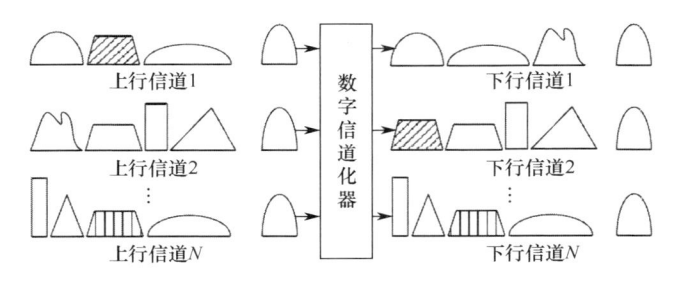

图 6.14　数字信道化技术实现非均匀带宽交换示意图

上行信道基于 FDMA 形式，如图 6.15 所示，假设一个上行信道被均匀划分为 V 个基本子信道，任何一个用户都可以占用一个或相邻几个基本子信道，不同的用户子信道之间具有保护带。其中，ω_e 为基本子信道带宽 $2\pi/v$；G 表示不同用户子信道间的保护带，当某用户占用了多个相邻的基本子信道时，这些子信道之间不存在保护带。

用户 0 占用 1 个基本子信道，用户 1 占用 2 个基本子信道，等等。基于此，要实现完整用户子信道的交换，数字信道化器必须满足以下 3 个要求：

（1）根据用户带宽信息将输入信号划分为各用户子信道，即信道解复用，各子信道的带宽可能相同，也可能不同。

（2）根据交换控制信息对各用户子信道进行频谱迁移，使其频谱排列在预期的位置上。

（3）将经过频谱迁移并重新排列后的各用户子信道综合起来，即信道复用，形成完整的输出信号进入下行信道。

(a) 子信道划分

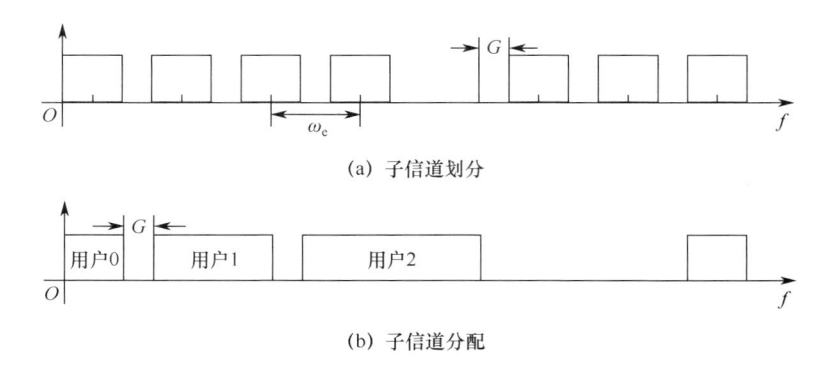

(b) 子信道分配

图 6.15　FDMA 上行信道规划

6.6　基于调制滤波器组的星载信道化器

6.6.1　非均匀星载信道化器

从现有数字信道化方法的综述可知,有的数字信道化方法要么只适合窄带均匀带宽应用场景,要么只适合子带划分数量较少的应用场景,在功能上都有局限性,因此不能满足宽带卫星通信中非均匀带宽星载交换的需求。针对宽带卫星通信系统,星载非均匀带宽数字信道化器既适合均匀带宽交换的应用场景,也适合非均匀带宽交换的应用场景。

为了实现非均匀带宽交换,人们往往只能求助于离散滤波器组方法。在离散滤波器组方法中,设计人员针对特定的子信道划分方案设计分析滤波器组和综合滤波器组,以完成子信道划分、交换、合成等过程。离散滤波器组方法虽然在用户子信道数较少的情况下简单、经济、可靠,但当一个信道包含几十个甚至成百上千个用户子信道时,其存储量需求非常高。为什么会有如此惊人的存储量需求呢?根本原因在于离散滤波器组中各个滤波器的中心频率和带宽不能随着需求的改变而改变。如何才能使得各个滤波器的中心频率和带宽自适应改变,而滤波器组不需要重新设计呢?调制滤波器组可以满足这一要求。

根据如图 6.16 所示的非均匀带宽数字信道化器的原理结构,可以实现非均匀带宽星载交换功能。

由图 6.16 可见,非均匀带宽数字信道化器由速率变换模块、分析滤波器组、交换模块和综合滤波器组 4 部分组成。上行信号经速率变换,使得上行基本子信道数由 V 变为 $V'=2^{\lfloor \log_2 V \rfloor}$;接着,信号经过 $2M$ 相分析滤波器组 $H_k(z)$($k=0,1,2,\cdots,2M-1$)后,被均匀分成 $2M$ 路,每路信号经 M 倍下采样后进入交换模块;在交换模块中,根据交换控制参数,将这 $2M$ 路信号重新排序，使得待交换的用户子信道位于预期位置上；最后，每路信号进行 M 倍内插以匹配速率，并经综合滤波器组形成下行信号 $\hat{X}(z)$。

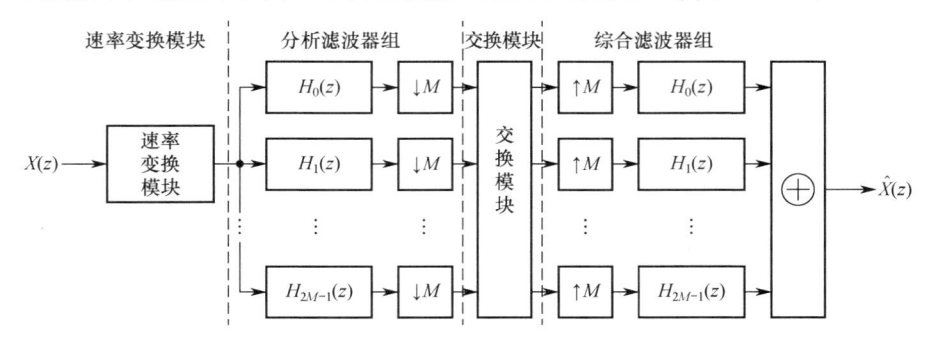

图 6.16　非均匀带宽数字信道化器的原理结构

$2M$ 为滤波器组的通道数，也表征着信号交换粒度的大小，其值越大，信号交换粒度越小，频率分辨率越高。根据用户信号频带信息，建立用户信号与交换模块中 $2M$ 路信号之间的一一映射。举例来说，若某用户占用 5 个基本子信道，则它映射到交换模块中的信号为 $2M$ 路信号中的某连续几路或十几路，具体位置由用户信号占用子信道的起始频率 ω_i^l 和终止频率 ω_i^u 确定；若某用户占用 3 个基本子信道，则它映射到交换模块中的信号路数要少于 5 个基本子信道时的信号路数。若各用户带宽均相同，则它们映射到交换模块中的信号路数均相同。因此，该数字信道化器不仅适合信号带宽非均匀的场景，也适合信号带宽均匀的场景。

6.6.2　子信道分解与综合

对宽带信号实现重构主要分为两步，即先分解再综合。信号经过分析滤波器组实现分解，通过综合滤波器组实现综合。对子信道的分解与综合过程进行仿真验证，将信道个数设置为 16 个，采用最大化抽取方式，即抽取倍数等于信道个数，基于多相结构的综合滤波器组的原型滤波器参数与分析滤波器组的原型滤波器采用相同的设计，通带截止频率为 58MHz，阻带起始频率为 62MHz，通带纹波为 0.1dB，阻带衰减为 60dB。仿真输入 1 个正弦（sine）信号与 2 个线性调频（LFM）信号相混合，具体参数如表 6.2 所示。

表 6.2　信号参数表

信号类型	中心频率/MHz	调制频率/MHz
LFM1	350	−20～20
LFM2	720	−30～30
sine	140	—

调制滤波器组技术及其在数字接收机中的应用

分析滤波器组输入信号的幅频特性如图 6.17 所示。各子信道输出的信号幅频特性如图 6.18 所示。经综合滤波器组后输出信号的幅频特性如图 6.19 所示。

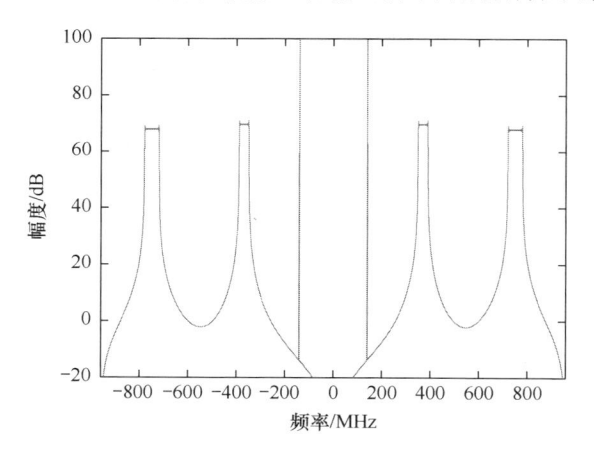

图 6.17 分析滤波器组输入信号的幅频特性

通过对比图 6.17 和图 6.19，可以看出经综合滤波器组后输出信号的幅频特性与输入信号的幅频特性相符，可以证明基于多相结构的正确性。但是，重构之后频谱在相邻信道交叠处产生尖峰，俗称"兔耳"现象，这主要是滤波器具有过渡带等非理想特性所引起的。

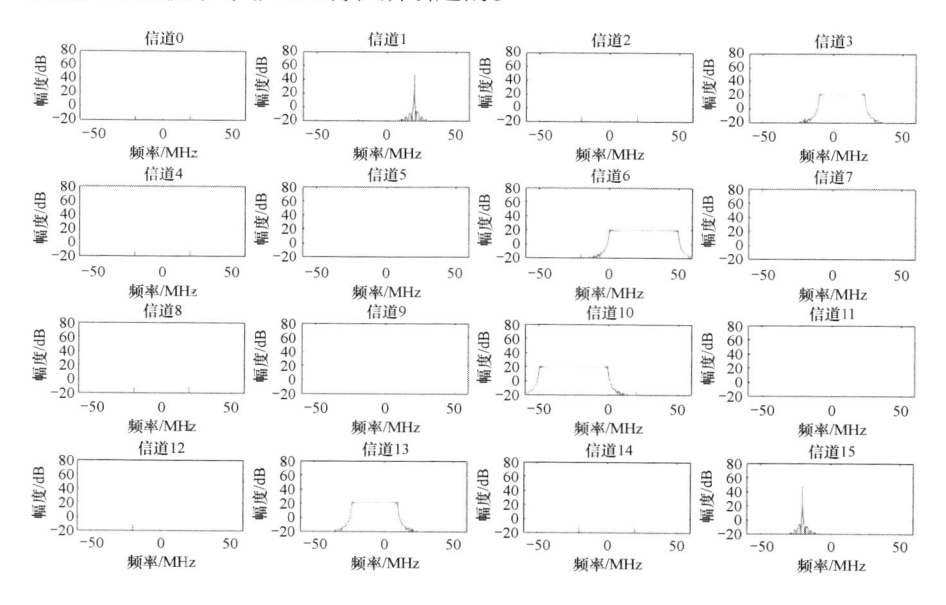

图 6.18 各子信道输出信号的幅频特性

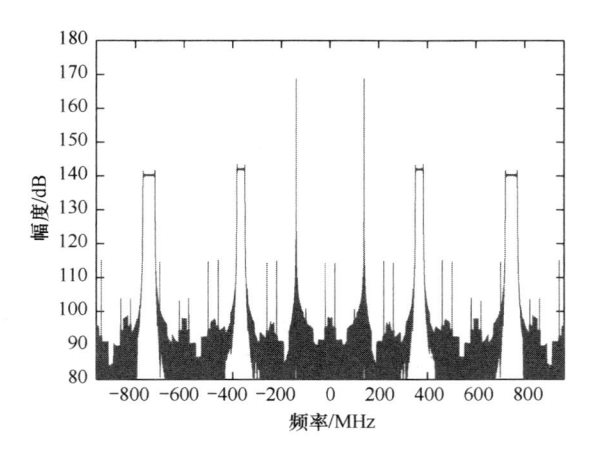

图 6.19　经综合滤波器组后输出信号的幅频特性

6.6.3　基于多相滤波的星载信道化器结构

多速率变换模块将子信道划分数目统一为 2 的整数次幂，主要便于后续分析滤波器组和综合滤波器组的实现能够分别采用 IFFT 模块和 FFT 模块，同时消除子信道划分带来的载波偏差问题。通过速率变换模块后，被提取的子信道信号能够被精确地迁移到零频上。

根据多速率信号处理原理，可以将分析滤波器组和综合滤波器组进行多相分解，即

$$\begin{aligned} H_k(z) &= \sum_{n=0}^{2mM-1} h(n) W_{2M}^{-k\left(n-\frac{2mM-1}{2}\right)} z^{-n} \\ &= \sum_{q=0}^{2M-1} \sum_{r=0}^{m-1} h(q+2Mr) W_{2M}^{-k\left(q+2Mr-\frac{2mM-1}{2}\right)} z^{-q-2Mr} \\ &= \sum_{q=0}^{2M-1} W_{2M}^{-k\left(q-\frac{2mM-1}{2}\right)} z^{-q} \sum_{r=0}^{m-1} h(q+2Mr) z^{-2Mr} \end{aligned} \quad (6\text{-}23)$$

式中，$W_M = \mathrm{e}^{-\mathrm{j}2\pi/M}$。

记 $B_q(z^{2M})$ 为原型滤波器 $H(z)$ 的第 q 个多相分量，则

$$B_q(z^{2M}) = \sum_{r=0}^{m-1} h(q+2Mr) z^{-2Mr} \quad (6\text{-}24)$$

因此

$$H_k(z) = W_{2M}^{k\left(\frac{2mM-1}{2}\right)} \sum_{q=0}^{2M-1} B_q(z^{2M}) W_{2M}^{-kq} z^{-q} \quad (6\text{-}25)$$

根据多采样率系统中网络结构的等效变换原理，先滤波后抽取的处理结构可以等效变换为先抽取后滤波的结构。同理，先内插后滤波的处理结构可

以等效为先滤波后内插的结构。因此,信道化的原理结构可以转化为如图 6.20 所示的多相结构,即信道化的工程实现形式。

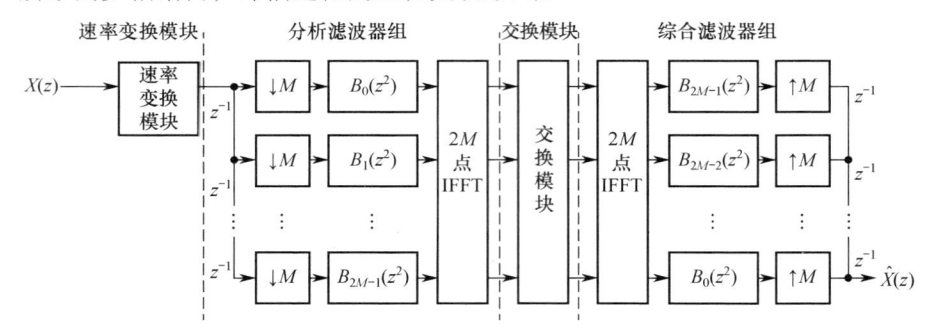

图 6.20　非均匀带宽数字信道的多相结构

6.6.4　星载信道化器低复杂度解决方法

星载通信中的信道化,采用了多相滤波器组结构,在此基础上,为降低其复杂度,可以选择以下两种基于低复杂度滤波器组的信号重构结构。

一是基于频率响应屏蔽(Frequency-Response Masking,FRM)技术。FRM 技术是一种在不提高计算复杂度的同时使滤波器组过渡带变窄的经典方法,将 FRM 技术应用于基于多相结构的滤波器组中,通过对 FRM 结构中的屏蔽滤波器组进行多相分解,可以得到基于 FRM 技术的信号重构结构。该重构结构具有计算复杂度低、不受高采样率的限制、适用范围广等优点。

二是基于快速滤波器组(Fast Filter Banks,FFB)。FFB 是同时具备低复杂度和良好幅频特性的多通道窄过渡带滤波器组设计方法之一。对快速傅里叶变换(FFT)及快速傅里叶逆变换(IFFT)滤波器组进行变换,可分别得到基于 FFB 的分析滤波器组(Analysis FFB,AFFB)和基于 FFB 的综合滤波器组(Synthesis FFB,SFFB)的基本结构。对 AFFB 和 SFFB 各通道中的原型滤波器进行参数设计,利用通道的二进制编码和各级原型滤波器的脉冲响应系数,得到 AFFB 和 SFFB 中各通道组成子滤波器的传递函数和通道传递函数,进而得到基于 FFB 的信号重构结构。

基于 FFB 的信号重构设计方法的复杂度较低,重构误差较小,重构性能较好。基于 FRM 的多相数字信道化结构如图 6.21 所示。

对 FRM 技术进行仿真验证,采用 $H_c(z^l)$ 的过渡带作为最终合成的 $H(z)$ 的过渡带。希望最终合成的 FRM 滤波器 $H(z)$ 的通带截止频率、阻带起始频率分别为 0.0732π、0.0745π,过渡带宽为 0.0013π,插值倍数为 24,原型滤波器采用半带滤波器的方法。因此,设计原型半带滤波器的通带截止频率为

0.4844π，将通带纹波设置为 0.001dB。两个屏蔽滤波器 $H_{\text{Ma}}(z)$、$H_{\text{Mc}}(z)$，前者的通带截止频率和阻带起始频率分别为 0.020738π 和 0.0732π，后者的通带截止频率和阻带起始频率分别为 0.0732π 和 0.115976π；将其通带纹波都设置为 0.01dB，阻带衰减都设置为 60dB。如图 6.22 所示为原型滤波器 $H_a(z)$ 和互补滤波器 $H_c(z)$ 的幅频特性。如图 6.23（a）所示为原型滤波器 $H_a(z)$ 及其互补滤波器 $H_c(z)$ 经 24 倍插值后的幅频特性，如图 6.23（b）所示为上支路 $H_a(z^I)H_{\text{Ma}}(z)$ 的幅频特性，如图 6.23（c）所示为下支路 $H_c(z^I)H_{\text{Mc}}(z)$ 的幅频特性，如图 6.23（d）所示为最终合成滤波器 $H(z) = H_a(z^I)H_{\text{Ma}}(z) + H_c(z^I)H_{\text{Mc}}(z)$ 的幅频特性。与 FRM 滤波器的设计过程一一对应，可以看出所设计的 FRM 滤波器的正确性。

图 6.21　基于 FRM 的多相数字信道化结构

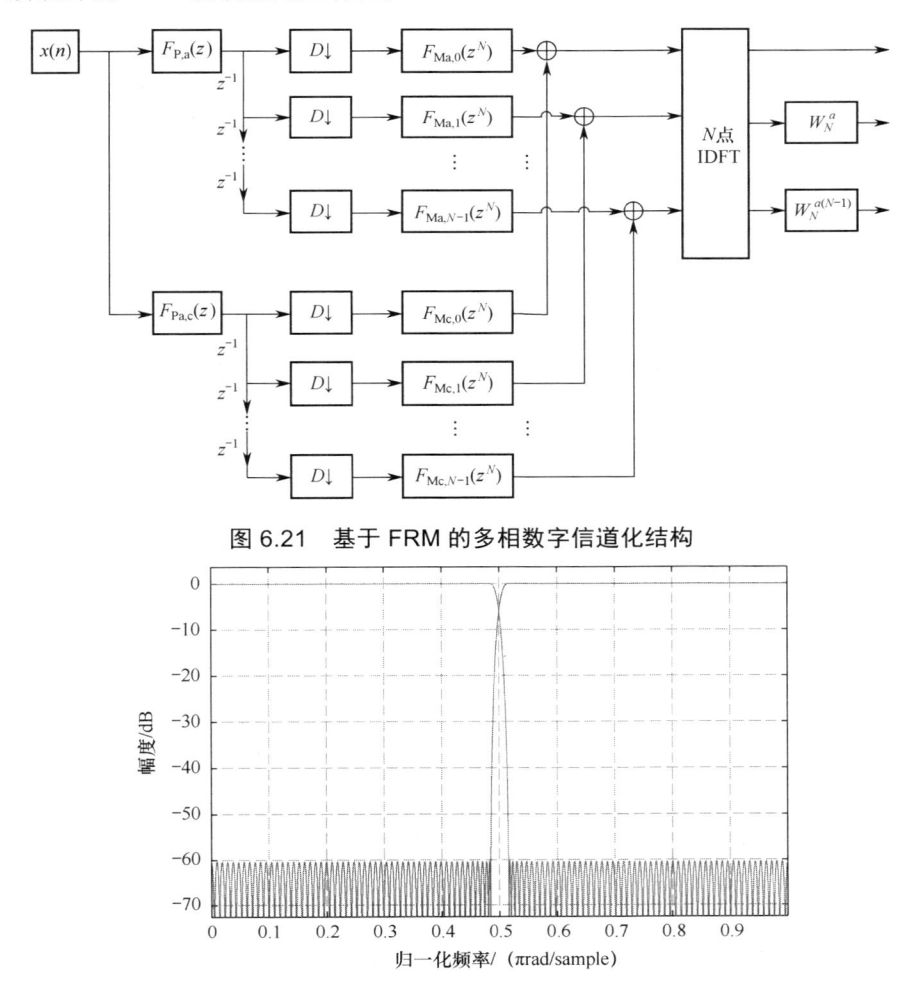

图 6.22　原型滤波器 $H_a(z)$ 和互补滤波器 $H_c(z)$ 的幅频特性

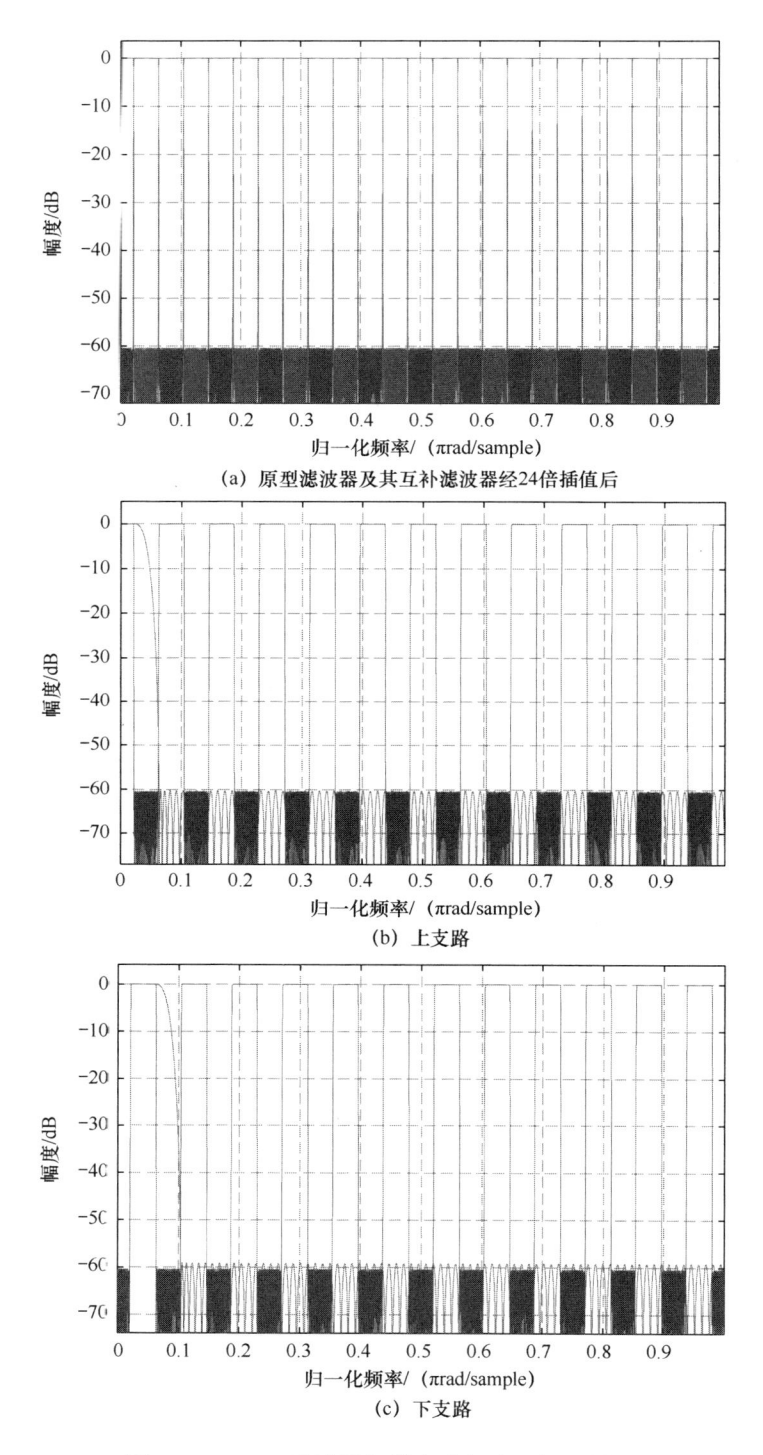

(a) 原型滤波器及其互补滤波器经24倍插值后

(b) 上支路

(c) 下支路

图 6.23 FRM 滤波器频带合成各阶段幅频特性

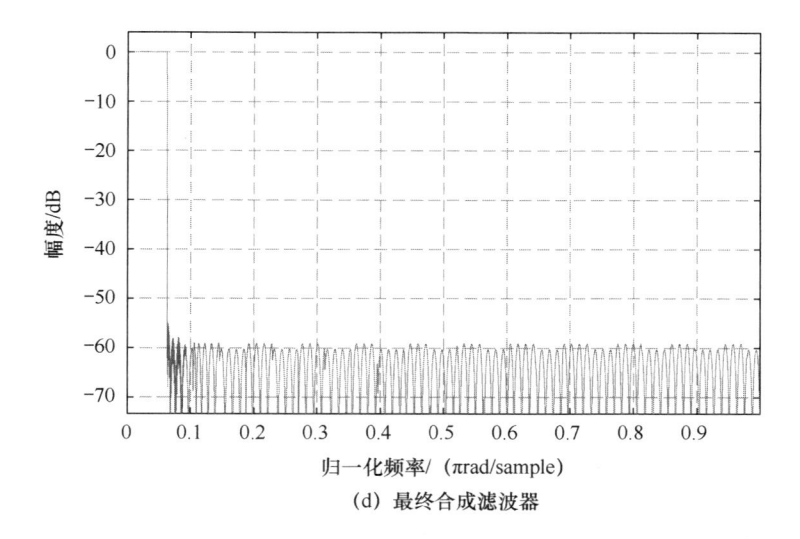

第 6 章 调制滤波器组在通信接收机中的应用

(d) 最终合成滤波器

图 6.23 FRM 滤波器频带合成各阶段幅频特性（续）

6.6.5 星载信道化器结构仿真与分析

利用信道化技术可以提取宽带卫星上行信号中的各窄带信号，信道化技术是宽带卫星通信技术中星载交换的关键技术。基于复指数调制精确重构滤波器组的宽带星载数字信道化器，既适用于均匀带宽交换，也适用于非均匀带宽交换。

当一个 200MHz 的上行信道被均匀划分为 125 个基本子信道后，每个子信道的带宽为 1.6MHz，首先通过速率变换模块将采样率由 200MSPS 转换为 204.8MSPS，该过程等效于将原有 125 个基本子信道扩展到 128 个基本子信道。将原型滤波器的通带截止频率设置为 0.8MHz，将阻带起始频率设置为 0.88MHz，将通带纹波设置为 0.1dB，将阻带衰减设置为 70dB。原型滤波器的幅频特性如图 6.24 所示。

仿真信号依然采用 2 个正弦（sine）信号与 2 个线性调频（LFM）信号相加的混合信号。如图 6.25 所示为输入信号的幅频特性。混合信号中各类信号的特征参数如表 6.3 所示。经分析可知，2 个正弦信号均为单信道输出，子信号频率分别为 28.8MHz 和 82.9MHz；2 个线性调频信号均为跨信道输出。

子信道输出的频域波形如图 6.26 所示。由于信道数量过多，因此图 6.26 中只展示了包含有效信号的子信道输出的频域波形。

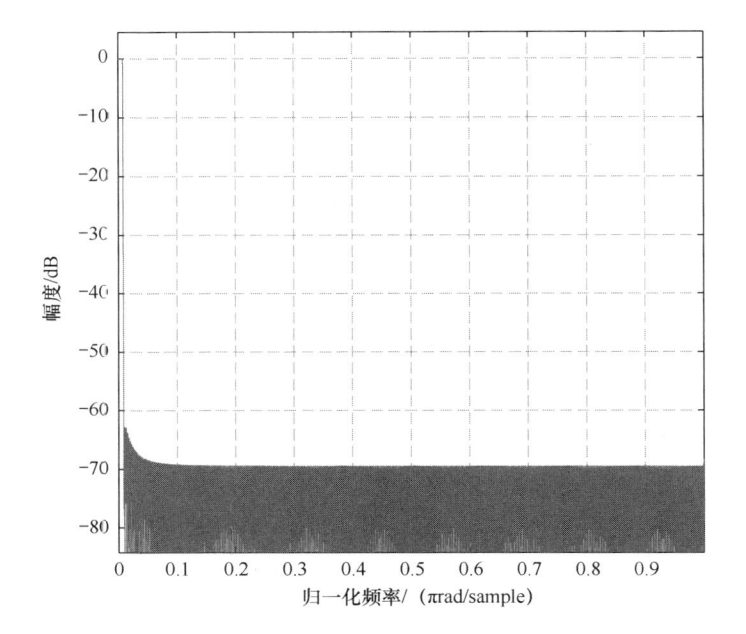

图 6.24 原型滤波器的幅频特性

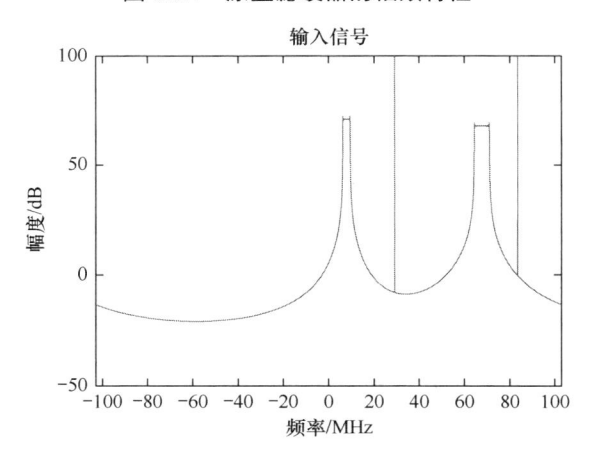

图 6.25 输入信号的幅频特性

表 6.3 混合信号中各类信号的特征参数

信号类型	中心频率/MHz	调制频率/MHz	信道编号
LFM1	6.2	−1.6～1.6	4～6
LFM2	64	−3.3～3.3	40～44
sine1	28.8	—	52
sine2	82.9	—	110

由图 6.26 可以看出，各子信道输出的频域波形与如表 6.3 所示的理论分析一致，验证了此星载信道化器结构的正确性。同时可以看出，输出信号产生了一定的失真，主要有以下几种原因：实际的滤波器组具有非理想特性，存在过渡带、通带纹波及阻带衰减；信号经过抽取和多项分解模块，因噪声等产生误差等。

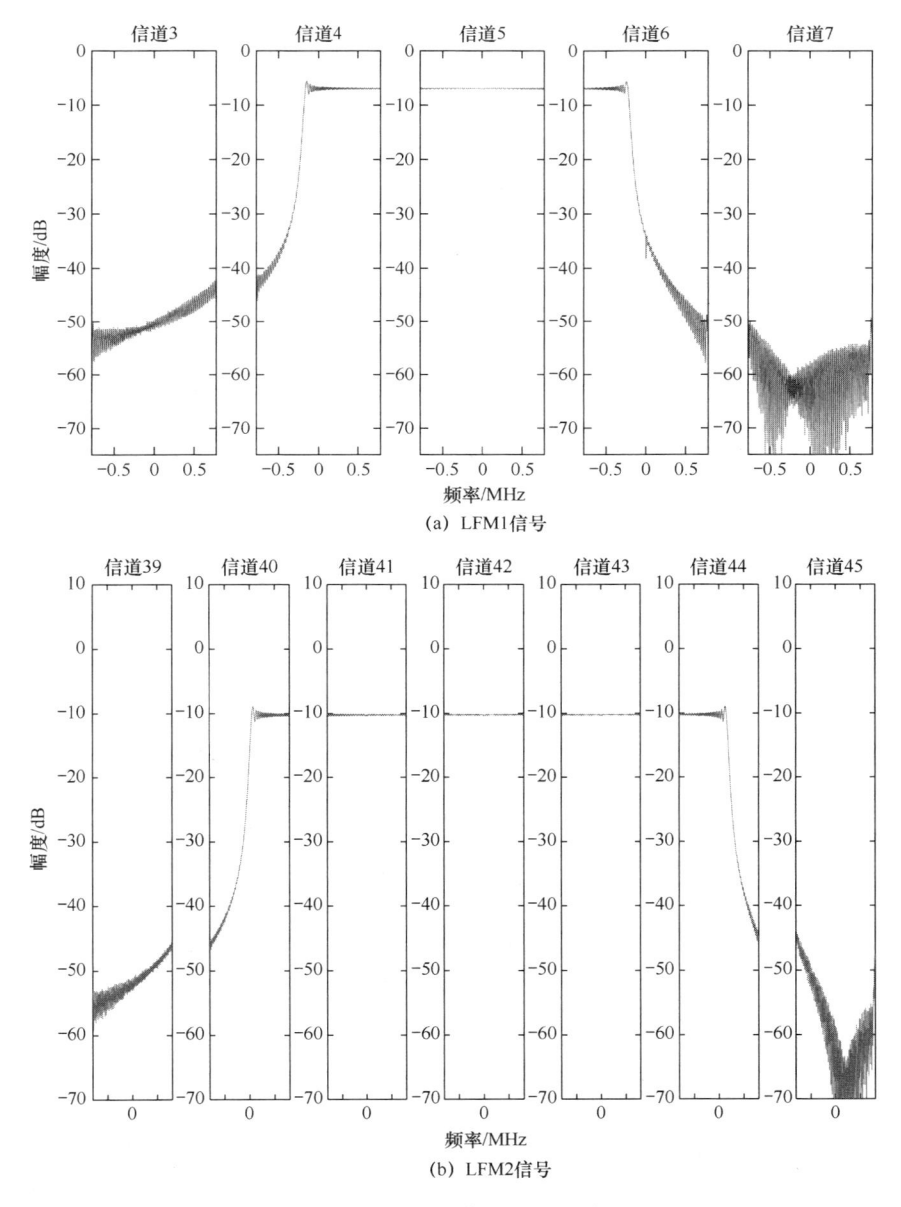

(a) LFM1 信号

(b) LFM2 信号

图 6.26 子信道输出的频域波形

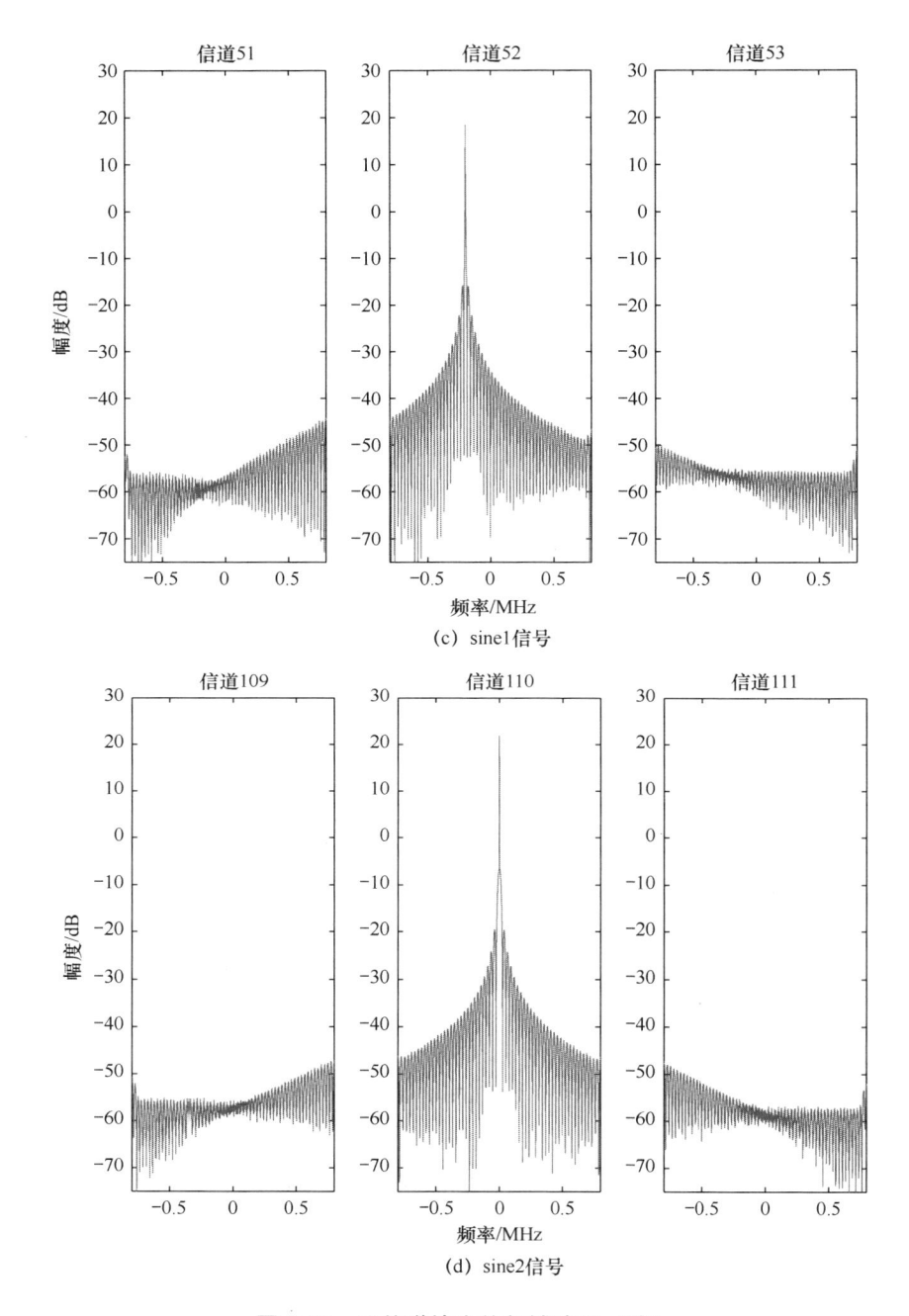

调制滤波器组技术及其在数字接收机中的应用

(c) sine1信号

(d) sine2信号

图 6.26 子信道输出的频域波形（续）

假设卫星共有 3 个上行波束和 3 个下行波束，每个波束所具有的频带内有 3 个子带，那么首先将每路接收到的波束信号送入不同的滤波器中处理每个子带，然后进入二极管交换矩阵。二极管交换矩阵将不同的子带信号路由到不同的本振上，本振将信号进行频谱迁移，然后进入行波管放大器，并发送回地球站。这种结构可以实现空分频率复用，还可以给不同的滤波器分配不同的增益，以避免大功率波束对小功率波束的干扰。但是，这种结构也有两个明显的缺点。首先，二极管交换矩阵固定连接、固定路由，滤波器的增益和通带也是固定的，当业务发生变化时，不能调整交换路由方向。其次，二极管交换矩阵的复杂度会随着波束数量和子带数量的增大而快速增加，若某个卫星有 9 个上行、下行波束，每个波束内有 10 个子带，则共需要 90 个滤波器、90 个本振和 90 个行波管，这将会极大地增大卫星的质量和功耗。数字信道化器很好地解决了以上问题，将模拟透明转发卫星有效载荷的滤波、交换、频移等操作迁移到数字域上进行处理。将接收到的单个波束信号先经过 ADC 转换为数字信号，然后送入数字分析滤波器组。数字分析滤波器组将宽带数字信号按照业务划分为较窄的子带，因为窄带在数字域内占用的频带很少，因此进行下采样，以减小交换模块的数据速率。交换模块按照交换表将低速率信号进行交换，然后将交换完成的信号送入综合滤波器组。多波束信道化器可以将所有上行波束的子带进行交换，而且因为是在 FPGA 中实现的，所以可以通过从地面向卫星传送交换表来实时修改频带分配，这是数字信道化器的一个突出优点。数字信道化器的另一个优点是复杂度和功耗不会随着子带数量（通道数）的增加而快速增大，因为所有的滤波器都是以数字集成电路的形式在 FPGA 中实现的，所以子带数量增加会增大滤波器的阶数。又因为多相分解滤波器组技术可以将较长的 FIR 滤波器长度平均分配到每个相中，所以不会导致复杂度和功耗快速增长。另外，FPGA 芯片具有集成度高、质量小的特点，使卫星的质量也大大减小，因此数字信道化器的优势是模拟透明转发卫星有效载荷无法比拟的。

6.7　本章小结

本章主要介绍了调制滤波器组在通信接收机中的应用，首先介绍了 OFDM 调制技术和 FMT 调制技术的基础知识，进而对多载波通信接收机的结构进行了介绍，包括信道的子带划分方式及多载波通信系统模型，着重介绍了基于调制滤波器组的 OFDM 结构和 FMT 结构，并进行了仿真分析。将信道化技术应用于星载通信接收机中，介绍了其数字信道化的特点和基本结构。针对基于调制滤波器组的星载信道化器，在均匀信道化结构的基础上，介绍了星载信道化结构，并将多相滤波结构应用于星载信道化器中，提出了降低其复杂度的解决方法，并进行了星载信道化器结构的仿真和分析，验证了其结构的正确性。

本章参考文献

[1] WU H, SHAO Y, MIKOLAJCZYK K, et al. Channel-adaptive wireless image transmission with OFDM[J]. IEEE Wireless Communications Letters, 2022, 11(11): 2400-2404.

[2] DASHTGARD S E, WANG A, POSPELOVA V, et al. Salinity indicators in sediment through the fluvial-to-marine transition (Fraser River, Canada)[J]. Scientific Reports, 2022, 12(1): 14303.

[3] HAMEED S M, SABRI A A, ABDULSATAR S M. Filtered OFDM for underwater wireless optical communication[J]. Opt Quant Electron, 2023, 55: 77.

[4] HE Z, LING X, ZHOU L, et al. Novel RAPF scheme and its performance of PAPR reduction and BER in FBMC-OQAM system[J]. IET Communications, 2019, 13: 1916-1920.

[5] AN C, RYU H G. PAPR reduction of UFMC communication for 5G mobile system[J]. Advanced Science Letters, 2017, 23(4): 3718-3721.

[6] FARHANG A, MARCHETTI N, DOYLE L E. Low-complexity modem design for GFDM[J]. IEEE Transactions on Signal Processing, 2015, 64(6): 1507-1518.

[7] ABDEL-ATTY H M, RASLAN W A, KHALIL A T. Evaluation and analysis of FBMC/OQAM systems based on pulse shaping filters[J]. IEEE Access, 2020, 8: 55750-55772.

[8] RANI P N, RANI C S. UFMC: The 5G modulation technique[C]//2016 IEEE International Conference on Computational Intelligence and Computing Research (ICCIC). IEEE, 2016: 1-3.

[9] YONGWIRIYAKUL A L, SUWANSANTISUK W. Time and frequency synchronization of GFDM waveforms[J]. IEEE Access, 2024, 12: 61359-61374.

[10] DEBNATH S, AHMED S, ALAM S M S. Performance comparison of OFDM, FBMC, and UFMC for identifying the optimal solution for 5G communications[J]. International Journal of Wireless and Microwave Technologies, 2023, 13(5): 1-10.

[11] YU X, GUANG H Y, XIAO Y, et al. FB-OFDM: A novel multicarrier scheme for 5G[C]//2016 European Conference on Networks and Communications (EuCNC) IEEE, 2016: 271-276.

[12] YU X, BAO T, HUA J, et al. Generalized filter bank orthogonal frequency division multiplexing systems for 6G[J]. Electronics, 2024, 13(15): 3006.

[13] CHEN X, SONG Z. Fault-tolerant design of spaceborne parallel digital channelizer[C]//2023 International Conference on Information Network and

Computer Communications (INCC), IEEE, 2023: 31-35.

[14] FAN Y, GU F, TAN X, et al. Digital channelization technology for HF communication base on fast filter bank[J]. China Communications, 2018, 15(9): 35-45.

[15] TANG A, KHANAL S, VIRBILA G, et al. A 2.0GSPS two-stage quad-channel digital downconverter for a 380GHz spaceborne atmospheric HO monitoring instrument[J]. IEEE Transactions on Circuits and Systems II: Express Briefs, 2022, 70(1): 21-25.

[16] KUMAR A, MAJHI S, GUI G, et al. A survey of blind modulation classification techniques for OFDM signals[J]. Sensors, 2022, 22(3): 1020.

[17] ZHANG L, IJAZ A, XIAO P, et al. Filtered OFDM systems, algorithms, and performance analysis for 5G and beyond[J]. IEEE Transactions on Communications, 2017, 66(3): 1205-1218.

[18] 盛荣志. 通信卫星的抗干扰技术探究[J]. 电子通信与计算机科学，2022，4（6）: 4-6.

[19] PARK J M, SAVAGAONKAR U, CHONG E K P, et al. Allocation of QoS connections in MF-TDMA satellite systems: a two-phase approach[J]. IEEE Transactions on Vehicular Technology, 2005, 54(1): 177-190.

[20] MYUNG H G, LIM J, GOODMAN D J. Single carrier FDMA for uplink wireless transmission[J]. IEEE Vehicular Technology Magazine, 2006, 1(3): 30-38.

第 7 章
多通道数字信道化技术在阵列信号处理中的应用原理与案例

7.1 引言

阵列信号处理是信号处理领域的一个重要分支，在近 30 年来得到迅速发展，其应用涉及雷达、通信、声呐、地震、勘探、生物医学工程等众多军事及国民经济领域[1]。阵列信号处理是指将多个传感器设置在空间不同的位置组成传感器阵列，并利用这一阵列对空间信号场进行接收和处理，目的是提取阵列所接收的信号及其特征信息（参数），同时抑制干扰和噪声或不感兴趣的信息。因为传感器组一般按一定方式布置在空间的不同位置，形成传感器阵列，所以阵列信号处理也常被称为空域信号处理。与传统的单个定向传感器相比，传感器阵列具有灵活的波束控制、高的信号增益、极强的干扰抑制能力、高的空间分辨能力等优点，这也是阵列信号处理理论近几十年来得以蓬勃发展的根本原因。

多通道数字信道化技术在阵列信号处理中的应用主要体现在，阵列天线形成了多个传感器阵元，每个天线对应一个通道，则阵列天线形成了多个天线对应多个通道的处理。阵列信号处理中多个天线对应多个接收通道，实质上是单个天线对应单个通道的并行扩展，多个接收通道之间往往需要具有较好的幅度或相位一致性，以便于后续阵列信号处理应用。空间谱估计便是一种最常见的阵列信号处理技术，空间谱表示信号在空间各个方向上的能量分布。如果能得到信号的空间谱，就能得到信号的波达方向（Direction of Arrival，DoA），因此空间谱估计常被称为 DoA 估计或超分辨率估计[2]。

空间谱估计测向系统由多元天线阵、信道化接收机和数字信号处理设备 3 部分组成，如图 7.1 所示。其中，多元天线阵是对空间信号采集的传感器，各天线阵阵元接收到的信号幅度和相位与信号之间的关系及信号到达方向有关。天线阵可以布置成任意形式，各天线阵阵元的特性也可以各不相同。在空间谱估计测向中，最为成熟的是各阵元具有相同的特性，一般设为全向天线阵阵元，各阵元均匀等距地分布在一条直线上，阵元间隔一般取为工作波长的一半。多通道信道化接收机的作用是将多元天线阵接收的射频信号放大，再变频为便于 ADC 采样的中频信号，并把信号通过多相滤波器组划分成若干窄带信号输出。将信道化后的数据送入数字信号处理设备，数字信号处理设备按照人们预先编写的 DoA 估计算法对数字信号进行处理，估计出空中无线信号的来波方向。

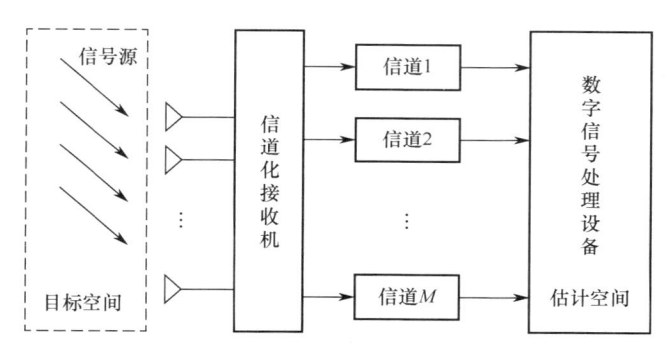

图 7.1　基于信道化接收的空间谱估计系统结构

7.2　阵列信号处理应用需求

7.2.1　多通道信道化处理

在一些场景的阵列信号处理应用中，如被动探测系统等，其阵列信号处理具有宽频率覆盖、大瞬时带宽等需求，多通道信道化处理技术被广泛用于被动探测系统等的阵列信号处理中。

被动探测系统中多个天线形成阵列布局，其接收通道数量与天线数量一致，即所谓的"多通道"。每个接收通道均要满足宽频率覆盖、大瞬时带宽等要求，考虑到后续阵列信号处理速率及并行处理能力，需要将大瞬时带宽的信号进行数字信道化处理，以保证瞬时带宽内信号的全概率接收，即所谓的"信道化"。多通道信道化处理实际上需要每个接收通道都进行信道化处理，即多通道并行信道化处理。因此，从物理实现角度看，多通道并行信道化处理可以采用并行处理器进行阵列信号处理，其中，并行处理器可以使用多个处理器各自独立处理一路通道信号，也可以使用同一个处理器并行处理多路通道信号[3]。可见，后者是目前阵列信号处理的最佳方案，处理器应具有并行处理能力，同时满足特殊场景应用的小型化需求。FPGA 处理器具备并行处理能力优势，满足上述多通道信道化处理的基本需求，但是面向不同阵列信号处理系统应用需求尚需要对 FPGA 的硬件资源进行有效评估，以满足多通道信道化及后续信号处理的资源需求。

7.2.2 信号 I/Q 提取与测频

在被动探测系统阵列信号处理应用中，往往需要提取多路通道信号的 I/Q 信息，并通过 I/Q 信息进一步计算信号的幅度、相位等信息，也可以直接用信号的 I/Q 信息实现空间谱估计[4]。下面对坐标旋转数字计算（Coordinate Rotation Digital Computer，CORDIC）算法实现幅度、相位信息提取及瞬时相位差测频进行讨论。

1. CORDIC 算法

CORDIC 算法可以用来计算指数和三角函数等基本函数，也可以用来进行对数、平方根和指数等运算。其基本原理是将初始向量经过不断旋转，通过迭代逐渐逼近所需要的目标向量。极坐标、直角坐标的变换及一般向量的旋转，都可以运用 CORDIC 算法来完成[5]。

CORDIC 算法由 n 次微旋转 α_i 来近似得到旋转角度 φ。φ 与 α_i 的关系可以近似表示为

$$\varphi = \sum_{i=1}^{n} d_i \cdot \alpha_i, \qquad d_i \in \{-1, 1\} \tag{7-1}$$

式中，旋转因子 $d_i = -\mathrm{sign}(y_i)$，可以用来确定第 i 次微旋转的方向；α_i 代表第 i 次微旋转的角度，且 α_i 值值恒为非负。如图 7.2 所示为 CORDIC 算法的第 i 次微旋转过程。

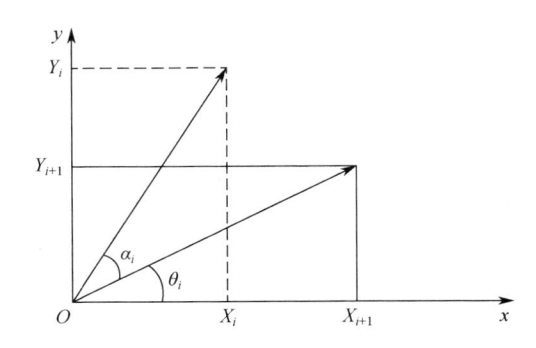

图 7.2 CORDIC 算法的第 i 次微旋转过程

假设第一次微旋转的角度 $\alpha_1 = 90°$，且 $\varphi = \theta_1$，那么此次微旋转后的坐标为

$$X_2 = r_2 \cos(\theta_1 + d_1 90°) \qquad (7\text{-}2)$$

$$Y_2 = r_2 \sin(\theta_1 + d_1 90°) \qquad (7\text{-}3)$$

为了便于算法实现，使微旋转角度满足 $\alpha_i = \arctan(2^{-i})$（$i > 1$）。因此，在第 2 次微旋转以后，满足

$$X_{i+1} = r_{i+1} \cos(\theta_i + d_i \alpha_i) = \sqrt{1 + 2^{-2i}} r_i \cos(\theta_i + d_i \alpha_i) = X_i - d_i Y_i 2^{-i} \qquad (7\text{-}4)$$

$$Y_{i+1} = r_{i+1} \sin(\theta_i + d_i \alpha_i) = \sqrt{1 + 2^{-2i}} r_i \sin(\theta_i + d_i \alpha_i) = Y_i + d_i X_i 2^{-i} \qquad (7\text{-}5)$$

式中，$X_i = r_i \cos \theta_i$，$Y_i = r_i \sin \theta_i$。

CORDIC 算法的输出可以用方程组表示为

$$\begin{cases} X_{i+1} = X_i - d_i Y_i 2^{-i} \\ Y_{i+1} = Y_i + d_i X_i 2^{-i} \\ Z_{i+1} = Z_i - d_i \arctan(2^{-i}) \end{cases} \qquad (7\text{-}6)$$

当 i 趋于无穷大时，CORDIC 算法得到的 X、Y 和 Z 收敛的结果如图 7.3 所示。

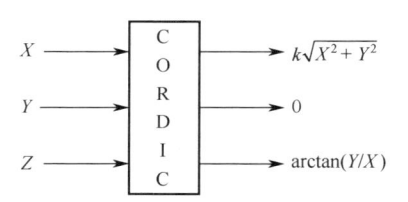

图 7.3 CORDIC 算法得到的 X、Y、Z 收敛的结果

在完成所有微旋转后，可以通过乘以补偿因子来保证其最后范数不变。补偿因子 k 随着微旋转次数的不变而确定，且通常为常数，有 $k = \prod_{i=1}^{n} \sqrt{1 + 2^{-2i}}$。在 n 次递推运算后有 $X \to k\sqrt{X^2 + Y^2}$，从而可以提取与初始向量 $\boldsymbol{L} = [X_1, Y_1]$ 相对应的幅度信息，也就是每个信道的能量信息。

相应地，也可以得到相位 ϕ。设微旋转 i 次后的角度是 Z_{i+1}，并取 $Z_1 = 0$，由以上结论可以得出递推公式：$Z_{i+1} = Z_i - d_i \alpha_i$，最终当 $n \to \infty$ 时，$|Y_n| \to 0$，$Z_\infty \to \phi = \arctan(Y_i / X_i)$，据此能够提取与初始向量 $\boldsymbol{L} = [X_1, Y_1]$ 相对应的相位信息。

2．信号幅度检测

1）自适应幅度检测门限

在运用 CORDIC 算法计算获得信号的相位、幅度信息之后，若要提取脉

冲信息，则需要采用幅度判决方式来实现。当无信号输入信道化接收机时，只存在噪声。若噪声是高斯白噪声，其概率密度函数和信号包络的概率密度函数分别服从高斯分布和瑞利分布[6]，那么虚警概率表达式为

$$P_{\text{fas}} = \int_{V_T}^{\infty} \frac{r}{\sigma^2} e^{-\frac{r^2}{2\sigma^2}} dr = e^{-\frac{V_T^2}{2\sigma^2}} \quad (7\text{-}7)$$

式中，P_{fas} 表示虚警概率，V_T 表示幅度检测门限，r 表示信号包络幅度，σ^2 表示噪声方差。式（7-7）还可以表示为

$$V_T = \sqrt{-2\sigma^2 \ln(P_{\text{fas}})} \quad (7\text{-}8)$$

由式（7-8）可以发现，当条件满足恒虚警概率检测时，只有噪声方差能限制幅度检测门限 V_T 的大小。信号幅度检测门限定义为[7]：

$$V_T[n] = \mu + \beta \frac{\sum_{m=1}^{M/2} A_m[n]}{M/2} \quad (7\text{-}9)$$

式中，$V_T[n]$ 表示幅度检测门限，μ 表示噪声基底，β 表示门限系数，$A_m[n]$ 表示第 m 个子信道输入信号的幅度。

由式（7-9）可以看出，信号幅度均值不是一个固定的量值，是随输入信号的幅度变化而变化的。当只输入信号到第 m 个子信道时，得到的幅度均值比噪声幅度高，但比输入信号幅度低。若所有子信道只输入噪声，当信噪比较低时，不能确保幅度均值大于每个子信道输入噪声的幅度，应该对幅度均值乘以 β，再加上 μ，最终得到的运算结果 $V_T[n]$ 才可以用来对信号进行幅度检测，从而输出信号脉冲。

2）二次幅度检测

因为输入信道化接收机中的噪声是随机噪声，所以可能出现没有信号输入时提取到的信号幅度比幅度检测门限大的情况，或者在输入脉冲信号后提取到的信号幅度比幅度检测门限小的情况，导致幅度检测结果出错。若不想因为随机噪声产生误判，则可以使用二次幅度检测的方式提取信号脉冲。具体检测的规则为：将信号的幅度与幅度检测门限进行比较，如果连续 N 次都大于幅度检测门限，则把输出的标志定为 1；反之，如果都比幅度检测门限小，则把输出的标志定为 0。若需要在 FPGA 中提取信号幅度，则在对信号做二次幅度检测时，必须把信号脉冲向后延迟至 N 个处理时钟。

3）幅度检测仿真

利用计算机软件产生载频为 900MHz 的脉冲信号，运用 CORDIC 算法计算获得信号幅度，可以得到不同信噪比下的检测概率如图 7.4 所示。

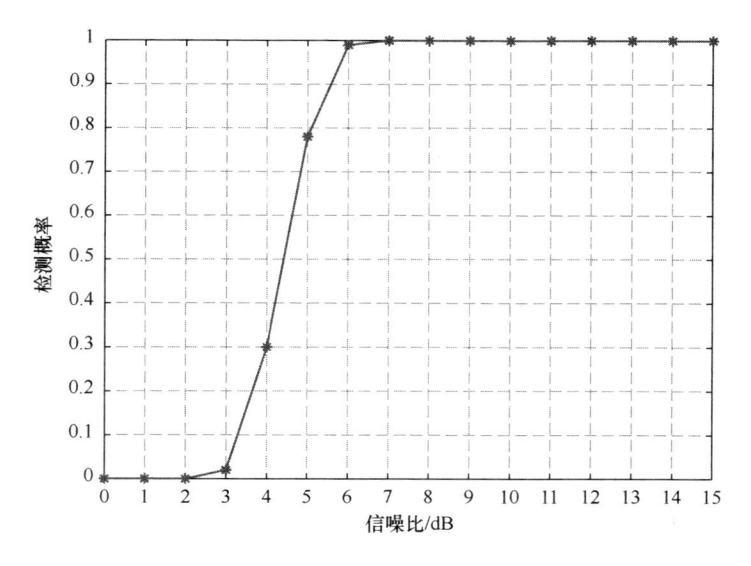

图 7.4　不同信噪比下的检测概率

由图 7.4 可知，输入信噪比为 7dB 及以上才可以准确无误地对信号幅度进行判决，当信噪比较低时同步脉冲提取会出现幅度错判。在 FPGA 中实现时，将输入信号幅度连续多点均高于幅度检测门限作为同步脉冲起始标志，而将输入信号幅度连续多点均低于幅度检测门限作为同步脉冲结束标志，从而在低信噪比情况下提取脉冲。

在计算机软件中生成载频为 900MHz、信噪比为 2dB 的脉冲信号，经过信道化模块后可以得到信号的 I、Q 两个分量，利用 CORDIC 算法可以得到信号幅度，按照式（7-9）设置信号幅度检测门限，将门限系数设置为 2，噪声基底选定为所有子信道中的最小幅度，设置二次幅度检测的点数 N 为 14 点，仿真结果如图 7.5 所示。分析图 7.5 可以发现，幅度检测门限位于噪声和信号之间，经过自适应门限检测后可以得到一种幅度检测结果，该结果并不准确，而二次幅度检测消除了随机噪声带来的影响，能够得到正确的输出信号脉冲。

3．瞬时相位差测频

时域测频法和频域测频法是在硬件应用中经常使用的两种测频方法。常见的测频方法之一是 FFT 测频法，其主要优点是在选取特别多的 FFT 点数情况下可以获得更精确的测频值，并具有良好的抗噪性能；其缺点是在硬件应用中会占用大量的资源，并产生较高的延时。瞬时相位差测频法相比 FFT 测频法的优点显而易见，主要是运算时间短、实时性高[8]。由于信道化接收

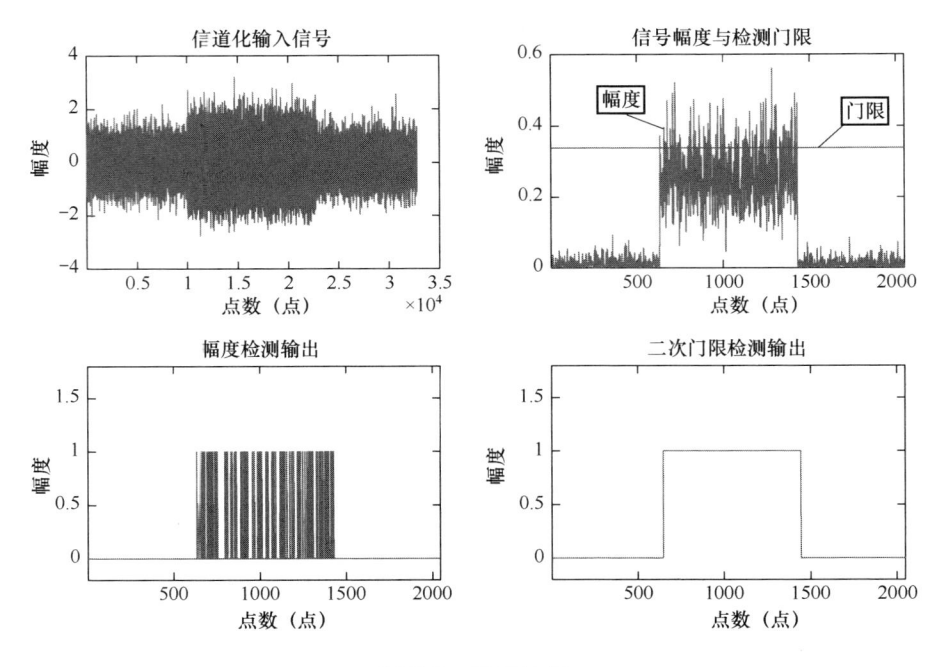

调制滤波器组技术及其在数字接收机中的应用

图 7.5 仿真结果

机需要对输入的信号进行实时信道判决,因此,本设计采取时效性更高的瞬时相位差测频法进行频率的测量。

在模拟域中,频率是相位的一阶导数,连续信号 $x(t)$ 的频率 $f(t)$ 与其相位 $\phi(t)$ 的关系为

$$f(t) = \frac{\mathrm{d}\phi(t)}{\mathrm{d}t} \tag{7-10}$$

在数字域中,频率 $f(n)$ 与相位 $\phi(n)$ 之间的关系满足

$$f(n) = \frac{\phi(n) - \phi(n-1)}{2\pi T} \tag{7-11}$$

式中,T 表示信号周期。因为正弦信号的周期为 2π,所以,信号的瞬时相位 $\phi(n)$ 在 $[-\pi, \pi]$ 周期内均匀递减或递增。在测频时采用的两个相位需要处于同一 2π 区间内,若不满足这种情况,就要在瞬时相位 $\phi(n)$ 上加一个修正序列 $c[n]$,有

$$c[n] = \begin{cases} c[n-1] + 2\pi, & \phi[n] - \phi[n-1] \leqslant -\pi \\ c[n-1] - 2\pi, & \phi[n] - \phi[n-1] \geqslant \pi \\ c[n-1], & \text{其他} \end{cases} \tag{7-12}$$

为了减小噪声对信号测频的影响,可以采用 N 点瞬时相位差求平均的方

法，即

$$f = \frac{\sum_{n=1}^{N}[\phi(n)-\phi(n-1)+c[n]]}{N \times 2\pi T} \quad (7\text{-}13)$$

在仿真软件中分别输入起始频率为 1031.25MHz、终止频率为 1068.75MHz 的线性调频信号及载频为 815MHz 的正弦波信号，如图 7.6 所示为瞬时测频仿真结果。信道 5 的中心频率为 1050MHz，信道 11 的中心频率为 825MHz，图 7.6 中显示的是偏离信道中心的频率，将其与信道中心频率做差可以求得信号载频。

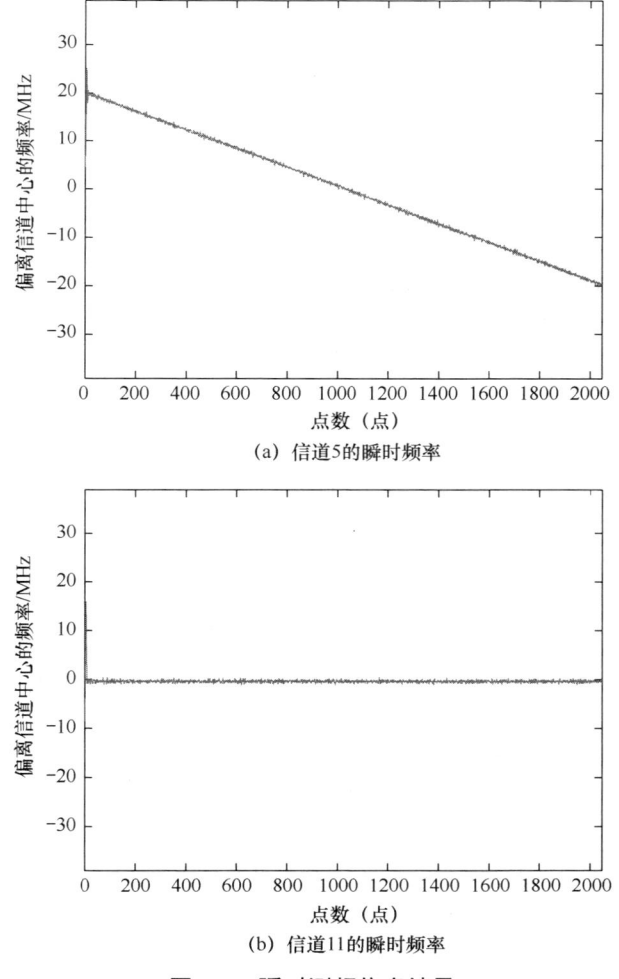

(a) 信道5的瞬时频率

(b) 信道11的瞬时频率

图 7.6 瞬时测频仿真结果

如表 7.1 所示为在输入信噪比为 0~10dB 的条件下，对载频随机的常规信号进行 500 次蒙特卡罗试验后得到的测频误差。

表 7.1 相位差测频误差

4 点相位差											
输入信噪比/dB	0	1	2	3	4	5	6	7	8	9	10
均方根误差/MHz	0.86	0.80	0.74	0.65	0.56	0.51	0.45	0.42	0.37	0.34	0.27
8 点相位差											
输入信噪比/dB	0	1	2	3	4	5	6	7	8	9	10
均方根误差/MHz	0.46	0.42	0.37	0.35	0.28	0.24	0.21	0.18	0.17	0.16	0.15

通过对比可以发现，测频误差对噪声敏感，当信噪比逐渐增大时，测频误差相应减小；进行算数平均的点数也会影响测频误差，在相同信噪比条件下，8 点相位差的测频误差比 4 点相位差的测频误差小 0.1MHz 以上，但是由于 8 点相位差取平均需要等待的延时较大，而 4 点相位差取平均的测频误差已经满足项目要求，因此选择 4 点相位差取平均进行频率的计算。

7.2.3 脉冲宽度和到达时间测量

针对雷达信号侦察的阵列信号处理应用，对雷达信号脉冲宽度和到达时间进行测量。通过对一个通道接收信号进行信道化处理，提取有信号输出的子带信道，完成信号的幅度检测和信道判决，得到脉冲信号。

雷达信号的脉冲宽度和到达时间的提取可以在 FPGA 中实现，使用固定时钟对脉冲进行计数即可测量雷达信号的脉冲宽度和到达时间。假设在设计中选取信道化处理时钟 78.125MHz 作为计数时钟，计数时钟周期为 12.8ns。信道化复位结束后，系统计数时钟开始计数，当检测到脉冲上升沿时，锁存当前的计数值作为脉冲的到达时间，并开始脉冲宽度的计数，脉冲宽度的计数维持到脉冲结束，并将计数值保持直到脉冲宽度测量值锁存结束。

相邻两个脉冲到达时间的差值即脉冲重复周期，其是信号分选的重要参数。根据不同设计指标的要求进行设计，假设要求脉冲重复周期的范围为 10μs~5ms，测量误差小于 0.2μs，计数时钟周期为 12.8ns，则可以满足误差要求。系统的采样周期为 200ms，因此最大脉冲的到达时间不大于 200ms，24 位的量化位宽可以满足到达时间的测量要求。假设系统要求测量的最小脉冲宽度为 200ns，信道化处理时钟在最小脉冲上有 15 个采样点，能够提取出信号脉冲并测量最小脉冲宽度；最大脉冲宽度为 2000μs，计数时钟在该脉冲上有 156250 个采样点，脉冲宽度选择 18 位量化就可以满足要求。

7.2.4 到达角测量

阵列信号处理应用中所需的到达角测量往往从角度测量范围进行技术指标约束。例如，方位和俯仰角度测量范围为 $-30°\sim30°$，其对到达角测量范围进行了约束，超过该测量范围的信号将不予考虑[9]。

各个通道的中频采样信号经过信道化处理输出的同相正交分量，经过 CORDIC 算法可以得到每个通道的输出相位。通道相位差作为脉冲描述字的一项传送给 DSP 进行聚类，可以用于雷达信号的预分选，不同通道的相位差反映了输入信号的空间信息，即信号的到达角（Angle of Arrival，AoA）[10]。在阵列信号处理中，到达角的测量采用幅度法、相位法。其可以实现方位角和俯仰角的测量，进而完成到达角的测量。同时，空间谱估计实现阵列信号处理中的到达角测量也是常用方法，如利用多信号分类（Multiple Signal Classification，MUSIC）算法实现阵列信号处理中的到达角测量[11]。

7.3 阵列信号处理平台核心构架

7.3.1 早期阵列信号处理平台构架

阵列信号处理应用中所需的阵列信号处理平台架构直接影响阵列信号处理的水平和发展，这与不同时期的信号处理器和平台的处理能力密不可分。数字信号处理器（Digital Signal Processor，DSP）作为一种实现信号处理的核心处理器，一直被广泛应用于语音、图像、通信系统、雷达信号处理等相关领域。

DSP 是最早出现的专用数字信号处理器，通过内嵌硬件乘法器及累加器等，它能在一个时钟周期内执行一次乘法累加运算，而在 CPU 中往往需要多个时钟周期。DSP 通常提供了专门的算法指令，这使得一些算法的实现速度得到较大提升，因而 DSP 的运算性能相对于通用 CPU 有了较大的提高。DSP 虽然具有较强的运算性能，但它在高速实时并行信号处理方面存在不足，应用受到限制。尽管在应用中使用多个 DSP 进行协同处理，或者在一个 DSP 内集成多个 DSP 核，可以在一定程度上弥补其速度方面的不足，但使用多个 DSP 将大大增加编程及电路设计和制作的难度，同时将提高设计成本。

在阵列信号处理发展早期，数字信号处理器也被广泛应用于阵列信号处理中，典型代表为 TI 公司和 ADI 公司的数字信号处理器。由于阵列信号处理具有并行多通道处理的特点,因此数字信号处理器需要具备多通道并行处理能力。TI 公司和 ADI 公司的早期数字信号处理器都是单核处理器,因此,早期用于阵列信号处理的阵列信号处理平台往往需要多个 DSP 进行并行信号处理[12]。

在阵列信号处理的信号预处理方面,早期信号预处理平台架构往往采用 FPGA 来实现,FPGA 具有并行计算处理能力,典型代表为 Xilinx 公司和 Altera 公司的 FPGA 产品。但是,早期的 FPGA 资源有限,限制了阵列信号处理平台架构的设计。FPGA 是由大量可编程逻辑单元组合而成的,它兼具专用集成电路 ASIC 的高性能和通用处理器 GPP 的灵活性、重复性。FPGA 可以简单地使用触发器(FF)来实现时序逻辑,并通过查找表(LUT)来实现组合逻辑,其对精密逻辑时序具有较强的控制能力。现代 FPGA 内部通常还含有硬化组件来实现一些常用的功能,如全处理器内核、通信内核、计算内核和块内存(BRAM)等,其基于硬件的流水线处理模式使得它具有天然的并行高速处理性能,这是一般 DSP 望尘莫及的。然而,FPGA 也有其不足的地方,例如,难以实现除法运算及矩阵分解运算等复杂的算法,在此情况下编程难度大、运算效率低。

以 ADI 公司早期数字信号处理器和 Xilinx 公司 FPGA 在阵列信号处理中的应用为例,其早期 4 通道阵列信号处理平台架构如图 7.7 所示。

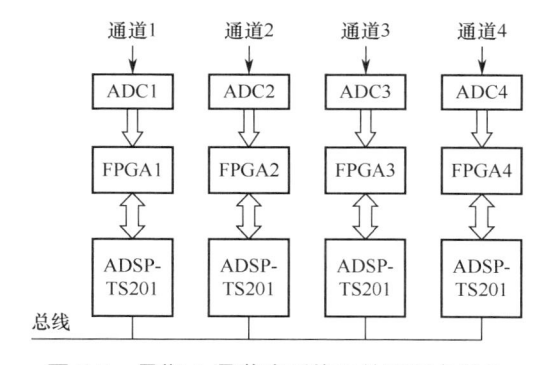

图 7.7 早期 4 通道阵列信号处理平台架构

如图 7.7 所示的早期 4 通道阵列信号处理平台架构中采用了 4 片 FPGA 分别对每个通道信号进行预处理,处理后信号送入 ADI 公司的 TigerSHARC 处理器 ADSP-TS201 中进行数字信号处理,4 片 ADSP-TS201 可以通过链路口形成一个网状松耦合式系统。由于早期阵列信号处理应用受到 FPGA 资源和 DSP 单核处理等元器件发展水平的限制,因此,早期阵列信号处理平台架构呈现器件数量多、实物面积大等特点,单个处理器的处理速率等技术指标也相对较低。

7.3.2　现代阵列信号处理平台构架

随着电子元器件水平的不断发展，从专用集成电路到通用数字信号处理器，再到现场可编程逻辑门阵列，以及中央处理器、图形处理器等的出现给数字信号实时处理系统的搭建提供了多种选择，基于上述几种信号处理芯片的多种组合架构系统在许多领域得到了广泛应用。目前，主流的信号实时处理系统硬件架构主要有 FPGA+DSP 方式、FPGA+CPU 方式、FPGA+GPU 方式等组合方式。随着 FPGA 资源的不断丰富和 DSP 多核处理器的出现，现代阵列信号处理平台架构在硬件资源、处理速率、小型化能力等方面的性能得到大幅提升。以 FPGA+DSP 方式的设计架构为例，图 7.8 给出了一种 8 通道现代阵列信号处理平台架构。

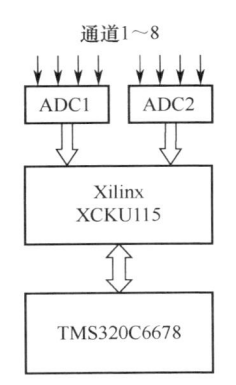

图 7.8　8 通道现代阵列信号处理平台架构

8 通道阵列天线接收的模拟信号通过两片高速 ADC 进行数据采集，其中，每片高速 ADC 内部集成了 4 通道模数转换器，ADC1 和 ADC2 共同完成 8 路模拟信号的采集与转换处理。高速 ADC 输出的 8 通道数字信号送入 Xilinx 公司的同一片 XCKU115 芯片完成并行数据预处理，预处理后数据送 TI 公司的 TMS320C6678，完成阵列信号处理相关算法。8 通道现代阵列信号处理平台架构与早期阵列信号处理平台架构相比，由于 FPGA 的资源增多，单片 FPGA 的资源达到早期 FPGA 资源的数十倍，因此，单片 FPGA 的资源就可以满足同时处理 8 通道阵列信号处理环节预处理算法的需求。TI 公司推出的 TMS320C6678 型号的 DSP 处理器是一款 8 核处理器架构，相比早期的单核 DSP 处理器，单个该型号的 DSP 处理器即可达到 8 个早期单核 DSP 处理器的基本功能，因此，其在现代阵列信号处理平台架构中被广泛使用。

7.4　多通道阵列信号处理中的数字信道化器应用

7.4.1　通用多通道阵列信号处理硬件平台

通用多通道阵列信号处理硬件平台主要包括阵列天线、微波模块、ADC 模块、FPGA 模块和 DSP 模块[13,14]。如图 7.9 所示为 8 通道阵列信号处理硬件平台架构。使用 8 个天线对信号进行接收，利用微波模块将射频信号经过下变频处理得到 8 路中频信号，传入 ADC 模块进行采样。8 路采样后的数字信号进入 FPGA 模块，分别进行 8 通道数字信道化，8 个数字信道划分为 1 个主信道和 7 个从信道。主信道的信号信道化后进行数字检波，得到脉冲描述字（Pulse Discreption Word，PDW）等参数送至 DSP 模块。DSP 模块根据 PDW 参数进行分选，根据分选结果威胁等级确定跟踪目标。通过信道化得到 8 路 I、Q 量，用于阵列信号处理中的空间谱估计测向，其空间谱估计测向在 DSP 模块中实现。

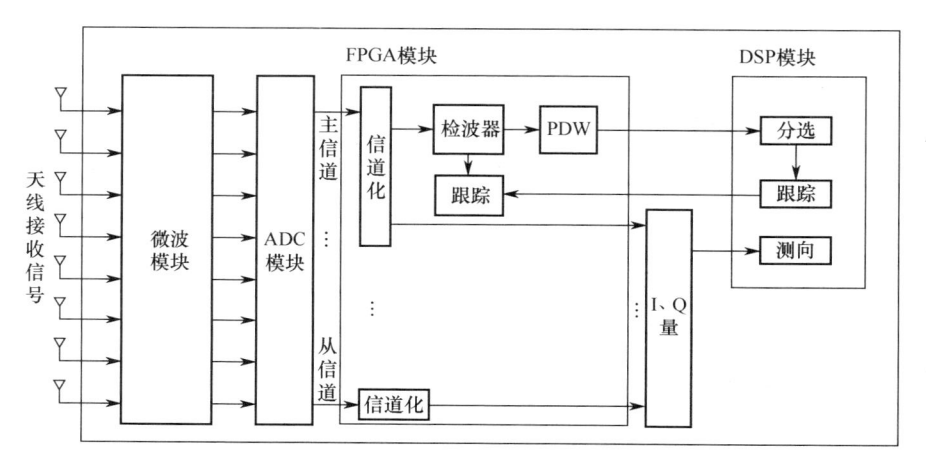

图 7.9 8 通道阵列信号处理硬件平台架构

7.4.2 并行多通道数字信道化器

并行多通道数字信道化器主要在 FPGA 中实现信道化器相关功能，以图 7.9 为例，即需要在 FPGA 中实现 8 通道数字信道化器功能。由于 8 通道数字信道化器功能一致，所以，就数字信道化器功能来看，8 通道并行处理的计算资源消耗相当于单通道数字信道化器资源消耗的 8 倍。因此，只需要考虑单通道数字信道化器的具体设计参数和技术指标，就可以设计得到并行 8 通道数字信道化器[15]。

在单通道数字信道化器设计中，针对调制滤波器组技术在数字信道化中的应用，可以分析数字信道化器相关参数设计、性能指标及其对系统总体指标的影响。单通道数字信道化器具体设计指标包括瞬时带宽、采样率、子带信道带宽、有效子带信道数、信道重叠过渡带宽、信道化滤波器阻带衰减等参数。其中，瞬时带宽和采样率是系统总体指标参数，也是数字信道化器设计的核心技术指标，直接决定了数字信道化器满足应用需求的能力。以被动探测系统阵列信号处理应用为例，该系统往往需要具备较大的瞬时带宽和较高的采样率，常见的瞬时带宽可以达到 1GHz 或 2GHz，对应的采样率需要达到 2GHz 或 4GHz 以上。在确定了瞬时带宽的基础上，面向实际应用需求，需要确定有效子带信道数和子带信道带宽，这两个指标的乘积即瞬时带宽。对接收机系统灵敏度指标进行分析可知，大瞬时带宽将导致接收机的灵敏度降低，数字信道化器在保证接收机全概率信号接收的同时，也能通过减小子带信道带宽提升接收机的灵敏度[16]。因此，在实际系统设计时，需要通过系统灵敏度要求，计算得到子带信道带宽的具体设计参数。此外，信道重叠过渡带宽、信道化滤波器阻带衰减等参数是围绕数字信道化器中原型滤波器设计所约束的参数要求，其参数设置对后续信号检测方法、检测性能将产生影响，也需要通过具体实际应用场景进行分析，确定具体参数值。如图 7.10 所示为 8 通道阵列信号处理系统数字信道化器实现基本方案。

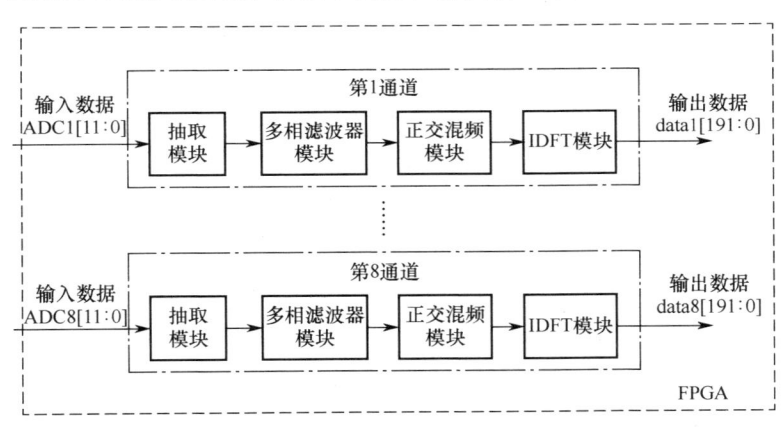

图 7.10　8 通道阵列信号处理系统数字信道化器实现基本方案

7.4.3　窄过渡带信道化器低复杂度实现方法

在传统数字信道化器往往采用 50%子信道重叠性能的基础上，本节提出了具有窄过渡带信道化器的具体实现方法。传统数字信道化器采用 50%子信道重叠设计，主要是因为早期的 FPGA 硬件资源有限，特别是 FPGA 内部乘法器数量相对较少，而数字信道化器中原型滤波器设计往往根据原型滤波器阶数大小确定乘法器的资源消耗。由数字滤波器的设计原理可以发现，50%子信道重叠的滤波器设计能够最大限度减小原型滤波器阶数，进而使乘法器的资源消耗较少。窄过渡带信道化器中的原型滤波器阶数远远高于 50%子信道重叠数字信道化器中的原型滤波器阶数，因此，在早期 FPGA 中乘法器数量有限的情况下，很难完成窄过渡带数字信道化器的工程实现。然而，从调制滤波器组理论和设计方法研究可以发现，理想的调制滤波器组中原型滤波器的理想特性是矩形窗函数特性，即窄过渡带数字信道化器更符合理想滤波器组的滤波特性。因此，传统数字信道化器采用 50%子信道重叠的设计是在 FPGA 资源有限条件下的一种性能折中的有效实现方案。随着现代 FPGA 处理器资源的丰富，FPGA 内部的乘法器数量逐步增多，为窄过渡带数字信道化器的实现提供了有效的硬件平台支撑。在 FPGA 处理器资源丰富的情况下，完整的系统设计也需要考虑价格成本，FPGA 处理器资源丰富的系列产品价格往往较高，这就需要从窄过渡带数字信道化器设计方面考虑如何降低自身的计算复杂度，即在窄过渡带特性的基础上尽可能降低窄过渡带数字信道化器的乘法器资源消耗。

此外，数字信道化接收机在实现全概率接收、宽带信号和同时到达信号实时接收和处理的同时，依然存在信号跨信道等问题。对重构滤波器组的研究发现，利用窄过渡带数字信道化器有利于减小信号重构误差。同时，当一些场景应用需要增加信道数量时，也需要设计具有窄过渡带特性的数字信道化器。尽管新型 FPGA 内部乘法器数量越来越多，但是在阵列信号处理中，用单片 FPGA 实现多通道数字信道化器时，依然需要大量的乘法器资源，这就需要在数字信号处理层面对窄过渡带数字信道化器进行优化设计，从而降低窄过渡带数字信道化器的计算复杂度。设计具有低复杂度的窄过渡带原型滤波器，并利用多速率信号处理技术将其扩展至信道化结构中，实现信道化结构的复杂度降低，有利于将其推广到工程实现中。

频率响应屏蔽技术因在窄过渡带原型滤波器设计方面的优势而被广泛应用。目前，业界有适用于宽带数字信道化器的基于 FRM 的非最大抽取可变带宽的滤波器组、基于 FRM 技术的非均匀余弦调制滤波器组等，因此，FRM 等相关技术的应用，可以助力人们设计出具有窄过渡带特性的低复杂度数字信道化器，进而提供工程实现解决方案[17]。

7.5 多通道数字信道化技术在阵列信号处理中的应用案例

本节从多通道数字信道化技术在阵列信号处理中的应用案例角度出发，以典型系统应用为背景，讨论和分析多通道数字信道化技术在阵列信号处理中的典型应用。本节以 8 阵元阵列信号处理在被动测向系统中的应用为例，介绍一种基于多相滤波器组的信道化接收机实现、信号检测判决与参数提取的 FPGA 实现案例。在系统实现方面，由 FPGA 完成多通道数字信道化预处理和参数测量功能，由 DSP 完成雷达信号的分选、测向功能。

7.5.1 阵列信号处理案例需求分析

典型 8 阵元阵列信号处理在被动测向系统中的功能要求如下。

（1）对 8 路 ADC 输出信号同时进行 1∶16 的串并转换，并同时输入 8 个并行的信道化模块中，数据速率由 1.2GSPS 转换为 75MHz。

（2）选取其中 1 路 ADC 输出作为主信道的输入，主信道对输入信号进行信道化处理输出 I、Q 量，经过 CORDIC 算法计算得到信号幅度和相位，提取信号脉冲、瞬时相位差测量信号载频（CF），完成信道判决，并选择有脉冲信号的信道测量信号脉冲宽度（PW）和到达时间（ToA）。主信道提取的信号脉冲作为整个系统的同步脉冲输出至其他 7 个信道。

（3）将通道的 CF、PW、ToA 共同组成脉冲描述字（PDW），通过 EMIF 接口传送给 DSP 进行信号分选，并根据分选结果下发跟踪信号信息。

（4）根据 DSP 下发的信息对信号进行跟踪，跟踪成功后连续提取 8 个 I、Q 量，通过 FIFO 传输给 DSP 进行测向。

典型 8 阵元阵列信号处理在被动测向系统中的技术指标如下。

（1）输入信号频率范围：675～1125MHz。

（2）信道化数量：16 个。

（3）ADC 采样率：1.2GHz。

（4）子带宽度：37.5MHz。

（5）载频测量误差：≤1MHz。

（6）脉冲重复周期测量范围：10μs～5ms。

（7）动态范围：≥40dB。

（8）脉冲宽度测量范围：20ns～2000μs。

7.5.2　8 阵元阵列信号处理软硬件设计方案

1. ADC 芯片选择

高速 ADC 芯片的性能关系着数字信道化接收机的瞬时带宽和动态范围。按照设计指标的要求，表 7.2 给出了常用高速 ADC 的型号对比。

表 7.2　常用高速 ADC 的型号对比

芯片型号	采样率/GSPS	通道数量/个	分辨率/bit	生产厂商
AT84AS004	2	1	10	ATMEL
TS83102G0B	2	1	10	ATMEL

（续表）

芯 片 型 号	采样率/GSPS	通道数量/个	分辨率/bit	生 产 厂 商
ADC08D1500	1.5	2	8	TI
MAX108	1.5	1	8	Maxim
EV10AQ190	1.25	4	10	E2V

综合 ADC 的有效位数，以及无杂散动态范围和接口电平的方式等指标，选用了 E2V 公司的 EV10AQ190 芯片作为高速 ADC 芯片。EV10AQ190 的有效位数是 7.2bit，无杂散动态范围为 54dBc，接口电平方式为 LVDS。ADC 采用 4 通道模式，采样时钟为 1.2GHz，其中，XDR 是 600MHz 的 ADC 随路时钟输出，X0~X9 是 ADC 采样率，随着 XDR 以 DDR 模式输出。

2．FPGA 芯片选择

FPGA 芯片通常根据性能、容量、速度、逻辑单元数、功耗和可用 I/O 引脚数等参数进行选择，设计选用 Xilinx 公司的 Virtex-7 系列的 XC7VX690T 型号芯片。Virtex-7 系列的 FPGA 内部具有丰富的可编程逻辑、DSP 硬核和高达 640MHz 的高性能存储器接口。XC7VX690T 芯片有 3600 个 DSP48E 资源、69.312 万个逻辑单元可用 I/O 引脚数为 850 个，可以实现不同的复杂算法。以 50%子信道重叠特性设计可以满足数字信道化器对各种逻辑资源的需求。

8 阵元阵列信号处理的多通道数字信道化器硬件架构设计最终采用一片 Xilinx 公司的 FPGA 芯片（XC7VX690T）、两片 E2V 公司的 ADC 芯片（EV10AQ190）、一片 TI 公司的 DSP 芯片（TMS320C6678）和相关的 Flash 芯片，其中，FPGA 和 DSP 通过 EMIF 接口和 SRIO 接口实现数据传输。多通道数字信道化器硬件架构设计框图如图 7.11 所示。

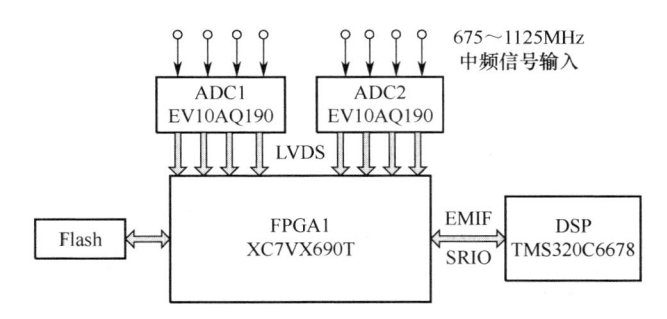

图 7.11 多通道数字信道化器硬件架构设计框图

3. 系统软件设计

系统软件工作流程如图 7.12 所示。根据系统的硬件和功能指标要求，信号处理板的工作流程如下。

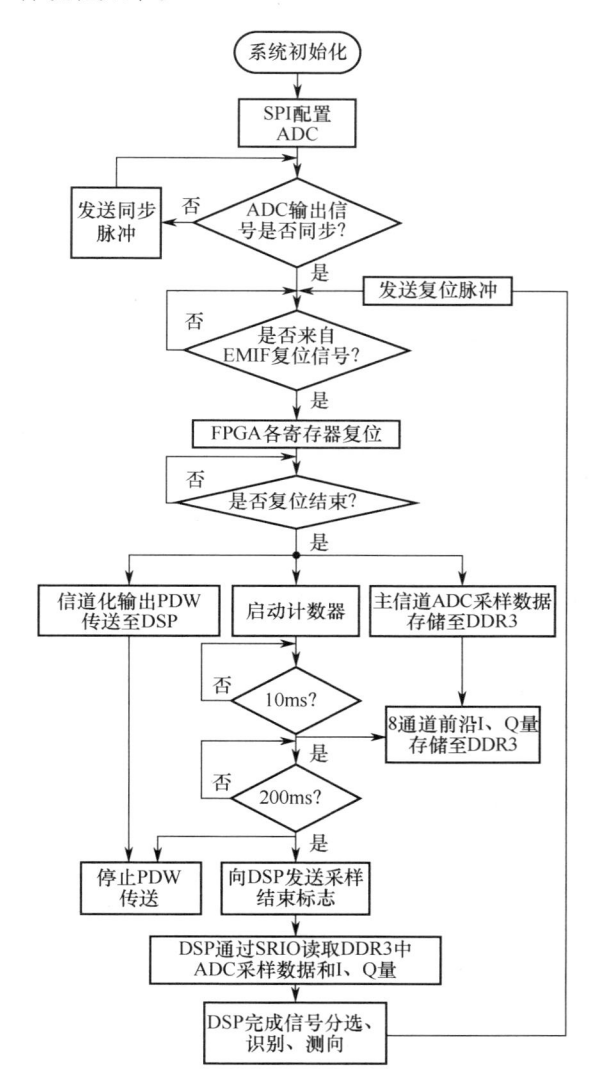

图 7.12 系统软件工作流程

（1）系统上电，各模块初始化，完成 ADC 寄存器配置，8 路 ADC 输出信号同步，ADC 随路时钟为 600MHz，输出数据速率为 1.2GSPS，数据为 DDR 形式。

（2）对 8 路 ADC 输出信号同时进行 1∶16 的串并转换后同时输入 8 个

并行的信道中，数据速率由 1.2GSPS 转换为 75MHz。

（3）选取其中 1 路 ADC 输出信号作为主信道的输入，主信道对输入信号信道化处理输出 I、Q 量，经过 CORDIC 算法计算生成信号幅度和相位，提取信号脉冲、瞬时相位差测量信号载频（CF），完成信道判决，并选择有脉冲信号的信道测量信号脉冲宽度（PW）和到达时间（ToA）。将主信道提取的信号脉冲作为整个系统的同步脉冲，输出至其他 7 个信道。

（4）在 8 个数据通路中选取一路水平基线和一路垂直基线（近似），在每个同步脉冲上升沿稳定后取 9 个相位，并后向差分取均值，完成基线相位差（AoA）的测量，与 CF、PW、ToA 等共同组成脉冲描述字（PDW）。

（5）DSP 通过 EMIF 接口向 FPGA 发送一个正脉冲，FPGA 将这个正脉冲作为信道化复位信号，用于复位信道化模块中的各个寄存器，将正脉冲下降沿作为数据存储与传送的开始标志，并启动计时器计时，一直计时到 200ms。

（6）在计时器计时的 200ms 内，FPGA 将测得的 PDW 参数组帧存储至 FIFO，DSP 通过 EMIF 接口读取 FIFO 中的数据，并用于信号分选。

（7）在计时器计时的前 10ms 内，ADC 通路 1 输出的采样数据存储在 DDR3 中。

（8）8 个信道在同步脉冲上升沿稳定后连续提取 8 路 I、Q 量，计时器计时的后 190ms，将采集的多路 I、Q 量存储至 DDR3 中。

（9）200ms 结束后，DSP 通过 SRIO 接口从 DDR3 中读取 ADC 采样数据和 I、Q 量，分别用于脉内识别和阵列测向，完成一个工作周期。

7.5.3 数字信道化器设计与实现

在搭建硬件平台之前需要先在软件中进行实现，整个设计过程包含数字信道化实现、幅度测量、信号测频、信道判决、到达时间和脉冲宽度测量等。选取信道 1 作为主信道，其信道化、幅度判决、频率测量、脉冲描述字提取等流程如图 7.13 所示。

系统输入信号频率范围为 675～1125MHz，有效子带信道数为 16 个，采样率为 1.2GHz，根据这些参数信息确定数字信道化器各子带信道设计参数如表 7.3 所示。

本设计需要处理的中频信号的频率为 675～1125MHz，因此，在经过信道化结构后进行后续处理时考虑信道 3～15 即可。

1. 串并转换模块

ADC 输出随路时钟为 600MHz，采样数据在随路时钟的上下沿输出，相

第 7 章　多通道数字信道化技术在阵列信号处理中的应用原理与案例

当于输出 1.2GHz 的串行数据,在 FPGA 内部无法直接处理如此高速率的信号,因此需要降低数据速率。将 K 倍抽取模块置于滤波器组前可以降低数据速率。这里进行 16 路均匀信道化,也就是 $M/2=16$,那么可以得到 $K=M/2=16$,处理完的数据流时钟降为 $1200/16=75\text{MHz}$。此外,由于 EV10AQ190 输出数据的类型是 10bit 偏移二进制类型,而在 FPGA 中传输数据的类型为二进制补码类型,因此,需要将数据首位取反得到二进制补码,以便于多相滤波的处理。ADC 采样数据的串并转换过程如图 7.14 所示。

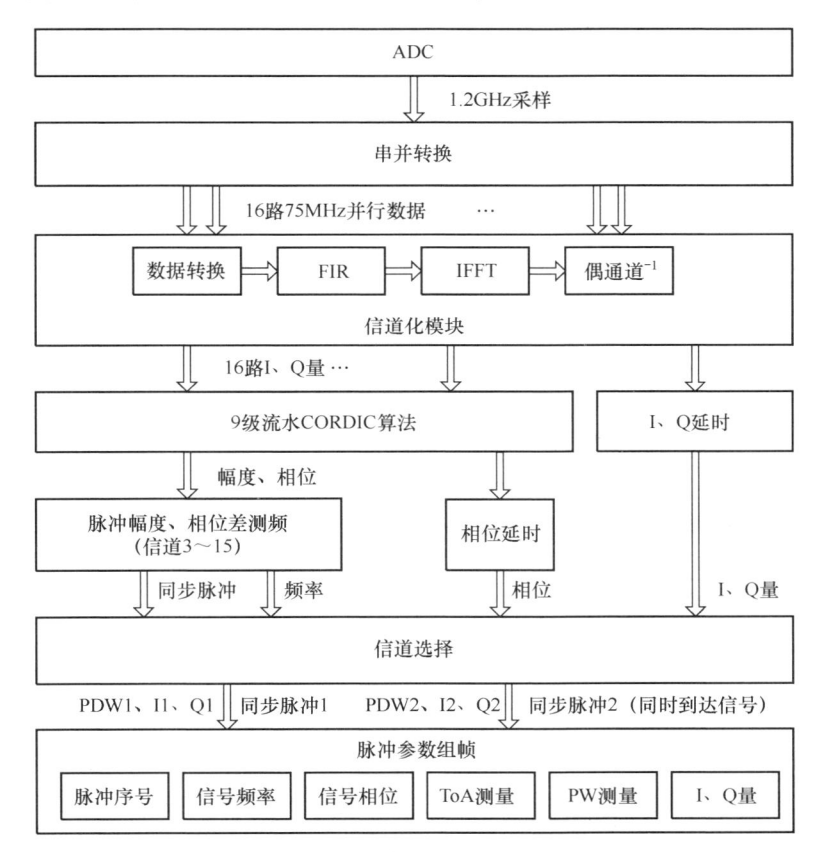

图 7.13　主信道软件工作流程

表 7.3　16 个子带信道设计参数

信 道 号	频率范围/MHz	中心频率/MHz	中心频率量化值/MHz
1	1200～1181.25	1200	2400
2	1181.25～1143.75	1162.5	2325
3	1143.75～1106.25	1125	2250

（续表）

信道号	频率范围/MHz	中心频率/MHz	中心频率量化值/MHz
4	1106.25～1068.75	1087.5	2175
5	1068.75～1031.25	1050	2100
6	1031.25～993.75	1012.5	2025
7	993.75～956.25	975	1950
8	956.25～918.75	937.5	1875
9	918.75～881.25	900	1800
10	881.25～843.75	862.5	1725
11	843.75～806.25	825	1650
12	806.25～768.75	787.5	1575
13	768.75～731.25	750	1500
14	731.25～693.75	712.5	1425
15	693.75～656.25	675	1350
16	656.25～618.75	637.5	1275

(a) 延时和抽取过程　　　　　　(b) 串并转换过程

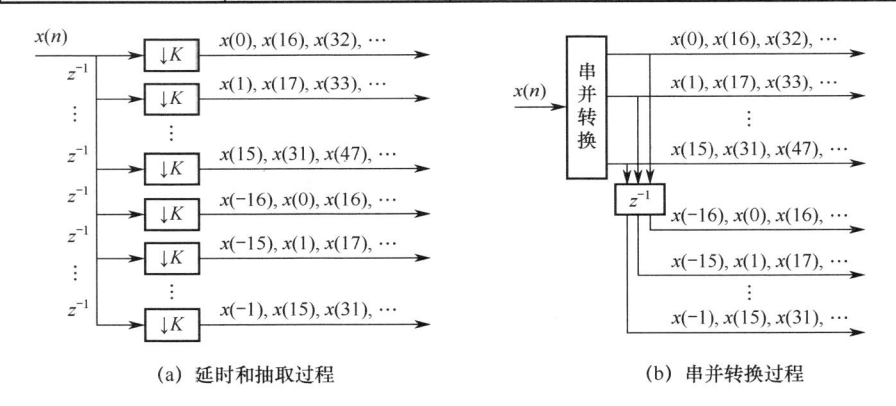

图 7.14　ADC 采样数据的串并转换过程

2．FIR 滤波器组模块

基于 FIR 滤波器具备可以实现线性相位且系统稳定的特点，本设计采用 FIR 滤波器实现对输入信号的多相滤波。首先，设计原型低通滤波器；然后，通过调制原型低通滤波器得到滤波器组中的带通滤波器。

本设计中的原型低通滤波器 $h_0(n)$ 的阶数为 192 阶，即 $h_0(n)$ 共有 192 个系数。在本设计中选用 $M=32$，由高效信道化结构可以发现，$h_0(n)$ 的系数被平均分配为 32 路，因此，每路有 6 个系数。又因为在每路中都对相邻滤波器系数插零处理，因此，设计完的每相滤波器都有 12 个系数。第 m 相滤波器的输出为

第 7 章　多通道数字信道化技术在阵列信号处理中的应用原理与案例

$$y_m(n) = x_m(n) * h_m(n) = \sum_{l=0}^{11} x_m(n-l) h_m(l)，\quad m = 0,1,\cdots,31 \quad （7-14）$$

式中，$x_m(n)$ 表示第 m 相滤波器的输入数据，$h_m(n)$ 代表第 m 相滤波器的系数。FIR 滤波器的基本结构是乘累加运算，如图 7.15 所示为 12 阶 FIR 滤波器结构。

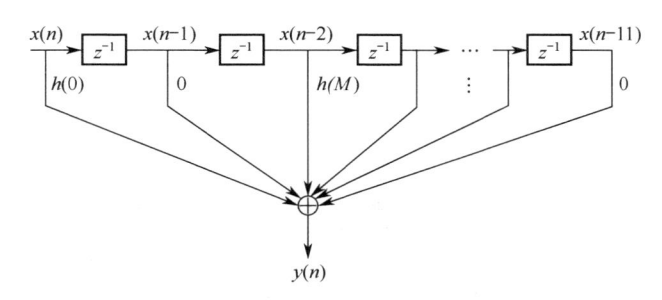

图 7.15　12 阶 FIR 滤波器结构

其中，一个时钟周期的延时单元用 z^{-1} 表示。在 FPGA 中，用 D 触发器完成延时操作。各相滤波器的系数通过调用仿真软件中的函数得到，但是由于 FPGA 只支持定点数运算，而通过仿真软件得到的各相滤波器的系数是小数形式，因此需要对生成的各相滤波器系数做进一步处理——量化为 13bit 的补码类型数据，而写到 FPGA 程序中的数据是将处理后的系数划分成 32 组，并把每组中的数二倍插零后的结果。在 FPGA 内部，所有的 FIR 滤波器都是并行建立的，以流水线模式对 ADC 采样结果与其相关系数做乘累加运算。

3．IFFT 运算模块

ADC 采样数据经过多相滤波器之后，会输出每路 75MHz 的共 32 路结果，下个环节是对该结果进行 IFFT 运算。FPGA 中难以由数据串行实现 2.4GHz 的高速率信号，针对此因素，本节选用按时间抽取算法来进行 IFFT 运算。IFFT 运算模块中进行 5 级蝶形计算，先将其 32 路输入颠倒顺序，再进行下一步处理，这样就能得到正序排列的输出结果。

分析 DIF-IFFT 算法系数可以知道，第 1 级和第 2 级蝶形运算只占用加减运算单元而不占用复数乘法运算单元，但是第 3、4、5 级分别需要 8 次、12 次、14 次复数乘法运算，因此，一次 IFFT 运算总计要进行 34 次复数乘法运算，而每个复数乘法器需要使用 3 个 DSP48E 资源，本方案中 8 个通道的 IFFT 运算模块共使用了 816 个 DSP48E 资源。IFFT 运算中运用的设计方式是流水线形式，这种形式除了可以增加待处理数据的吞吐量，还能使系统的总体性能动态提高。这里将 FPGA 自带的 IP 核 Complex Multiplier 应用到本次设计中进行复数乘法运算。这种方法不仅能保持程序相对稳定，在对信号进行处理时还缩短了处理时间。32 点的 IFFT 一般来说对应 32 组数据的输出，但这里只要输出 16 组数据就能满足要求，因为相邻的两个数据是互为共轭的，而只需要将相位和幅度提取出来即可。

数字信道化系统包括对采样数据进行处理的串并转换模块、FIR 滤波模块和 IFFT 模块。现在对信道化输出信号进行仿真，利用计算机软件生成载频为 900MHz、功率为 0dBm 的常规信号，将生成的数据导入 Vivado 中进行仿真，结果如图 7.16 所示。可以发现信号经过信道化处理后出现在第 9 信道，与表 7.3 所示的结果一致。

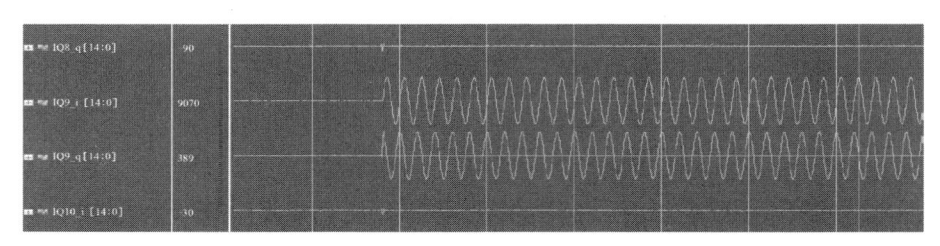

图 7.16 信道化输出仿真 I、Q 量

4．后续处理模块

经过信道化处理后可以得到 ADC 采样信号的 I、Q 量，但是信号的幅度、相位、频率及信号所在信道编号等需要发送至 DSP 进行信号分选、测向的参数还没有得到，因此需要后续处理模块来提供需要输入 DSP 的信号参数。首先采用 CORDIC 算法计算得到信号的幅度和相位，通过自适应门限检测法求得 16 个信道的脉冲流和信号能量；然后利用瞬时相位差测频法得到当前信号的瞬时频率；最后通过信道选择模块得到包括信号频率、相位、同步脉冲等信号参数。

1）CORDIC 算法模块

利用计算机软件生成一个常规脉冲信号，其中心频率为 980MHz，输入信噪比为 15dB，将该数据存入文本文档，然后在 Vivado 中通过 testbench 读取 TXT 文本进行仿真分析，得到 CORDIC 算法模块的幅度输出结果、相位输出结果分别如图 7.17、图 7.18 所示。可以发现，经过 CORDIC 算法模块，在信道 7 中输出信号的幅度和相位与其他信道中输出信号明显不同，可以利用幅度特性对输入信号的脉冲信息进行提取，并利用信号的相位信息进行瞬时相位差测频。

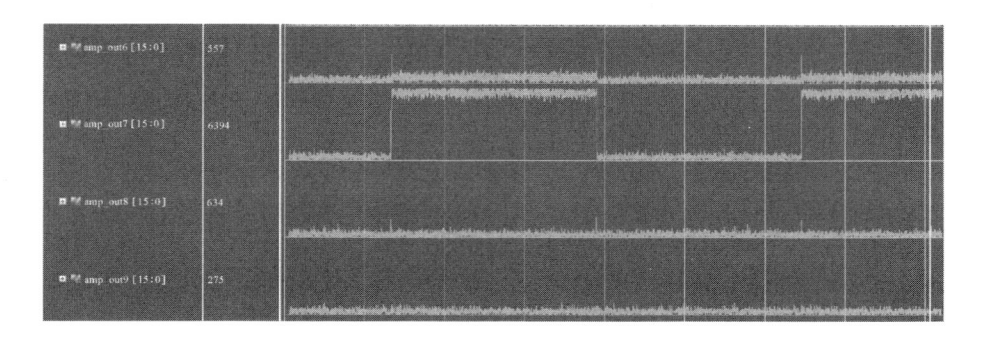

图 7.17　信道化后 CORDIC 算法模块的幅度输出结果

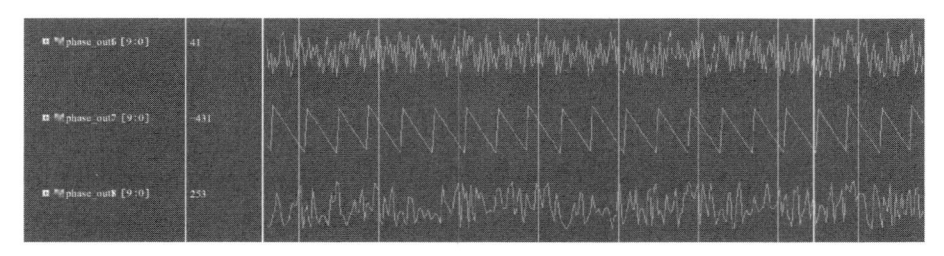

图 7.18　信道化后 CORDIC 算法模块的相位输出结果

2）信号脉冲提取

信号脉冲提取如图 7.19 所示，其中，amp 表示信号的幅度，trd 为检测门限，用来判断有无信号，n1 为自适应幅度检测得到的信号脉冲，在二次幅度检测后，信号脉冲提取输出是 narg。通过对比可以发现，因信号的误判而产生的毛刺在二次幅度检测下被消除。

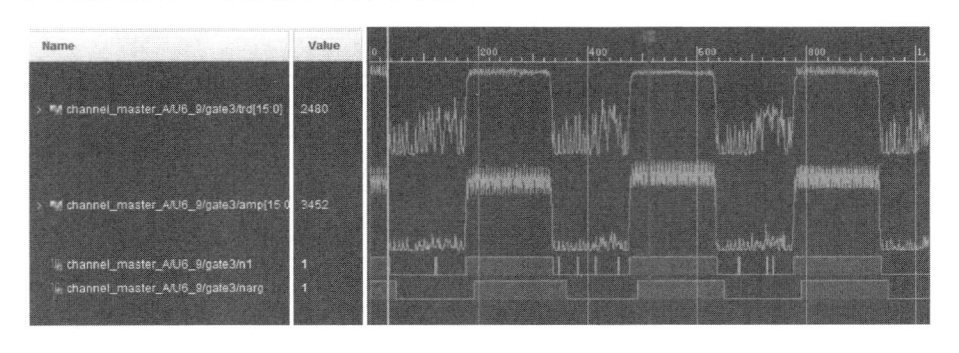

图 7.19　信号脉冲提取

3）瞬时相位差测频

如图 7.20 所示为瞬时相位差测频流程。首先，在脉冲上升沿稳定之后，对其连续的 5 个相位进行锁存；然后，利用后向差分方法计算其两两之间的差值，得到结果后进行解缠绕处理（如果差值比 π 大，那么在其基础上减 2π；如果差值比 $-\pi$ 小，则在其基础上加 2π；差值在其他范围内不做任何处理），并计算它们的平均值。为了得到瞬时相位差的测频值，还需要将该平均值与采样率进行乘积运算，再除以 2π。这一步求得的结果并不是实际结果，与实际频率相比，它偏离了子信道的中心，因此最后还需要加上信道中心频率。

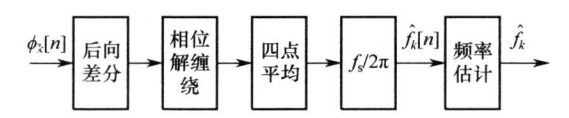

图 7.20 瞬时相位差测频流程

4）信道判决

采用相邻信道 50%重叠结构的缺点是容易使一个输入信号既落在信道 A，又落在其相邻信道，从而带来一个虚假信号。为了尽量避免此虚假信号对信道判决产生影响，本设计在对信道进行判决时将瞬时频率与同步脉冲进行联合处理。如图 7.21 所示为信道判决流程。

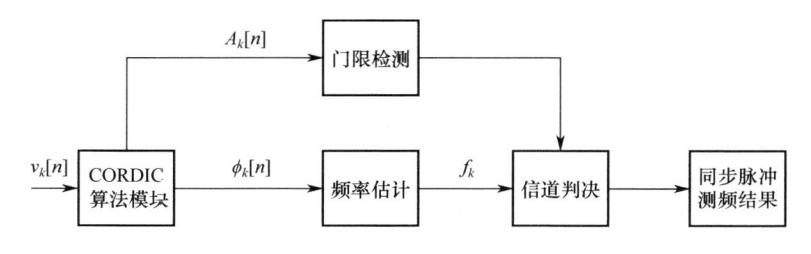

图 7.21 信道判决流程

（1）通过 CORDIC 算法模块计算第 k 个子信道的幅度结果为 $A_k(n)$，将此结果与幅度门限 V_{th} 进行对比，当该幅度大于幅度门限时，触发频率参数估计。

（2）当信道 k 的输入信号频率满足 $|\hat{f}_k| < f_c/4$ 时，信道判决会判定该信号属于信道 k。这时可以得到信号属于第 k 个子信道的判决条件为

$$\begin{cases} A_k[n] > V_{\text{th}} \\ |\hat{f}_k| \leqslant \dfrac{f_c}{4} \end{cases} \quad (7\text{-}15)$$

式中，$\hat{f}_k$ 表示第 k 个信道的频率均值，f_c 表示每个子信道的处理带宽。

当信号在两个信道重叠处时，根据上述原理无法判决，因为它在两个信道内都有效。在处理这类信号时，要在程序中强制拉低一个通道的包络脉冲，因而仅输出一路信号的包络脉冲。

由表 7.3 可知，信道 7 及信道 8 在 956.25MHz 处有重叠，将载频为 955MHz 的脉冲信号输入该信道化结构中，得到信道判决图，如图 7.22 所示。经过自适应幅度检测得到的信号脉冲和经过信道判决输出的信号脉冲分别是 narg_reg、narg。通过分析可以发现，在信道判决之后，去除了信道 7 的虚假信号脉冲，只留下信道 8 输出的实际信号脉冲 narg8。

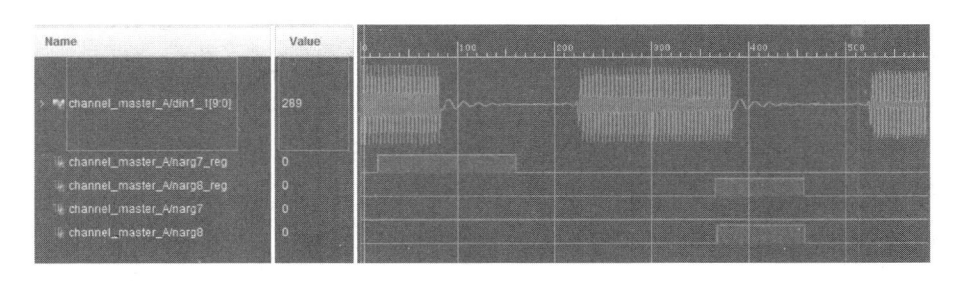

图 7.22 信道判决图

5) 脉冲宽度（PW）和到达时间（ToA）测量

一般来说，信号脉冲是在信号幅度检测成功及信道判决之后得到的。FPGA 在计算脉冲数量时，需要借助固定时钟，可以将信号的到达时间及脉冲宽度测量出来。在本设计中，计数时钟选择 75MHz 的信道化处理时钟，时钟周期为 13.3ns。在启动系统计数时钟后，只要有脉冲上升沿出现的现象，就将此刻的计数值记作此脉冲的 ToA，随即统计脉冲宽度的数量，此过程一直维持到脉冲结束，并在脉冲宽度测量值锁存结束之前维持计数值。

7.5.4 数字信道化器测试分析

1. 数字信道化输出测试

使用 AV1485 信号源分别生成载频为 690MHz、798MHz、865MHz、1132MHz，功率均为 -2dBm 的正弦信号，输入信号处理板，主信道输出结果如图 7.23 所示。其中，narg_chan 表示有脉冲的信道号，由于观测信号范围为 675～1125MHz，处于信道 3～15，因此，narg_chan 共有 13 位，对应信道 3～15；out_I 和 out_Q 为输出信号的正交基带分量；out_freq 表示输出频率；out_phs 表示输出相位；out_narg 表示经过信道判决后，判定信道的同步信号脉冲输出；xindao_xuanze 表示信道编号。

对图 7.23 进行分析，以如图 7.23（a）所示的载频为 690MHz 为例进行说明。由表 7.3 可知，690MHz 信号应位于信道 15，图 7.23（a）中 narg_chan 的第 13 位显示为 1，其他位为 0，说明只有信道 15 有信号；xindao_xuanze

的值为 f，表明有信号的信道编号为 15；out_I 和 out_Q 的相位呈现正交关系，out_freq 为 1379MHz，与正确结果 1380MHz 有 1MHz 的误差，在误差允许范围内。以上结果均证明了所设计硬件结构的正确性。

2．测频精度测试

在 675～1125MHz 对常规信号进行测频。测试信号源为 AV1485，每隔 25MHz 生成一个正弦信号，直接输入到信号处理板，测频结果如表 7.4 所示。其中，频率的测量值为真实频率。

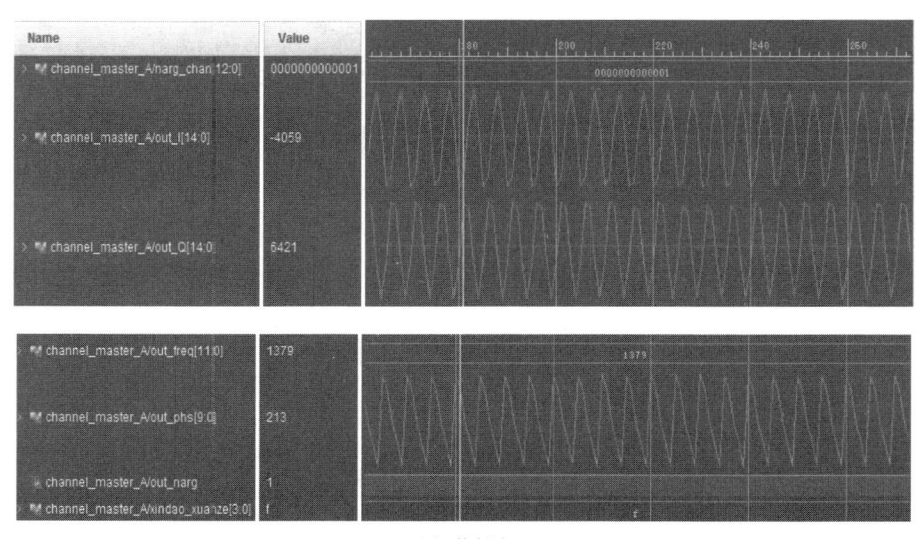

(a) 载频为 690MHz

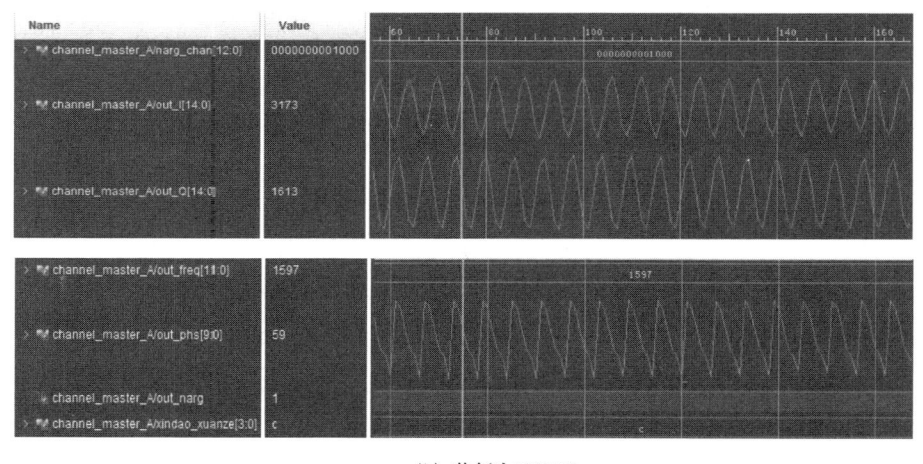

(b) 载频为 798MHz

图 7.23　主信道输出结果

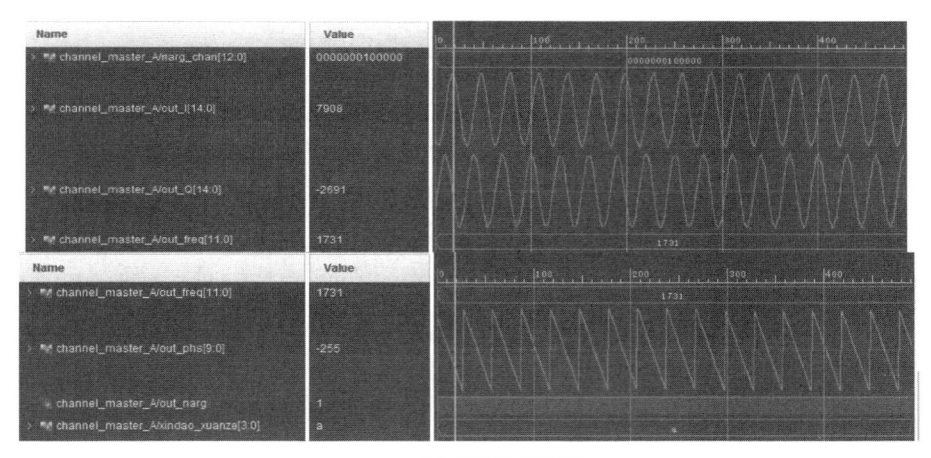

(c) 载频为865MHz

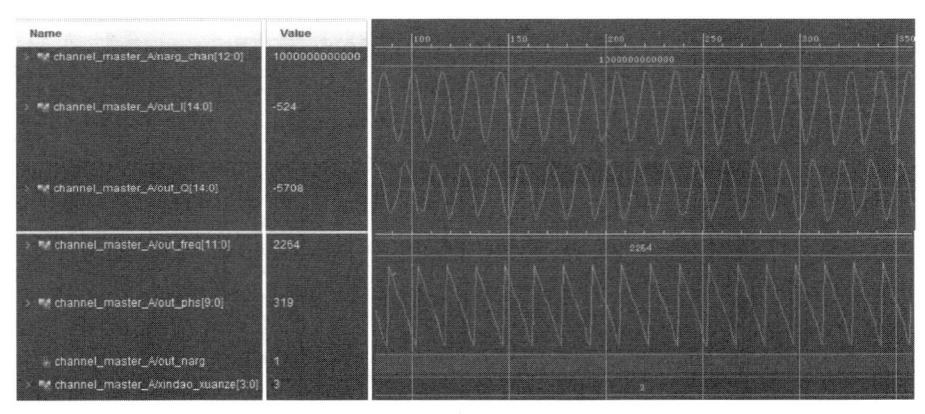

(d) 载频为1132MHz

图 7.23 主信道输出结果（续）

表 7.4 测频结果

输入频率/MHz	测量值/MHz	输入频率/MHz	测量值/MHz	输入频率/MHz	测量值/MHz
675	675.5	825	825	975	974.5
700	700	850	850	1000	1000
725	725	875	875.5	1025	1025
750	750	900	900	1050	1050
775	775.5	925	925	1075	1075.5
800	800	950	950	1100	1100

由表 7.4 中的数据可以看出，测量值与输入频率的偏差最大值为 0.5MHz。该值为最小测频精度，系统设计指标中要求载频测量误差小于

1MHz，因此，该测频精度可以满足系统设计指标要求。

3．灵敏度与动态范围测试

由信号源产生一个脉冲重复周期为 12μs、脉冲宽度为 5μs 的单载频脉冲信号，输入至数字信道化接收机通道 1 中，选取 4 个不同的频率对数字信道化接收机的动态范围和灵敏度分别进行测试，所用信号源最大的输入幅度为 2dB，动态范围与灵敏度实测输出如表 7.5 所示。

表 7.5 动态范围与灵敏度实测输出

测试频率/MHz	灵敏度/dBm	动态范围/dB
660	−44	46
780	−41	43
900	−43	45
1100	−42	44

由表 7.5 中的实测输出可以看出，该数字信道化接收机的灵敏度为 −42dBm 左右，动态范围为 44dB 左右。

7.6　本章小结

本章主要对多通道信道化技术在阵列信号处理中的应用进行了介绍，其中包括对阵列信号载频、脉冲宽度、幅度、相位的测量方法，以及对 I、Q 量的提取方法；并对早期及现代的阵列信号处理平台架构进行了简单介绍，通过一个案例对多通道数字信道化技术在阵列信号处理中的具体应用进行了分析。

本章参考文献

[1] XIONG K, YANG A. Blind array signal separation and DOA estimation method based on eigenvalue decomposition[J]. Signal, Image and Video Processing, 2021, 15(6): 1107-1113.

[2] PAPAGEORGIOU G K, SELLATHURAI M, ELDAR Y C. Deep networks for direction-of-arrival estimation in low SNR[J]. IEEE Transactions on Signal Processing, 2021, 69: 3714-3729.

[3] LU S, SU Z, LIAO K, et al. Receiver System Design for Universal Polyphase DFT Digital Channelization Algorithm[C]//2022 IEEE 5th International Conference on Electronics Technology (ICET), 2022: 867-873.

[4] VOLDER J E. The CORDIC trigonometric computing technique[J]. IRE Transactions on Electronic Computers, 1959, EC-8(3):330-334.

[5] WU J, ZHAN Y, PENG Z, et al. Efficient design of spiking neural network with STDP learning based on fast CORDIC[J]. IEEE Transactions on Circuits and Systems I: Regular Papers, 2021, 68(6): 2522-2534.

[6] 崔鬼，朱新国，吴嗣亮. 基于约束判决的二次门限检测[J]. 电子与信息学报，2009，31（9）：2074-2078.

[7] 席轶敏，刘渝，靖晟. 电子侦察信号实时检测算法及性能分析[J]. 南京航空航天大学学报，2001，（3）：277-281.

[8] 张春杰，郜丽鹏，司锡才. 瞬时相位法线性调频信号瞬时频率提取技术研究[J]. 弹箭与制导学报，2006（3）：290-292.

[9] FAMORIJI O J, SHONGWE T. Critical review of basic methods on DoA estimation of EM waves impinging a spherical antenna array[J]. Electronics, 2022, 11(2): 208.

[10] 屈金佑，游志刚，张剑云. 基于插值恢复多通道信号的单通道测向方法[J]. 系统工程与电子技术，2007（1）：21-23.

[11] MERKOFER J P, REVACH G, SHLEZINGER N, et al. DA-MUSIC: Data-driven DoA estimation via deep augmented MUSIC algorithm[J]. IEEE Transactions on Vehicular Technology, 2024, 73(2): 2771-2785.

[12] ILTEN E. Permanent magnet synchronous motor control interface design and implementation with TI F28335 DSP on Simulink External Mode[C]//International Conference on Applied Engineering and Natural Sciences, 2023, 1: 67-70.

[13] 韩雪莲，童智勇，杨汝良. 一种多通道观测系统数字接收技术研究[J]. 现代电子技术，2015，38（7）：52-57.

[14] 杨林楠，李红刚，张丽莲，等. 基于FPGA的高速多路数据采集系统的设计[J]. 计算机工程，2007（7）：246-248.

[15] 耿坤，张会新. 基于FPGA的多通道数据监测存储系统[J]. 舰船电子工程，2024，44（1）：137-144.

[16] 邬江，侯智鹏，石瑞芙. 高灵敏度宽带数字接收机的动态范围优化设计[J]. 电子信息对抗技术，2021，36（6）：100-104，113.

[17] ZHANG W, ZHANG M, ZHAO Z, et al. design and implementation of FRM-based filter bank with low complexity for RJIA[J]. IEEE Transactions on Circuits and Systems II: Express Briefs, 2023, 70(9): 3614-3618.